U0360347

国家工科数学教学基地　国家级精品课程使用教材配套辅导

线性代数
习题精解

上海交通大学数学科学学院《线性代数》课程组　组编
蒋启芬　马　俊　编

内容提要

本书是针对教材《线性代数》(上海交通大学数学科学学院组编;蒋启芬,马俊编,2020 年第 1 版)所有习题编写的习题解答,部分题目还给出了多种解答方法,为使用该教材的学习者在学习、做题时提供一个参考,从而帮助初学者理清思路、掌握方法,同时在思维和逻辑表达上得到提升。本书可以作为高等院校线性代数课程习题用书,适合学习线性代数的学生,以及教授相关课程的教师使用,本书也可供数学爱好者练习使用。

图书在版编目(CIP)数据

线性代数习题精解 / 上海交通大学数学科学学院《线性代数》课程组组编;蒋启芬,马俊编. -- 上海:上海交通大学出版社,2024.9 -- ISBN 978-7-313-31413-0

Ⅰ. 0151.2-44

中国国家版本馆 CIP 数据核字第 2024KU2363 号

线性代数习题精解

XIANXING DAISHU XITI JINGJIE

组　　编:上海交通大学数学科学学院《线性代数》课程组

编　　者:蒋启芬　马　俊

出版发行:上海交通大学出版社　　地　　址:上海市番禺路 951 号

邮政编码:200030　　电　　话:021-64071208

印　　制:上海新艺印刷有限公司　　经　　销:全国新华书店

开　　本:710 mm×1000 mm　1/16　　印　　张:13.5

字　　数:211 千字

版　　次:2024 年 9 月第 1 版　　印　　次:2024 年 9 月第 1 次印刷

书　　号:ISBN 978-7-313-31413-0

定　　价:38.00 元

前言 | Foreword

线性代数是大学数学中一门主要的基础理论课程,是各高等院校非数学专业的本科生因后继课程所需而必修的课程。同时,线性代数也是现代数学的一个重要分支,不仅在理论数学中有着广泛的应用,而且在计算机科学、物理学、工程学、经济学等众多领域中都具有举足轻重的地位,更是目前机器学习算法的理论基础。因此,掌握线性代数的基本理论和方法,对于各个领域的专业人士来说,都是至关重要的。

本书是应历届学生的要求,对应教材《线性代数》(上海交通大学数学科学学院组编;蒋启芬,马俊编,机械工业出版社,2020 年出版)的习题所编写的解题手册,既有题目表述,也有每一题的详细解答过程,因此这本书本身也是一本独立的习题解答。习题涵盖了线性方程组、矩阵、向量、线性空间与线性变换、矩阵的相似对角化及二次型理论,解答时也给出了一些题目详细的一题多解,力求帮助读者在解题过程中理清思路、掌握方法,也旨在帮助读者深入理解和掌握线性代数知识,不断检验自己的学习效果,提高自我学习能力。

对使用此教材的学生而言,编者希望做作业时不要直接照搬本书的解答过程,在学习的过程中,我们鼓励多思考、多实践,通过不断地练习和思考,加深对线性代数知识的理解和掌握。

本书前 4 章由蒋启芬编写,包括线性方程组、矩阵、向量、线性空间与线性变换;后 2 章由马俊编写,包括矩阵的相似对角化和二次型理论;最后由蒋启芬统稿完成。本书的编写和出版得到了上海交通大学“佳和”项目的资助以及上海交通大学数学科学学院和上海交通大学出版社的支持和帮助,也离不开课程组老师们的宝贵意见和助教们的辛苦工作，编者在此一并表示感谢。

由于时间紧迫，书中可能存在错误或不妥之处，诚恳希望读者提出宝贵意见。

编　者

目录 Contents

第1章　线性方程组与矩阵习题精解

(一)

1. 试确定下列集合是否为数域,并说明理由:

(1) $K_1 = \{a + b\sqrt{3} \mid a, b \in \mathbb{Z}\}$, $\mathbb{Z}$ 为整数集;

(2) $K_2 = \{a + b\sqrt{3} \mid a, b \in \mathbb{Q}\}$, $\mathbb{Q}$ 为有理数集;

(3) $K_3 = \{a + b\mathrm{i} \mid a, b \in \mathbb{Z}\}$, $\mathrm{i} = \sqrt{-1}$, $\mathbb{Z}$ 为整数集;

(4) $K_4 = \{a + b\mathrm{i} \mid a, b \in \mathbb{Q}\}$, $\mathrm{i} = \sqrt{-1}$, $\mathbb{Q}$ 为有理数集.

解: (1) 否. 取 $m = 1 + \sqrt{3}$, $n = 2$, 则 $m, n \in K_1$, 但 $\frac{m}{n} = \frac{1}{2} + \frac{\sqrt{3}}{2} \notin K_1$. 除法不封闭,所以 K_1 不为数域.

(2) 是. 存在 $m, n \in K_2$, 设 $m = a_1 + b_1\sqrt{3}$, $n = a_2 + b_2\sqrt{3}$, 有 $m \pm n = a_1 \pm a_2 + (b_1 \pm b_2)\sqrt{3}$. $m, n = (a_1a_2 + 3b_1b_2) + (a_1b_2 + a_2b_1)\sqrt{3} \in K_2$, a_i, $b_i \in \mathbb{Q}$. $i = 1, 2$. 设 a_2, b_2 不全为 0, 有 $\frac{m}{n} = \frac{m(a_2 - b_2\sqrt{3})}{a_2^2 - 3b_2^2} \in K_2$. 所以 K_2 是一个数域.

(3) 否. 取 $m = 1 + \mathrm{i}$, $n = 2$, $m, n \in K_3$. 有 $\frac{m}{n} = \frac{1}{2} + \frac{1}{2}\mathrm{i} \notin K_3$, 即除法不封闭,所以 K_3 不为数域.

(4) 是. 同(2). 验证可得 K_4 为数域.

2. 写出矩阵 $\boldsymbol{A} = (a_{ij})_{m \times n}$:

(1) $m = n$, $a_{ij} = a_{i, j-1}$, $1 \leqslant i, j \leqslant n$;

(2) $m = 3$, $n = 2$, $a_{ij} = \delta_{i3}\delta_{j2}$, $1 \leqslant i \leqslant 3$, $1 \leqslant j \leqslant 2$; 其中

$$\delta_{ij}=\begin{cases}1, & i=j\\0, & i\neq j\end{cases};$$

(3) $m=n=4$,

$$a_{ij}=\begin{cases}2, & |i-j|=0\\-1, & |i-j|=1;\\0, & |i-j|>1\end{cases}$$

(4) $m=n=4$,

$$a_{ij}=\begin{cases}0, & i<j\\1, & i\geqslant j\end{cases}.$$

解: (1) $\boldsymbol{A}=(a_{ij})_{m\times n}=\begin{pmatrix}a_{11} & a_{11} & \cdots & a_{11}\\a_{21} & a_{21} & \cdots & a_{21}\\\vdots & \vdots & & \vdots\\a_{n1} & a_{n1} & \cdots & a_{n1}\end{pmatrix}$;

(2) 因为 $a_{ij}=\delta_{i3}\delta_{j2}=\begin{cases}0, & i\neq 3\text{ 或 } j\neq 2\\1, & i=3\text{ 且 } j=2\end{cases}$,

所以 $\boldsymbol{A}=\begin{pmatrix}0 & 0\\0 & 0\\0 & 1\end{pmatrix}$;

(3) 由题已知, $a_{ii}=2$, $a_{ii+1}=a_{j+1j}=-1$, 其余 $a_{ij}=0$, 则有

$$\boldsymbol{A}=\begin{pmatrix}2 & -1 & 0 & 0\\-1 & 2 & -1 & 0\\0 & -1 & 2 & -1\\0 & 0 & -1 & 2\end{pmatrix};$$

(4) 由题意知,主对角线及下方全为1,其余位置为0. 所以,

$$\boldsymbol{A}=\begin{pmatrix}1 & 0 & 0 & 0\\1 & 1 & 0 & 0\\1 & 1 & 1 & 0\\1 & 1 & 1 & 1\end{pmatrix}.$$

3. 设

$$\begin{pmatrix} a+2b & 2a-b \\ 2c+d & c-2d \end{pmatrix} = \begin{pmatrix} 4 & -2 \\ 4 & -3 \end{pmatrix},$$

求 a, b, c, d 的值.

解: 由矩阵相等的概念,有

$$\begin{cases} a+2b=4 \\ 2a-b=-2 \\ 2c+d=4 \\ c-2d=-3 \end{cases}，可得\begin{cases} a=0 \\ b=2 \\ c=1 \\ d=2 \end{cases}，故\begin{cases} a=0 \\ b=2 \\ c=1 \\ d=2 \end{cases}为所求.$$

4. 用初等行变换把下列矩阵化为简化行阶梯形矩阵:

(1) $\begin{pmatrix} 1 & 2 & 2 & -1 \\ 2 & 3 & 3 & 1 \\ 3 & 4 & 4 & 3 \end{pmatrix}$;

(2) $\begin{pmatrix} 0 & 2 & -3 & 1 \\ 0 & 3 & -4 & 3 \\ 0 & 4 & -7 & -1 \end{pmatrix}$;

(3) $\begin{pmatrix} 1 & -1 & 3 & -4 & 3 \\ 3 & -3 & 5 & -4 & 1 \\ 2 & -2 & 3 & -2 & 6 \\ 3 & -3 & 4 & -2 & -1 \end{pmatrix}$;

(4) $\begin{pmatrix} 2 & 3 & 1 & -3 & -7 \\ 1 & 2 & 0 & -2 & -4 \\ 3 & -2 & 8 & 3 & 0 \\ 2 & -3 & 7 & 4 & 3 \end{pmatrix}$;

(5) $\begin{pmatrix} 1 & 2 & 3 & 4 \\ 2 & 3 & 4 & 5 \\ 5 & 4 & 5 & 2 \end{pmatrix}$;

(6) $\begin{pmatrix} 1 & 1 & 3 & 3 \\ 0 & 2 & -1 & 2 \\ 1 & -2 & 2 & 3 \\ 0 & 1 & 1 & 4 \end{pmatrix}$;

(7) $\begin{pmatrix} 1 & 2 & 0 & 3 \\ 4 & 7 & 1 & 10 \\ 0 & 1 & -1 & 2 \\ 2 & 3 & 1 & 4 \end{pmatrix}$;

(8) $\begin{pmatrix} 1 & 1 & 3 \\ -1 & 2 & 3 \\ 1 & 3 & 7 \end{pmatrix}$.

解: (1) $\begin{pmatrix} 1 & 2 & 2 & -1 \\ 2 & 3 & 3 & 1 \\ 3 & 4 & 4 & 3 \end{pmatrix} \xrightarrow[r_3-3r_1]{r_2-2r_1} \begin{pmatrix} 1 & 2 & 2 & -1 \\ 0 & -1 & -1 & 3 \\ 0 & -2 & -2 & 6 \end{pmatrix} \xrightarrow[r_2\times(-1)]{r_3-2r_2}$

$\begin{pmatrix} 1 & 2 & 2 & -1 \\ 0 & 1 & 1 & -3 \\ 0 & 0 & 0 & 0 \end{pmatrix} \xrightarrow{r_1-2r_2} \begin{pmatrix} 1 & 0 & 0 & 5 \\ 0 & 1 & 1 & -3 \\ 0 & 0 & 0 & 0 \end{pmatrix}$.

(2) $\begin{pmatrix} 0 & 2 & -3 & 1 \\ 0 & 3 & -4 & 3 \\ 0 & 4 & -7 & -1 \end{pmatrix} \xrightarrow[r_3-2r_1]{2r_2-3r_1} \begin{pmatrix} 0 & 2 & -3 & 1 \\ 0 & 0 & 1 & 3 \\ 0 & 0 & -1 & -3 \end{pmatrix} \xrightarrow[r_1+3r_2]{r_3+r_2} \begin{pmatrix} 0 & 2 & 0 & 10 \\ 0 & 0 & 1 & 3 \\ 0 & 0 & 0 & 0 \end{pmatrix}$

$\xrightarrow{r_1\times\frac{1}{2}} \begin{pmatrix} 0 & 1 & 0 & 5 \\ 0 & 0 & 1 & 3 \\ 0 & 0 & 0 & 0 \end{pmatrix}$.

(3) $\begin{pmatrix} 1 & -1 & 3 & -4 & 3 \\ 3 & -3 & 5 & -4 & 1 \\ 2 & -2 & 3 & -2 & 6 \\ 3 & -3 & 4 & -2 & -1 \end{pmatrix} \xrightarrow[r_4-3r_1]{\substack{r_2-3r_1 \\ r_3-2r_1}} \begin{pmatrix} 1 & -1 & 3 & -4 & 3 \\ 0 & 0 & -4 & 8 & -8 \\ 0 & 0 & -3 & 6 & 0 \\ 0 & 0 & -5 & 10 & -10 \end{pmatrix}$

$$\xrightarrow[\substack{r_3\times\left(-\frac{1}{3}\right)\\ r_4\times\left(-\frac{1}{5}\right)}]{r_2\times\left(-\frac{1}{4}\right)}\begin{pmatrix}1&-1&3&-4&3\\0&0&1&-2&2\\0&0&1&-2&0\\0&0&1&-2&2\end{pmatrix}\xrightarrow[\substack{r_2-r_3\\ \frac{1}{2}r_2\\ r_1-3r_2\\ r_1-3r_3}]{r_4-r_2}\begin{pmatrix}1&-1&0&2&0\\0&0&0&0&1\\0&0&1&-2&0\\0&0&0&0&0\end{pmatrix}$$

$$\xrightarrow{r_2\leftrightarrow r_3}\begin{pmatrix}1&-1&0&2&0\\0&0&1&-2&0\\0&0&0&0&1\\0&0&0&0&0\end{pmatrix}.$$

(4) $$\begin{pmatrix}2&3&1&-3&-7\\1&2&0&-2&-4\\3&-2&8&3&0\\2&-3&7&4&3\end{pmatrix}\xrightarrow[\substack{r_3-3r_2\\ r_4-2r_2\\ (-1)\times r_1}]{r_1-2r_2}\begin{pmatrix}0&1&-1&-1&-1\\1&2&0&-2&-4\\0&-8&8&9&12\\0&-7&7&8&11\end{pmatrix}$$

$$\xrightarrow[\substack{r_4+7r_1\\ r_2-2r_1}]{r_3+8r_1}\begin{pmatrix}0&1&-1&-1&-1\\1&0&2&0&-2\\0&0&0&1&4\\0&0&0&1&4\end{pmatrix}\xrightarrow[\substack{r_1\leftrightarrow r_2\\ r_2+r_3}]{r_4-r_3}\begin{pmatrix}1&0&2&0&-2\\0&1&-1&0&3\\0&0&0&1&4\\0&0&0&0&0\end{pmatrix}.$$

(5) $$\begin{pmatrix}1&2&3&4\\2&3&4&5\\5&4&5&2\end{pmatrix}\xrightarrow[r_3-5r_1]{r_2-2r_1}\begin{pmatrix}1&2&3&4\\0&-1&-2&-3\\0&-6&-10&-18\end{pmatrix}\xrightarrow[\substack{r_2\times(-1)\\ \frac{1}{2}r_3}]{r_3-6r_2}$$

$$\begin{pmatrix}1&2&3&4\\0&1&2&3\\0&0&1&0\end{pmatrix}\xrightarrow[r_2-2r_3]{r_1-3r_3}\begin{pmatrix}1&2&0&4\\0&1&0&3\\0&0&1&0\end{pmatrix}\xrightarrow{r_1-2r_2}\begin{pmatrix}1&0&0&-2\\0&1&0&3\\0&0&1&0\end{pmatrix}.$$

(6) $$\begin{pmatrix}1&1&3&3\\0&2&-1&2\\1&-2&2&3\\0&1&1&4\end{pmatrix}\xrightarrow[\substack{r_2-2r_4\\ r_2\times\left(-\frac{1}{3}\right)}]{r_3-r_1}\begin{pmatrix}1&1&3&3\\0&0&1&2\\0&-3&-1&0\\0&1&1&4\end{pmatrix}\xrightarrow[\substack{r_3+3r_4\\ \frac{1}{2}r_3}]{r_1-r_4}$$

$$\begin{pmatrix}1&0&2&-1\\0&0&1&2\\0&0&1&6\\0&1&1&4\end{pmatrix}\xrightarrow[\substack{\frac{1}{4}r_3\\ r_2\leftrightarrow r_4}]{r_3-r_2}\begin{pmatrix}1&0&2&-1\\0&1&1&4\\0&0&0&1\\0&0&1&2\end{pmatrix}\xrightarrow[r_4-2r_3]{\substack{r_1+r_3\\ r_2-4r_3}}\begin{pmatrix}1&0&2&0\\0&1&1&0\\0&0&0&1\\0&0&1&0\end{pmatrix}\xrightarrow[r_3\leftrightarrow r_4]{\substack{r_1-2r_4\\ r_2-r_4}}$$

$$\begin{pmatrix}1&0&0&0\\0&1&0&0\\0&0&1&0\\0&0&0&1\end{pmatrix}.$$

(7) $$\begin{pmatrix}1&2&0&3\\4&7&1&10\\0&1&-1&2\\2&3&1&4\end{pmatrix}\xrightarrow[r_4-2r_1]{r_2-4r_1}\begin{pmatrix}1&2&0&3\\0&-1&1&-2\\0&1&-1&2\\0&-1&1&-2\end{pmatrix}\xrightarrow[\substack{r_4+r_3\\ r_2\leftrightarrow r_3}]{r_2+r_3}$$

$$\begin{pmatrix}1&2&0&3\\0&1&-1&2\\0&0&0&0\\0&0&0&0\end{pmatrix}\xrightarrow{r_1-2r_2}\begin{pmatrix}1&0&2&-1\\0&1&-1&2\\0&0&0&0\\0&0&0&0\end{pmatrix}.$$

(8) $$\begin{pmatrix}1&1&3\\-1&2&3\\1&3&7\end{pmatrix}\xrightarrow[r_3-r_1]{r_2+r_1}\begin{pmatrix}1&1&3\\0&3&6\\0&2&4\end{pmatrix}\xrightarrow[\substack{r_3-r_2\\ r_1-r_2}]{\substack{\frac{1}{3}r_2\\ \frac{1}{2}r_3}}\begin{pmatrix}1&0&1\\0&1&2\\0&0&0\end{pmatrix}.$$

5. 判断下列线性方程组解的情况(不求解):

(1) $\begin{cases}2x_1+4x_2-x_3=6\\ x_1-2x_2+x_3=4\\ 3x_1+6x_2+2x_3=-1\end{cases}$;

(2) $\begin{cases}2x_1+4x_2-x_3=6\\ x_1+2x_2+x_3=4\\ 3x_1+6x_2+2x_3=-1\end{cases}$;

(3) $\begin{cases} 2x_1+4x_2-x_3=6 \\ x_1+2x_2+x_3=3 \\ 3x_1+6x_2+2x_3=9 \end{cases}$;

(4) $\begin{cases} 3x_1-2x_2+x_3=-2 \\ 6x_1-4x_2+2x_3=-5 \\ -9x_1+6x_2-3x_3=6 \end{cases}$;

(5) a 为何值时,方程组 $\begin{cases} 2x_1+4x_2=a \\ 3x_1+6x_2=5 \end{cases}$ 无解?

(6) a 为何值时,方程组 $\begin{cases} 3x_1+ax_2=3 \\ ax_1+3x_2=5 \end{cases}$ 无解?

解: 记系数矩阵为 $\boldsymbol{A}$,增广矩阵为 $(\boldsymbol{A} \mid \boldsymbol{b})$.

(1) $$(\boldsymbol{A} \mid \boldsymbol{b})=\begin{pmatrix} 2 & 4 & -1 & 6 \\ 1 & -2 & 1 & 4 \\ 3 & 6 & 2 & -1 \end{pmatrix} \xrightarrow[r_3-3r_2]{r_1-2r_2} \begin{pmatrix} 0 & 8 & -3 & -2 \\ 1 & -2 & 1 & 4 \\ 0 & 12 & -1 & -13 \end{pmatrix}$$

$$\xrightarrow[r_1\leftrightarrow r_2]{2r_3-3r_1} \begin{pmatrix} 1 & -2 & 1 & 4 \\ 0 & 8 & -3 & -2 \\ 0 & 0 & 7 & -20 \end{pmatrix},$$

可得 $r(\boldsymbol{A})=r(\boldsymbol{A} \mid \boldsymbol{b})=3$, 则有唯一解.

(2) $$(\boldsymbol{A} \mid \boldsymbol{b})=\begin{pmatrix} 2 & 4 & -1 & 6 \\ 1 & 2 & 1 & 4 \\ 3 & 6 & 2 & -1 \end{pmatrix} \xrightarrow[r_3-3r_2]{r_1-2r_2} \begin{pmatrix} 0 & 0 & -3 & -2 \\ 1 & 2 & 1 & 4 \\ 0 & 0 & -1 & -13 \end{pmatrix} \xrightarrow[r_1\leftrightarrow r_2]{r_1-3r_3}$$

$$\begin{pmatrix} 1 & 2 & 1 & 4 \\ 0 & 0 & 0 & 37 \\ 0 & 0 & -1 & -13 \end{pmatrix} \xrightarrow{r_2\leftrightarrow r_3} \begin{pmatrix} 1 & 2 & 1 & 4 \\ 0 & 0 & -1 & -13 \\ 0 & 0 & 0 & 37 \end{pmatrix},$$

可得 $r(\boldsymbol{A}) \neq r(\boldsymbol{A} \mid \boldsymbol{b})$, 则无解.

(3) $$(\boldsymbol{A} \mid \boldsymbol{b})=\begin{pmatrix} 2 & 4 & -1 & 6 \\ 1 & 2 & 1 & 3 \\ 3 & 6 & 2 & 9 \end{pmatrix} \xrightarrow[r_3-3r_2]{r_1-2r_2} \begin{pmatrix} 0 & 0 & -3 & 0 \\ 1 & 2 & 1 & 3 \\ 0 & 0 & -1 & 0 \end{pmatrix} \xrightarrow[\substack{r_1\leftrightarrow r_3 \\ r_1\leftrightarrow r_2}]{r_1-3r_3}$$

$$\begin{pmatrix} 1 & 2 & 1 & 3 \\ 0 & 0 & -1 & 0 \\ 0 & 0 & 0 & 0 \end{pmatrix},$$

可得 $r(\boldsymbol{A}) = r(\boldsymbol{A} \mid \boldsymbol{b}) = 2 < 3$，有无数解.

(4) $(\boldsymbol{A} \mid \boldsymbol{b}) = \begin{pmatrix} 3 & -2 & 1 & -2 \\ 6 & -4 & 2 & -5 \\ -9 & 6 & -3 & 6 \end{pmatrix} \xrightarrow[r_3 + 3r_1]{r_2 - 2r_1} \begin{pmatrix} 3 & -2 & 1 & -2 \\ 0 & 0 & 0 & -1 \\ 0 & 0 & 0 & 0 \end{pmatrix}$,

可得 $r(\boldsymbol{A}) \neq r(\boldsymbol{A} \mid \boldsymbol{b})$，则无解.

(5) $(\boldsymbol{A} \mid \boldsymbol{b}) = \begin{pmatrix} 2 & 4 & a \\ 3 & 6 & 5 \end{pmatrix} \xrightarrow{2r_2 - 3r_1} \begin{pmatrix} 2 & 4 & a \\ 0 & 0 & 10 - 3a \end{pmatrix}$,

所以，方程组无解 $\Leftrightarrow 10 - 3a \neq 0$，即 $a \neq \dfrac{10}{3}$.

(6) $(\boldsymbol{A} \mid \boldsymbol{b}) = \begin{pmatrix} 3 & a & 3 \\ a & 3 & 5 \end{pmatrix} \xrightarrow{r_2 - \frac{a}{3}r_1} \begin{pmatrix} 3 & a & 3 \\ 0 & 3 - \dfrac{a^2}{3} & 5 - a \end{pmatrix}$,

所以，方程组无解 $\Leftrightarrow 3 - \dfrac{a^2}{3} = 0,\ 5 - a \neq 0$，即 $a = \pm 3$.

6. 用高斯消元法解下列齐次线性方程组：

(1) $\begin{cases} x_1 + x_2 + 2x_3 - x_4 = 0 \\ 2x_1 + x_2 + x_3 - x_4 = 0; \\ 2x_1 + 2x_2 + x_3 + 2x_4 = 0 \end{cases}$

(2) $\begin{cases} x_1 + 2x_2 + x_3 - x_4 = 0 \\ 3x_1 + 6x_2 - x_3 - 3x_4 = 0; \\ 5x_1 + 10x_2 + x_3 - 5x_4 = 0 \end{cases}$

(3) $\begin{cases} 2x_1 + 3x_2 - x_3 + 7x_4 = 0 \\ 3x_1 + x_2 + 2x_3 - 7x_4 = 0 \\ 4x_1 + x_2 - 3x_3 + 6x_4 = 0 \\ x_1 - 2x_2 + 5x_3 - 5x_4 = 0 \end{cases}$;

(4) $\begin{cases} 3x_1+4x_2-5x_3+7x_4=0 \\ 2x_1-3x_2+3x_3-2x_4=0 \\ 4x_1+11x_2-13x_3+16x_4=0 \\ 7x_1-2x_2+x_3+3x_4=0 \end{cases}$.

解: (1) $\begin{pmatrix} 1 & 1 & 2 & -1 \\ 2 & 1 & 1 & -1 \\ 2 & 2 & 1 & 2 \end{pmatrix} \xrightarrow[r_3-2r_1]{r_2-2r_1} \begin{pmatrix} 1 & 1 & 2 & -1 \\ 0 & -1 & -3 & 1 \\ 0 & 0 & -3 & 4 \end{pmatrix} \xrightarrow{r_2-r_3}$

$\begin{pmatrix} 1 & 1 & 2 & -1 \\ 0 & -1 & 0 & -3 \\ 0 & 0 & -3 & 4 \end{pmatrix} \xrightarrow[\substack{r_3\times(-1) \\ r_1-r_2}]{r_2\times(-1)} \begin{pmatrix} 1 & 0 & 2 & -4 \\ 0 & 1 & 0 & 3 \\ 0 & 0 & 3 & -4 \end{pmatrix} \xrightarrow{r_1-r_3} \begin{pmatrix} 1 & 0 & -1 & 0 \\ 0 & 1 & 0 & 3 \\ 0 & 0 & 3 & -4 \end{pmatrix}$,

可得 $\begin{cases} x_1-x_3=0 \\ x_2+3x_4=0 \\ 3x_3-4x_4=0 \end{cases} \Rightarrow \begin{cases} x_1=\dfrac{4}{3}x_4 \\ x_2=-3x_4 \\ x_3=\dfrac{4}{3}x_4 \\ x_4=x_4 \end{cases}$, 其中,$x_4$ 为自由未知量.

(2) $\begin{pmatrix} 1 & 2 & 1 & -1 \\ 3 & 6 & -1 & -3 \\ 5 & 10 & 1 & -5 \end{pmatrix} \xrightarrow[r_3-5r_1]{r_2-3r_1} \begin{pmatrix} 1 & 2 & 1 & -1 \\ 0 & 0 & -4 & 0 \\ 0 & 0 & -4 & 0 \end{pmatrix} \xrightarrow[\substack{-\frac{1}{4}r_2 \\ r_1-r_2}]{r_3-r_2} \begin{pmatrix} 1 & 2 & 0 & -1 \\ 0 & 0 & 1 & 0 \\ 0 & 0 & 0 & 0 \end{pmatrix}$

可得 $\begin{cases} x_1+2x_2-x_4=0 \\ x_3=0 \end{cases} \Rightarrow \begin{cases} x_1=-2x_2+x_4 \\ x_2=x_2 \\ x_3=0 \\ x_4=x_4 \end{cases}$, 其中,$x_2$, x_4 为自由未知量.

(3) $\begin{pmatrix} 2 & 3 & -1 & 7 \\ 3 & 1 & 2 & -7 \\ 4 & 1 & -3 & 6 \\ 1 & -2 & 5 & -5 \end{pmatrix} \xrightarrow[r_3-4r_4]{\substack{r_1-2r_4 \\ r_2-3r_4}} \begin{pmatrix} 0 & 7 & -11 & 17 \\ 0 & 7 & -13 & 8 \\ 0 & 9 & -23 & 26 \\ 1 & -2 & 5 & -5 \end{pmatrix} \xrightarrow{r_1-r_2}$

$$\begin{pmatrix} 0 & 0 & 2 & 9 \\ 0 & 7 & -13 & 8 \\ 0 & 9 & -23 & 26 \\ 1 & -2 & 5 & -5 \end{pmatrix} \xrightarrow{7r_3-9r_2} \begin{pmatrix} 0 & 0 & 2 & 9 \\ 0 & 7 & -13 & 8 \\ 0 & 0 & -44 & 110 \\ 1 & -2 & 5 & -5 \end{pmatrix} \xrightarrow[\frac{1}{308}r_3]{r_3+22r_1}$$

$$\begin{pmatrix} 0 & 0 & 2 & 9 \\ 0 & 7 & -13 & 8 \\ 0 & 0 & 0 & 1 \\ 1 & -2 & 5 & -5 \end{pmatrix} \longrightarrow \begin{pmatrix} 1 & 0 & 0 & 0 \\ 0 & 1 & 0 & 0 \\ 0 & 0 & 1 & 0 \\ 0 & 0 & 0 & 1 \end{pmatrix},$$

可得 $x_1 = x_2 = x_3 = x_4 = 0$.

(4) $$\begin{pmatrix} 3 & 4 & -5 & 7 \\ 2 & -3 & 3 & -2 \\ 4 & 11 & -13 & 16 \\ 7 & -2 & 1 & 3 \end{pmatrix} \xrightarrow[\substack{r_3-2r_2 \\ 2r_4-7r_2}]{2r_1-3r_2} \begin{pmatrix} 0 & 17 & -19 & 20 \\ 2 & -3 & 3 & -2 \\ 0 & 17 & -19 & 20 \\ 0 & 17 & -19 & 20 \end{pmatrix} \longrightarrow$$

$$\begin{pmatrix} 2 & -3 & 3 & -2 \\ 0 & 17 & -19 & 20 \\ 0 & 0 & 0 & 0 \\ 0 & 0 & 0 & 0 \end{pmatrix} \xrightarrow[r_1+3r_2]{r_2\times\frac{1}{17}} \begin{pmatrix} 2 & 0 & -\frac{6}{17} & \frac{26}{17} \\ 0 & 1 & -\frac{19}{17} & \frac{20}{17} \\ 0 & 0 & 0 & 0 \\ 0 & 0 & 0 & 0 \end{pmatrix} \longrightarrow \begin{pmatrix} 1 & 0 & -\frac{3}{17} & \frac{13}{17} \\ 0 & 1 & -\frac{19}{17} & \frac{20}{17} \\ 0 & 0 & 0 & 0 \\ 0 & 0 & 0 & 0 \end{pmatrix},$$

可得 $\begin{cases} x_1 = \frac{3}{17}x_3 - \frac{13}{17}x_4 \\ x_2 = \frac{19}{17}x_3 - \frac{20}{17}x_4 \\ x_3 = x_3 \\ x_4 = x_4 \end{cases}$，其中，$x_3$，$x_4$ 为自由未知量.

7. 用高斯消元法解下列非齐次线性方程组：

(1) $\begin{cases} x_1 + 2x_2 + 3x_3 = 1 \\ 2x_1 + 2x_2 + 5x_3 = 2; \\ 3x_1 + 5x_2 + x_3 = 3 \end{cases}$

(2) $\begin{cases} x_1 - 2x_2 - x_3 = 2 \\ 2x_1 - x_2 - 3x_3 = 1 \\ 3x_1 + 2x_2 - 5x_3 = 0 \end{cases}$;

(3) $\begin{cases} 4x_1 + 2x_2 - x_3 = 2 \\ 3x_1 - x_2 + 2x_3 = 10 \\ 11x_1 + 3x_2 = 8 \end{cases}$;

(4) $\begin{cases} 2x_1 + 3x_2 + x_3 = 4 \\ x_1 - 2x_2 + 4x_3 = -5 \\ 3x_1 + 8x_2 - 2x_3 = 13 \\ 4x_1 - x_2 + 9x_3 = -6 \end{cases}$;

(5) $\begin{cases} 2x_1 + x_2 - x_3 + x_4 = 1 \\ 4x_1 + 2x_2 - 2x_3 + x_4 = 2 \\ 2x_1 + x_2 - x_3 - x_4 = 1 \end{cases}$;

(6) $\begin{cases} 2x_1 + x_2 - x_3 + x_4 = 1 \\ 3x_1 - 2x_2 + x_3 - 3x_4 = 4 \\ x_1 + 4x_2 - 3x_3 + 5x_4 = -2 \end{cases}$.

解: (1) 增广矩阵 $(\boldsymbol{A} \mid \boldsymbol{b}) = \begin{pmatrix} 1 & 2 & 3 & 1 \\ 2 & 2 & 5 & 2 \\ 3 & 5 & 1 & 3 \end{pmatrix} \xrightarrow[r_3 - 3r_1]{r_2 - 2r_1} \begin{pmatrix} 1 & 2 & 3 & 1 \\ 0 & -2 & -1 & 0 \\ 0 & -1 & -8 & 0 \end{pmatrix}$

$\xrightarrow[\substack{(-1)r_3 \\ r_2 \leftrightarrow r_3 \\ \frac{1}{15}r_3}]{r_2 - 2r_3} \begin{pmatrix} 1 & 2 & 3 & 1 \\ 0 & 1 & 8 & 0 \\ 0 & 0 & 1 & 0 \end{pmatrix} \xrightarrow[\substack{r_2 - 8r_3 \\ r_1 - 2r_2}]{r_1 - 3r_3} \begin{pmatrix} 1 & 0 & 0 & 1 \\ 0 & 1 & 0 & 0 \\ 0 & 0 & 1 & 0 \end{pmatrix}$,

可得 $x_1 = 1$, $x_2 = x_3 = 0$, 即为所求.

(2) $(\boldsymbol{A} \mid \boldsymbol{b}) = \begin{pmatrix} 1 & -2 & -1 & 2 \\ 2 & -1 & -3 & 1 \\ 3 & 2 & -5 & 0 \end{pmatrix} \xrightarrow[r_3 - 3r_1]{r_2 - 2r_1} \begin{pmatrix} 1 & -2 & -1 & 2 \\ 0 & 3 & -1 & -3 \\ 0 & 8 & -2 & -6 \end{pmatrix} \xrightarrow[\frac{1}{2}r_3]{3r_3 - 8r_2}$

$$\begin{pmatrix} 1 & -2 & -1 & 2 \\ 0 & 3 & -1 & -3 \\ 0 & 0 & 1 & 3 \end{pmatrix} \xrightarrow[\substack{\frac{1}{3}r_2 \\ r_1+2r_2 \\ r_1+r_3}]{r_2+r_3} \begin{pmatrix} 1 & 0 & 0 & 5 \\ 0 & 1 & 0 & 0 \\ 0 & 0 & 1 & 3 \end{pmatrix},$$

可得 $x_1 = 5$, $x_2 = 0$, $x_3 = 3$, 即为所求.

(3) $(\boldsymbol{A} \mid \boldsymbol{b}) = \begin{pmatrix} 4 & 2 & -1 & 2 \\ 3 & -1 & 2 & 10 \\ 11 & 3 & 0 & 8 \end{pmatrix} \xrightarrow[4r_3-11r_1]{4r_2-3r_3} \begin{pmatrix} 4 & 2 & -1 & 2 \\ 0 & -10 & 11 & 34 \\ 0 & -10 & 11 & 10 \end{pmatrix} \xrightarrow{r_3-r_2}$

$\begin{pmatrix} 4 & 2 & -1 & 2 \\ 0 & -10 & 11 & 34 \\ 0 & 0 & 0 & -24 \end{pmatrix}$, 由矩阵中 $0=-24$ 可知该线性方程组无解.

(4) $(\boldsymbol{A} \mid \boldsymbol{b}) = \begin{pmatrix} 2 & 3 & 1 & 4 \\ 1 & -2 & 4 & -5 \\ 3 & 8 & -2 & 13 \\ 4 & -1 & 9 & -6 \end{pmatrix} \xrightarrow[r_4-4r_2]{\substack{r_1-2r_2 \\ r_3-3r_2}} \begin{pmatrix} 0 & 7 & -7 & 14 \\ 1 & -2 & 4 & -5 \\ 0 & 14 & -14 & 28 \\ 0 & 7 & -7 & 14 \end{pmatrix} \longrightarrow$

$$\begin{pmatrix} 1 & -2 & 4 & -5 \\ 0 & 1 & -1 & 2 \\ 0 & 0 & 0 & 0 \\ 0 & 0 & 0 & 0 \end{pmatrix} \longrightarrow \begin{pmatrix} 1 & 0 & 2 & -1 \\ 0 & 1 & -1 & 2 \\ 0 & 0 & 0 & 0 \\ 0 & 0 & 0 & 0 \end{pmatrix},$$

可得 $\begin{cases} x_1 + 2x_3 = -1 \\ x_2 - x_3 = 2 \end{cases} \Rightarrow \begin{cases} x_1 = -1 - 2x_3 \\ x_2 = 2 + x_3 \\ x_3 = x_3 \end{cases}$, x_3 为自由未知量,即为所求.

(5) $(\boldsymbol{A} \mid \boldsymbol{b}) = \begin{pmatrix} 2 & 1 & -1 & 1 & 1 \\ 4 & 2 & -2 & 1 & 2 \\ 2 & 1 & -1 & -1 & 1 \end{pmatrix} \xrightarrow[r_3-r_1]{r_2-2r_1} \begin{pmatrix} 2 & 1 & -1 & 1 & 1 \\ 0 & 0 & 0 & -1 & 0 \\ 0 & 0 & 0 & -2 & 0 \end{pmatrix} \longrightarrow$

$\begin{pmatrix} 2 & 1 & -1 & 0 & 1 \\ 0 & 0 & 0 & 1 & 0 \\ 0 & 0 & 0 & 0 & 0 \end{pmatrix}$, 可得 $\begin{cases} 2x_1 + x_2 - x_3 = 1 \\ x_4 = 0 \end{cases} \Rightarrow \begin{cases} x_1 = \frac{1}{2} - \frac{1}{2}x_2 + \frac{1}{2}x_3 \\ x_2 = x_2 \\ x_3 = x_3 \\ x_4 = 0 \end{cases}$, x_2,

x_3 为自由未知量.

(6) $(\boldsymbol{A} \mid \boldsymbol{b}) = \begin{pmatrix} 2 & 1 & -1 & 1 & 1 \\ 3 & -2 & 1 & -3 & 4 \\ 1 & 4 & -3 & 5 & -2 \end{pmatrix} \xrightarrow[r_2 - 3r_3]{r_1 - 2r_3} \begin{pmatrix} 0 & -7 & 5 & -9 & 5 \\ 0 & -14 & 10 & -18 & 10 \\ 1 & 4 & -3 & 5 & -2 \end{pmatrix}$

$\longrightarrow \begin{pmatrix} 1 & 4 & -3 & 5 & -2 \\ 0 & -7 & 5 & -9 & 5 \\ 0 & 0 & 0 & 0 & 0 \end{pmatrix} \xrightarrow[\substack{r_2 \times \left(-\frac{1}{7}\right) \\ \frac{1}{7} r_1}]{7r_1 + 4r_2} \begin{pmatrix} 1 & 0 & -\frac{1}{7} & -\frac{1}{7} & \frac{6}{7} \\ 0 & 1 & -\frac{5}{7} & \frac{9}{7} & -\frac{5}{7} \\ 0 & 0 & 0 & 0 & 0 \end{pmatrix}$,

可得 $\begin{cases} x_1 = \frac{1}{7}x_3 + \frac{1}{7}x_4 + \frac{6}{7} \\ x_2 = \frac{5}{7}x_3 - \frac{9}{7}x_4 - \frac{5}{7} \\ x_3 = x_3 \\ x_4 = x_4 \end{cases}$，$x_3$，$x_4$ 为自由未知量.

8. 下列线性方程组中 p，q 取何值时，方程组有唯一解？有无穷多解？无解？在有解的情况下求出所有的解.

(1) $\begin{cases} -2x_1 + x_2 + x_3 = -2 \\ x_1 - 2x_2 + x_3 = p \\ x_1 + x_2 - 2x_3 = p^2 \end{cases}$；

(2) $\begin{cases} x_1 + 2x_2 = 3 \\ 4x_1 + 7x_2 + x_3 = 10 \\ x_2 - x_3 = q \\ 2x_1 + 3x_2 + px_3 = 4 \end{cases}$；

(3) $\begin{cases} px_1 + x_2 + x_3 = 1 \\ x_1 + px_2 + x_3 = p \\ x_1 + x_2 + px_3 = p^2 \end{cases}$；

(4) $\begin{cases}(1+p)x_1+x_2+x_3=0\\x_1+(1+p)x_2+x_3=p\\x_1+x_2+(1+p)x_3=p^2\end{cases}$.

解: (1) 增广矩阵 $(\boldsymbol{A} \vdots \boldsymbol{b})=\begin{pmatrix}-2&1&1&-2\\1&-2&1&p\\1&1&-2&p^2\end{pmatrix}\xrightarrow[r_3-r_2]{r_1+2r_2}$

$$\begin{pmatrix}0&-3&3&-2+2p\\1&-2&1&p\\0&3&-3&p^2-p\end{pmatrix}\longrightarrow\begin{pmatrix}1&-2&1&p\\0&3&-3&p^2-p\\0&0&0&(p+2)(p-1)\end{pmatrix}.$$

当 $p\neq-2$ 且 $p\neq1$ 时,方程组无解;

当 $p=-2$ 或 $p=1$ 时,方程组有解.

当 $p=-2$ 时,

$$\begin{pmatrix}1&-2&1&-2\\0&3&-3&6\\0&0&0&0\end{pmatrix}\xrightarrow[r_1+2r_2]{\frac{1}{3}r_2}\begin{pmatrix}1&0&-1&2\\0&1&-1&2\\0&0&0&0\end{pmatrix}.$$

方程组有无穷多解,即 $\begin{cases}x_1=x_3+2\\x_2=x_3+2,\ x_3\in F.\\x_3=x_3\end{cases}$

当 $p=1$ 时, $\begin{pmatrix}1&-2&1&1\\0&3&-3&0\\0&0&0&0\end{pmatrix}\longrightarrow\begin{pmatrix}1&0&-1&1\\0&1&-1&0\\0&0&0&0\end{pmatrix}$.

方程组有无穷多解,即 $\begin{cases}x_1=x_3+1\\x_2=x_3\qquad,\ x_3\in F.\\x_3=x_3\end{cases}$

综上可得, $p\neq-2$ 且 $p\neq1$ 时,方程组无解.

$p=-2$ 时,方程组有无穷多解,即 $x_1=x_3+2,\ x_2=x_3+2,\ x_3=x_3$.

$p=1$ 时,方程组有无穷多解,即 $x_1=x_3+1,\ x_2=x_3,\ x_3=x_3$.

(2) 增广矩阵 $(\boldsymbol{A} \mid \boldsymbol{b}) = \begin{pmatrix} 1 & 2 & 0 & 3 \\ 4 & 7 & 1 & 10 \\ 0 & 1 & -1 & q \\ 2 & 3 & p & 4 \end{pmatrix} \xrightarrow[r_4+(-2)r_1]{r_2+(-4)r_1} \begin{pmatrix} 1 & 2 & 0 & 3 \\ 0 & -1 & 1 & -2 \\ 0 & 1 & -1 & q \\ 0 & -1 & p & -2 \end{pmatrix}$

$$\xrightarrow[\substack{r_3+r_2 \\ r_4+(-1)r_2}]{r_1+2r_2} \begin{pmatrix} 1 & 0 & 2 & -1 \\ 0 & -1 & 1 & -2 \\ 0 & 0 & 0 & q-2 \\ 0 & 0 & p-1 & 0 \end{pmatrix} \longrightarrow \begin{pmatrix} 1 & 0 & 2 & -1 \\ 0 & 1 & -1 & 2 \\ 0 & 0 & p-1 & 0 \\ 0 & 0 & 0 & q-2 \end{pmatrix}.$$

当 $q \neq 2$ 时，方程组无解；

当 $q = 2$, $p = 1$ 时，有

$$\begin{pmatrix} 1 & 0 & 2 & -1 \\ 0 & 1 & -1 & 2 \\ 0 & 0 & 0 & 0 \\ 0 & 0 & 0 & 0 \end{pmatrix} \Rightarrow \begin{cases} x_1 = -2x_3 - 1 \\ x_2 = x_3 + 2 \\ x_3 = x_3 \end{cases}, \ x_3 \in F.$$

当 $p \neq 1$ 时，阶梯形中系数矩阵的非零行数等于增广矩阵的非零行数，即为 3，等于未知量 T 数，有 $\begin{cases} x_3 = 0 \\ x_1 = -1 \\ x_2 = 2 \end{cases}$，则方程组有唯一解.

综上可得，

$$\begin{cases} q \neq 2 \text{ 时，方程组无解.} \\ q = 2 \text{ 且 } p \neq 1 \text{ 时，方程组有唯一解 } x_1 = -1,\ x_2 = 2,\ x_3 = 0. \\ q = 2 \text{ 且 } p = 1 \text{ 时，方程组有无穷多解 } x_1 = -2x_3 - 1,\ x_2 = x_3 + 2,\ x_3 = x_3,\ x \in F. \end{cases}$$

(3) 增广矩阵

$$(\boldsymbol{A} \mid \boldsymbol{b}) = \begin{pmatrix} p & 1 & 1 & 1 \\ 1 & p & 1 & p \\ 1 & 1 & p & p^2 \end{pmatrix} \xrightarrow[r_3+(-1)r_2]{r_1+(-p)r_2} \begin{pmatrix} 0 & 1-p^2 & 1-p & 1-p^2 \\ 1 & p & 1 & p \\ 0 & 1-p & p-1 & p^2-p \end{pmatrix}$$

$$\longrightarrow \begin{pmatrix} 1 & p & 1 & p \\ 0 & 1-p & p-1 & p^2-p \\ 0 & 0 & (1-p)(2+p) & (1-p)(1+p)^2 \end{pmatrix}.$$

当 $p=1$ 时，增广矩阵为 $\begin{pmatrix} 1 & 1 & 1 & 1 \\ 0 & 0 & 0 & 0 \\ 0 & 0 & 0 & 0 \end{pmatrix}$,

则方程组有无穷多解，即 $\begin{cases} x_1 = 1 - x_2 - x_3 \\ x_2 = x_2 \\ x_3 = x_3 \end{cases}$，$x_3 \in F$.

当 $p=-2$ 时，增广矩阵为

$$\begin{pmatrix} 1 & -2 & 1 & -2 \\ 0 & 1 & -1 & 2 \\ 0 & 0 & 0 & 1 \end{pmatrix},$$

则方程组无解.

当 $p \neq -2$ 且 $p \neq 1$ 时，方程组有唯一解，即 $x_1 = \dfrac{-(p+1)}{p+2}$，$x_2 = \dfrac{1}{p+2}$，$x_3 = \dfrac{(p+1)^2}{p+2}$.

综上可得，$p=1$ 时，方程组有无穷多解，$x_1 = 1 - x_2 - x_3$，x_2，$x_3 \in F$.

$p=-2$ 时，方程组无解.

当 $p \neq -2$ 且 $p \neq 1$ 时，方程组有唯一解，即 $x_1 = \dfrac{-(p+1)}{p+2}$，$x_2 = \dfrac{1}{p+2}$，$x_3 = \dfrac{(p+1)^2}{p+2}$.

(4) 增广矩阵 $(\boldsymbol{A} \mid \boldsymbol{b}) = \begin{pmatrix} 1+p & 1 & 1 & 0 \\ 1 & 1+p & 1 & p \\ 1 & 1 & 1+p & p^2 \end{pmatrix} \xrightarrow[r_2 - r_3]{r_1 - r_3}$

$$\begin{pmatrix} p & 0 & -p & -p^2 \\ 0 & p & -p & p-p^2 \\ 1 & 1 & 1+p & p^2 \end{pmatrix} \xrightarrow{r_1 + (-p) r_3} \begin{pmatrix} 0 & -p & -p(p+2) & -p^2(p+1) \\ 0 & p & -p & p-p^2 \\ 1 & 1 & 1+p & p^2 \end{pmatrix}$$

$$\longrightarrow\begin{pmatrix}1 & 1 & 1+p & p^2\\ 0 & p & -p & p-p^2\\ 0 & 0 & -p(p+3) & -p(p^2+2p-1)\end{pmatrix},$$

当 $p=-3$ 时，方程组无解；

当 $p=0$ 时，方程组有无穷多解，即 $x_1=-x_2-x_3,\ x_2,\ x_3\in F$.

当 $p\neq-3$ 且 $p\neq0$ 时，方程组有唯一解，即

$$x_3=\frac{p^2+2p-1}{p+3},$$

$$px_2=\frac{p^3+2p^2-p}{p+3}+p-p^2=\frac{p^3+2p^2-p-2p^2-p^3+3p}{p+3}=\frac{2p}{p+3},$$

$$x_1=-x_2-(1+p)x_3+p^2=-\frac{2}{p+3}-\frac{(1+p)(p^2+2p-1)}{p+3}+\frac{p^3+3p^2}{p+3}=\frac{-(p+1)}{p+3}.$$

综上可得，$p=-3$ 时，无解；

$p=0$ 时，方程组有无穷多解，即 $x_1=-x_2-x_3,\ x_2,\ x_3\in F$.

$p\neq-3$ 且 $p\neq0$ 时，方程组有唯一解，即

$$x_1=\frac{-p-1}{p+3},\ x_2=\frac{2}{p+3},\ x_3=\frac{p^2+2p-1}{p+3}.$$

（二）

9. 令 $\mathbb{Q}(\sqrt{3})=\{a+b\sqrt{3}\mid a,\ b\in\mathbb{Q}\}$，试证明 $\mathbb{Q}(\sqrt{3})$ 是一个数域.

解： 同第1题中的(2).

10. 设 P 是至少包含一个非零元的数集，且 P 对四则运算封闭，试证明 P 为一个数域.

证明： 因为 P 至少包含一个非零元，设此非零元为 a.

所以，由 $a-a\in P$，则 $0\in P$；由 $\frac{a}{a}\in P$，则 $1\in P$.

又因为 P 对四则运算封闭,则 P 为一个数域.

11. 试证明任何一个数域必包含有理数域.

证明: 设 P 为任一数域.

因为 $0, 1 \in P$ 且加、减法封闭,从而对任意的正整数 $n = 1 + 1 + \cdots + 1 \in P$, $0 - n = -n \in P$,所以$\mathbb{Z} \subseteq P$.

又因为存在 $a, b \in \mathbb{Z}$ 且 $b \neq 0$, $\frac{a}{b} \in P$.

所以, $Q \subseteq P$.

12. 试证明若数域 P 真包含实数域,则 P 为复数域.

证明: 因为 $\mathbb{R} \subset P \subseteq \mathbb{C}$,所以任意 $\alpha \in P$, $\alpha \notin \mathbb{R}$.

从而 $\alpha = a + b\sqrt{-1}$, $a, b \in \mathbb{R}$, $b \neq 0$.

又因为 $a, b \in \mathbb{R} \subset P$, P 对四则运算封闭,故 $\frac{\alpha - a}{b} = \sqrt{-1} \in P$, 故任意 $c, d \in R$, $c + d\sqrt{-1} \in P$,故 $P = \mathbb{C}$.

13. 试证明$\mathbb{C}$ 的非空子集若对减法封闭,则必对加法封闭.

证明: 设$\mathbb{C}$ 的非空子集为 P,存在 $a \in P$ 有 $a - a \in P$, 即 $0 \in P$.

任意 $b \in P$, $0 - b \in P$,所以 $-b \in P$.

因为 $a + b = a - (-b) \in P$,

所以,P 对加法封闭.

14. 试证明$\mathbb{C}$ 的非空子集若对除法封闭,则必对乘法封闭.

证明: 设$\mathbb{C}$ 的非空子集为 P,任意 $0 \neq a \in P$, $\frac{a}{a} = 1 \in P$, $\frac{1}{a} \in P$.

任意 $b \in P$, $b \div \frac{1}{a} \in P$,则 $ab \in P$.

所以,P 对乘法封闭.

15. $m \times n$ 的非齐次线性方程组,设其系数矩阵的阶梯形的非零行数为 s,

试分别在下面两个条件下,判断此线性方程组的解.

(1) $s = n$;　　　　　　　　(2) $s = m$.

解: (1) 设增广矩阵阶梯形的非零行数为 r.

当 $s \neq r$,有 $s = n$. 故方程组无解;

当 $s = r = n$. 故方程组有唯一解.

(2) 因系数矩阵的非零行数必为增广矩阵的非零行数. 所以,当 $s = m$ 时,方程组一共有 m 行,此时必有增广矩阵阶梯形的非零行数 $r = m$. 即 $s = r = m\begin{cases} < n, \text{无穷多解} \\ = n, \text{唯一解} \end{cases}$. 故方程组必有解.

第 2 章　矩阵习题精解

（一）

1. 设矩阵

$$A=\begin{pmatrix}1&3\\-1&0\\2&3\end{pmatrix},\ B=\begin{pmatrix}-2&0\\2&-1\\-1&1\end{pmatrix},\ C=\begin{pmatrix}-1&2\\2&1\\2&-3\end{pmatrix},$$

试求 $A+B$; $A-B+C$; $-A+3B+2C$.

解： 由矩阵线性运算的定义可知，

$$A+B=\begin{pmatrix}-1&3\\1&-1\\1&4\end{pmatrix},\ A-B+C=\begin{pmatrix}2&5\\-1&2\\5&-1\end{pmatrix},\ -A+3B+2C=\begin{pmatrix}-9&1\\11&-1\\-1&-6\end{pmatrix}.$$

2. 设矩阵 $A=\begin{pmatrix}1&2&1&2\\2&1&2&1\\1&2&3&4\end{pmatrix}$, $B=\begin{pmatrix}4&3&2&1\\-2&1&-2&1\\0&-1&0&-1\end{pmatrix}$.

（1）已知 $A+X=B$, 求 X;

（2）已知 $(2A-Y)+2(B-Y)=O$, 求 Y;

（3）已知 $2X+Y=A$, $X-Y=B$, 求 X, Y.

解：（1）由已知，有 $X=B-A=\begin{pmatrix}3&1&1&-1\\-4&0&-4&0\\-1&-3&-3&-5\end{pmatrix}$.

(2) 由已知,有 $\boldsymbol{Y}=\frac{2}{3}(\boldsymbol{A}+\boldsymbol{B})=\begin{pmatrix}\frac{10}{3} & \frac{10}{3} & 2 & 2\\ 0 & \frac{4}{3} & 0 & \frac{4}{3}\\ \frac{2}{3} & \frac{2}{3} & 2 & 2\end{pmatrix}$.

(3) 由已知,有 $\boldsymbol{X}=\frac{1}{3}(\boldsymbol{A}+\boldsymbol{B})=\begin{pmatrix}\frac{5}{3} & \frac{5}{3} & 1 & 1\\ 0 & \frac{2}{3} & 0 & \frac{2}{3}\\ \frac{1}{3} & \frac{1}{3} & 1 & 1\end{pmatrix}$,

$$\boldsymbol{Y}=\frac{1}{3}\boldsymbol{A}-\frac{2}{3}\boldsymbol{B}=\begin{pmatrix}-\frac{7}{3} & -\frac{4}{3} & -1 & 0\\ 2 & -\frac{1}{3} & 2 & -\frac{1}{3}\\ \frac{1}{3} & \frac{4}{3} & 1 & 2\end{pmatrix}.$$

3. 设矩阵

$\boldsymbol{A}=\begin{pmatrix}x & 0\\ 7 & y\end{pmatrix}$, $\boldsymbol{B}=\begin{pmatrix}u & 2v\\ y & 2\end{pmatrix}$, $\boldsymbol{C}=\begin{pmatrix}3 & -4\\ x & v\end{pmatrix}$, 且 $\boldsymbol{A}+2\boldsymbol{B}=\boldsymbol{C}$, 求 x, y, u, v 的值.

解: 由矩阵对应相等可得,

$$\begin{cases}x+2u=3\\ 4v=-4\\ 7+2y=x\\ y+4=v\end{cases}\Rightarrow\begin{cases}x=-3\\ y=-5\\ u=3\\ v=-1\end{cases}.$$

4. 设 $\boldsymbol{A}=(a_{ij})_{m\times n}$, k 为数. 试证明:若 $k\boldsymbol{A}=\boldsymbol{O}$, 则 $k=0$ 或 $\boldsymbol{A}=\boldsymbol{O}$.

证明: 因为 $k\boldsymbol{A}=\boldsymbol{O}\Leftrightarrow ka_{ij}=0$, $1\leqslant i\leqslant m$, $1\leqslant j\leqslant n$,即 $k=0$ 或 $a_{ij}=0$, 则 $k=0$ 或 $\boldsymbol{A}=\boldsymbol{O}$.

5. 计算下列矩阵乘积：

(1) $\begin{pmatrix} 3 & 2 \\ -1 & 4 \\ 5 & 1 \end{pmatrix}\begin{pmatrix} 1 & 8 & -1 \\ 2 & 0 & 3 \end{pmatrix}$；

(2) $\begin{pmatrix} 1 & 3 & -1 \\ 0 & 4 & 2 \\ 7 & 0 & 1 \end{pmatrix}\begin{pmatrix} 1 \\ -2 \\ 3 \end{pmatrix}$；

(3) $(1, 2, 3)\begin{pmatrix} 1 \\ 2 \\ -1 \end{pmatrix}$；

(4) $\begin{pmatrix} 1 \\ -2 \\ 3 \end{pmatrix}(3, -1, 2)$；

(5) $(x_1, x_2, x_3)\begin{pmatrix} a_{11} & a_{12} \\ a_{21} & a_{22} \\ a_{31} & a_{32} \end{pmatrix}\begin{pmatrix} y_1 \\ y_2 \end{pmatrix}$.

解：(1) $\begin{pmatrix} 3 & 2 \\ -1 & 4 \\ 5 & 1 \end{pmatrix}\begin{pmatrix} 1 & 8 & -1 \\ 2 & 0 & 3 \end{pmatrix} = \begin{pmatrix} 7 & 24 & 3 \\ 7 & -8 & 13 \\ 7 & 40 & -2 \end{pmatrix}$.

(2) $\begin{pmatrix} 1 & 3 & -1 \\ 0 & 4 & 2 \\ 7 & 0 & 1 \end{pmatrix}\begin{pmatrix} 1 \\ -2 \\ 3 \end{pmatrix} = \begin{pmatrix} -8 \\ -2 \\ 10 \end{pmatrix}$.

(3) $(1, 2, 3)\begin{pmatrix} 1 \\ 2 \\ -1 \end{pmatrix} = 1 + 4 - 3 = 2$.

(4) $\begin{pmatrix} 1 \\ -2 \\ 3 \end{pmatrix}(3, -1, 2) = \begin{pmatrix} 3 & -1 & 2 \\ -6 & 2 & -4 \\ 9 & -3 & 6 \end{pmatrix}$.

(5) $(x_1, x_2, x_3)\begin{pmatrix} a_{11} & a_{12} \\ a_{21} & a_{22} \\ a_{31} & a_{32} \end{pmatrix}\begin{pmatrix} y_1 \\ y_2 \end{pmatrix} = (a_{11}x_1 + a_{21}x_2 + a_{31}x_3, a_{12}x_1 + a_{22}x_2 + a_{32}x_3)\begin{pmatrix} y_1 \\ y_2 \end{pmatrix} = a_{11}x_1y_1 + a_{21}x_2y_1 + a_{31}x_3y_1 + a_{12}x_1y_2 + a_{22}x_2y_2 + a_{32}x_3y_2.$

6. 试证明两个同阶上三角矩阵的乘积还是上三角矩阵.

证明：（方法一）：设 $\boldsymbol{A} = (a_{ij})_{n\times n}$，$\boldsymbol{B} = (b_{ij})_{n\times n}$，其中，$n \geqslant i > j \geqslant 1$ 时，$a_{ij} = 0$，$b_{ij} = 0$.

$$\text{则 } \boldsymbol{AB} = \begin{pmatrix} a_{11} & a_{12} & \cdots & a_{1n} \\ 0 & a_{22} & \cdots & a_{2n} \\ \vdots & \vdots & & \vdots \\ 0 & 0 & \cdots & a_{nn} \end{pmatrix}\begin{pmatrix} b_{11} & b_{12} & \cdots & b_{1n} \\ 0 & b_{22} & \cdots & b_{2n} \\ \vdots & \vdots & & \vdots \\ 0 & 0 & \cdots & b_{nn} \end{pmatrix}$$

$$= \begin{pmatrix} a_{11}b_{11} & & * & \\ & a_{22}b_{22} & & \\ 0 & & \ddots & \\ & & & a_{nn}b_{nn} \end{pmatrix}.$$

所以 $\boldsymbol{AB}$ 仍为上三角矩阵.

（方法二）：设 $\boldsymbol{AB} = (c_{ij})_{n\times n}$，$c_{ij} = \sum_{k=1}^{n} a_{ik}b_{kj}$.

因为 $a_{ik} = 0$，$i > k$，$b_{kj} = 0$，$k > j$. 则 $c_{ij} = \sum_{k=i}^{n} a_{ik}b_{kj} = 0$，$i > j$.

故 $\boldsymbol{AB}$ 为上三角矩阵.

7. 已知矩阵

$$\boldsymbol{A} = \begin{pmatrix} 1 & 0 & 3 \\ 0 & 2 & 1 \\ 0 & 0 & 1 \end{pmatrix}, \boldsymbol{B} = \begin{pmatrix} 1 & 0 & 0 \\ 0 & 2 & 1 \\ 3 & 0 & 2 \end{pmatrix}.$$

试求：

(1) $\boldsymbol{AB}$, $\boldsymbol{BA}$;

(2) $\boldsymbol{A}^2-\boldsymbol{B}^2$, $(\boldsymbol{A}+\boldsymbol{B})(\boldsymbol{A}-\boldsymbol{B})$.

解：(1) $\boldsymbol{AB}=\begin{pmatrix}10 & 0 & 6\\ 3 & 4 & 4\\ 3 & 0 & 2\end{pmatrix}$, $\boldsymbol{BA}=\begin{pmatrix}1 & 0 & 3\\ 0 & 4 & 3\\ 3 & 0 & 11\end{pmatrix}$.

(2) $\boldsymbol{A}^2=\begin{pmatrix}1 & 0 & 3\\ 0 & 2 & 1\\ 0 & 0 & 1\end{pmatrix}\begin{pmatrix}1 & 0 & 3\\ 0 & 2 & 1\\ 0 & 0 & 1\end{pmatrix}=\begin{pmatrix}1 & 0 & 6\\ 0 & 4 & 3\\ 0 & 0 & 1\end{pmatrix}$,

$\boldsymbol{B}^2=\begin{pmatrix}1 & 0 & 0\\ 0 & 2 & 1\\ 3 & 0 & 2\end{pmatrix}\begin{pmatrix}1 & 0 & 0\\ 0 & 2 & 1\\ 3 & 0 & 2\end{pmatrix}=\begin{pmatrix}1 & 0 & 0\\ 3 & 4 & 4\\ 9 & 0 & 4\end{pmatrix}$,

则 $\boldsymbol{A}^2-\boldsymbol{B}^2=\begin{pmatrix}0 & 0 & 6\\ -3 & 0 & -1\\ -9 & 0 & -3\end{pmatrix}$,

$(\boldsymbol{A}+\boldsymbol{B})(\boldsymbol{A}-\boldsymbol{B})=\boldsymbol{A}^2-\boldsymbol{AB}+\boldsymbol{BA}-\boldsymbol{B}=\begin{pmatrix}-9 & 0 & 3\\ -6 & 0 & -2\\ -9 & 0 & 6\end{pmatrix}$.

8. 计算：

(1) $\begin{pmatrix}1 & 0\\ \lambda & 1\end{pmatrix}^n$;

(2) $\begin{pmatrix}\cos\theta & -\sin\theta\\ \sin\theta & \cos\theta\end{pmatrix}^n$;

(3) $(\boldsymbol{\alpha}\boldsymbol{\beta}^{\mathrm{T}})^n$, $\boldsymbol{\alpha}=\begin{pmatrix}a_1\\ a_2\\ a_3\end{pmatrix}$, $\boldsymbol{\beta}=\begin{pmatrix}b_1\\ b_2\\ b_3\end{pmatrix}$；当 $\boldsymbol{\alpha}=\begin{pmatrix}1\\ 2\\ 3\end{pmatrix}$, $\boldsymbol{\beta}=\begin{pmatrix}1\\ \frac{1}{2}\\ \frac{1}{3}\end{pmatrix}$ 时，写出其具体结果；

(4) $\begin{pmatrix} 1 & -1 & -1 & -1 \\ -1 & 1 & -1 & -1 \\ -1 & -1 & 1 & -1 \\ -1 & -1 & -1 & 1 \end{pmatrix}^n$;

(5) 设 $\boldsymbol{A} = \begin{pmatrix} 1 & 0 & 1 \\ 0 & 2 & 0 \\ 1 & 0 & 1 \end{pmatrix}$,求 $\boldsymbol{A}^n - 2\boldsymbol{A}^{n-1}$.

解: (1) 当 $n = 2$ 时,有 $\begin{pmatrix} 1 & 0 \\ \lambda & 1 \end{pmatrix}\begin{pmatrix} 1 & 0 \\ \lambda & 1 \end{pmatrix} = \begin{pmatrix} 1 & 0 \\ 2\lambda & 1 \end{pmatrix}$;

当 $n = 3$ 时,有 $\begin{pmatrix} 1 & 0 \\ \lambda & 1 \end{pmatrix}^2 = \begin{pmatrix} 1 & 0 \\ 3\lambda & 1 \end{pmatrix}$;

假设 $n = k$ 时, $\begin{pmatrix} 1 & 0 \\ \lambda & 1 \end{pmatrix}^k = \begin{pmatrix} 1 & 0 \\ k\lambda & 1 \end{pmatrix}$,

则 $n = k + 1$ 时, $\begin{pmatrix} 1 & 0 \\ \lambda & 1 \end{pmatrix}^{k+1} = \begin{pmatrix} 1 & 0 \\ k\lambda & 1 \end{pmatrix}\begin{pmatrix} 1 & 0 \\ \lambda & 1 \end{pmatrix} = \begin{pmatrix} 1 & 0 \\ (k+1)\lambda & 1 \end{pmatrix}$,

则有 $\begin{pmatrix} 1 & 0 \\ \lambda & 1 \end{pmatrix}^n = \begin{pmatrix} 1 & 0 \\ n\lambda & 1 \end{pmatrix}$.

(2) 当 $n = 2$ 时, $\begin{pmatrix} \cos\theta & -\sin\theta \\ \sin\theta & \cos\theta \end{pmatrix}^2 = \begin{pmatrix} \cos 2\theta & -\sin 2\theta \\ \sin 2\theta & \cos 2\theta \end{pmatrix}$;

假设 $n = k$ 时, $\begin{pmatrix} \cos\theta & -\sin\theta \\ \sin\theta & \cos\theta \end{pmatrix}^k = \begin{pmatrix} \cos k\theta & -\sin k\theta \\ \sin k\theta & \cos k\theta \end{pmatrix}$;

当 $n = k + 1$ 时, $\begin{pmatrix} \cos\theta & -\sin\theta \\ \sin\theta & \cos\theta \end{pmatrix}^{k+1} = \begin{pmatrix} \cos k\theta & -\sin k\theta \\ \sin k\theta & \cos k\theta \end{pmatrix}\begin{pmatrix} \cos\theta & -\sin\theta \\ \sin\theta & \cos\theta \end{pmatrix}$

$$= \begin{pmatrix} \cos(k+1)\theta & -\sin(k+1)\theta \\ \sin(k+1)\theta & \cos(k+1)\theta \end{pmatrix},$$

则有 $\begin{pmatrix} \cos\theta & -\sin\theta \\ \sin\theta & \cos\theta \end{pmatrix}^n = \begin{pmatrix} \cos(n\theta) & -\sin(n\theta) \\ \sin(n\theta) & \cos(n\theta) \end{pmatrix}$.

(3) 因为 $(\boldsymbol{\alpha}\boldsymbol{\beta}^{\mathrm{T}})^n = \boldsymbol{\alpha}\underbrace{(\boldsymbol{\beta}^{\mathrm{T}}\boldsymbol{\alpha})\cdots(\boldsymbol{\beta}^{\mathrm{T}}\boldsymbol{\alpha})}_{n-1\text{个}}\boldsymbol{\beta}^{\mathrm{T}}$,

又有 $\boldsymbol{\beta}^{\mathrm{T}}\boldsymbol{\alpha} = \sum_{i=1}^{3} a_i b_i$,

所以，$(\boldsymbol{\alpha\beta}^{\mathrm{T}})^n = (\sum_{i=1}^{3} a_i b_i)^{n-1}\begin{pmatrix} a_1b_1 & a_1b_2 & a_1b_3 \\ a_2b_1 & a_2b_2 & a_2b_3 \\ a_3b_1 & a_3b_2 & a_3b_3 \end{pmatrix} = (\boldsymbol{\beta}^{\mathrm{T}}\boldsymbol{\alpha})^{n-1}\boldsymbol{\alpha\beta}^{\mathrm{T}}$.

当 $\boldsymbol{\alpha} = \begin{pmatrix} 1 \\ 2 \\ 3 \end{pmatrix}$，$\boldsymbol{\beta} = \begin{pmatrix} 1 \\ \frac{1}{2} \\ \frac{1}{3} \end{pmatrix}$时，$\boldsymbol{\beta}^{\mathrm{T}}\boldsymbol{\alpha} = 3$，则 $(\boldsymbol{\alpha\beta}^{\mathrm{T}})^n = 3^{n-1}\begin{pmatrix} 1 & \frac{1}{2} & \frac{1}{3} \\ 2 & 1 & \frac{2}{3} \\ 3 & \frac{3}{2} & 1 \end{pmatrix}$.

(4) 记 $\boldsymbol{A} = \begin{pmatrix} 1 & -1 & -1 & -1 \\ -1 & 1 & -1 & -1 \\ -1 & -1 & 1 & -1 \\ -1 & -1 & -1 & 1 \end{pmatrix}$，

有 $\boldsymbol{A}^2 = \begin{pmatrix} 1 & -1 & -1 & -1 \\ -1 & 1 & -1 & -1 \\ -1 & -1 & 1 & -1 \\ -1 & -1 & -1 & 1 \end{pmatrix}\begin{pmatrix} 1 & -1 & -1 & -1 \\ -1 & 1 & -1 & -1 \\ -1 & -1 & 1 & -1 \\ -1 & -1 & -1 & 1 \end{pmatrix}$

$= \begin{pmatrix} 4 & 0 & 0 & 0 \\ 0 & 4 & 0 & 0 \\ 0 & 0 & 4 & 0 \\ 0 & 0 & 0 & 4 \end{pmatrix} = 4\boldsymbol{E}_4$，

还有 $\boldsymbol{A}^3 = 4\boldsymbol{A}$，$\boldsymbol{A}^4 = 4\boldsymbol{A}^2 = 4^2\boldsymbol{E}_4$，由归纳可知

$$\boldsymbol{A}^n = \begin{cases} 4^k\boldsymbol{E}_4, & n = 2k \\ 4^k\boldsymbol{A}, & n = 2k+1 \end{cases}.$$

(5) $\boldsymbol{A}^2 = \begin{pmatrix} 1 & 0 & 1 \\ 0 & 2 & 0 \\ 1 & 0 & 1 \end{pmatrix}\begin{pmatrix} 1 & 0 & 1 \\ 0 & 2 & 0 \\ 1 & 0 & 1 \end{pmatrix} = \begin{pmatrix} 2 & 0 & 2 \\ 0 & 4 & 0 \\ 2 & 0 & 2 \end{pmatrix}$，

$\boldsymbol{A}^3 = \begin{pmatrix} 2 & 0 & 2 \\ 0 & 4 & 0 \\ 2 & 0 & 2 \end{pmatrix}\begin{pmatrix} 1 & 0 & 1 \\ 0 & 2 & 0 \\ 1 & 0 & 1 \end{pmatrix} = \begin{pmatrix} 4 & 0 & 4 \\ 0 & 8 & 0 \\ 4 & 0 & 4 \end{pmatrix}$，

所以，$\boldsymbol{A}^n = \begin{pmatrix} 2^{n-1} & 0 & 2^{n-1} \\ 0 & 2^n & 0 \\ 2^{n-1} & 0 & 2^{n-1} \end{pmatrix}$，可利用数学归纳法验证，

得 $\boldsymbol{A}^n - 2\boldsymbol{A}^{n-1} = \boldsymbol{O}_{3\times3}$，$n \geqslant 2$.

9. 求与下列矩阵可交换的所有矩阵：

（1）$\begin{pmatrix} 2 & 1 \\ 0 & 1 \end{pmatrix}$；

（2）$\begin{pmatrix} 0 & 1 & 0 & 0 \\ 0 & 0 & 1 & 0 \\ 0 & 0 & 0 & 1 \\ 0 & 0 & 0 & 0 \end{pmatrix}$.

解：（1）设与已知矩阵可交换的矩阵为 $\begin{pmatrix} a & b \\ c & d \end{pmatrix}$，则有

$$\begin{pmatrix} 2 & 1 \\ 0 & 1 \end{pmatrix}\begin{pmatrix} a & b \\ c & d \end{pmatrix} = \begin{pmatrix} a & b \\ c & d \end{pmatrix}\begin{pmatrix} 2 & 1 \\ 0 & 1 \end{pmatrix}.$$

所以 $\begin{cases} 2a + c = 2a \\ 2b + d = a + b \\ c = 2c \\ d = c + d \end{cases} \Rightarrow \begin{cases} c = 0 \\ d = a - b \end{cases}$.

故与 $\begin{pmatrix} 2 & 1 \\ 0 & 1 \end{pmatrix}$ 可交换的矩阵为 $\begin{pmatrix} a & b \\ 0 & a - b \end{pmatrix}$，$a, b \in F$.

（2）设与已知矩阵可交换的矩阵为 $(a_{ij})_{4\times4}$，则有

$$\begin{pmatrix} 0 & 1 & 0 & 0 \\ 0 & 0 & 1 & 0 \\ 0 & 0 & 0 & 1 \\ 0 & 0 & 0 & 0 \end{pmatrix}\begin{pmatrix} a_{11} & a_{12} & a_{13} & a_{14} \\ a_{21} & a_{22} & a_{23} & a_{24} \\ a_{31} & a_{32} & a_{33} & a_{34} \\ a_{41} & a_{42} & a_{33} & a_{44} \end{pmatrix} = \begin{pmatrix} a_{11} & a_{12} & a_{13} & a_{14} \\ a_{21} & a_{22} & a_{23} & a_{24} \\ a_{31} & a_{32} & a_{33} & a_{34} \\ a_{41} & a_{42} & a_{33} & a_{44} \end{pmatrix}\begin{pmatrix} 0 & 1 & 0 & 0 \\ 0 & 0 & 1 & 0 \\ 0 & 0 & 0 & 1 \\ 0 & 0 & 0 & 0 \end{pmatrix},$$

得$\begin{pmatrix} a_{21} & a_{22} & a_{23} & a_{24} \\ a_{31} & a_{32} & a_{33} & a_{34} \\ a_{41} & a_{42} & a_{33} & a_{44} \\ 0 & 0 & 0 & 0 \end{pmatrix} = \begin{pmatrix} 0 & a_{11} & a_{12} & a_{13} \\ 0 & a_{21} & a_{22} & a_{23} \\ 0 & a_{31} & a_{32} & a_{33} \\ 0 & a_{41} & a_{42} & a_{43} \end{pmatrix}$,

所以, $a_{21} = a_{31} = a_{41} = 0$, $a_{42} = a_{43} = a_{32}$, $a_{13} = a_{24}$, $a_{11} = a_{22} = a_{33} = a_{44}$, $a_{12} = a_{23} = a_{34}$.

故与$\begin{pmatrix} 0 & 1 & 0 & 0 \\ 0 & 0 & 1 & 0 \\ 0 & 0 & 0 & 1 \\ 0 & 0 & 0 & 0 \end{pmatrix}$可交换的矩阵为$\begin{pmatrix} a & b & c & d \\ 0 & a & b & c \\ 0 & 0 & a & b \\ 0 & 0 & 0 & a \end{pmatrix}$, $a, b, c, d \in F$.

10. 求一个满足 $\boldsymbol{A}^2 = \boldsymbol{O}$ 且 $\boldsymbol{A} \neq \boldsymbol{O}$ 的二阶方阵 $\boldsymbol{A}_{2\times2}$.

解: 设 $\boldsymbol{A} = \begin{pmatrix} a & b \\ c & d \end{pmatrix}$, 有

$$\boldsymbol{A}^2 = \begin{pmatrix} a & b \\ c & d \end{pmatrix}\begin{pmatrix} a & b \\ c & d \end{pmatrix} = \begin{pmatrix} a^2 + bc & ab + bd \\ ac + cd & bc + d^2 \end{pmatrix} = \begin{pmatrix} 0 & 0 \\ 0 & 0 \end{pmatrix},$$

则可取 $a = 0$, $c = 0$, $d = 0$, $b = 1$,

可得 $\boldsymbol{A} = \begin{pmatrix} 0 & 1 \\ 0 & 0 \end{pmatrix}$.

11. 设 $\boldsymbol{A} = \begin{pmatrix} 1 & -1 \\ 2 & 3 \end{pmatrix}$, 求:

(1) $\boldsymbol{A}^2 - 2\boldsymbol{A}$;

(2) $3\boldsymbol{A}^3 - 2\boldsymbol{A}^2 + 5\boldsymbol{A} - 4\boldsymbol{E}$.

解: (1) $\boldsymbol{A}^2 - 2\boldsymbol{A} = \begin{pmatrix} 1 & -1 \\ 2 & 3 \end{pmatrix}\begin{pmatrix} 1 & -1 \\ 2 & 3 \end{pmatrix} - \begin{pmatrix} 2 & -2 \\ 4 & 6 \end{pmatrix}$

$$= \begin{pmatrix} -1 & -4 \\ 8 & 7 \end{pmatrix} - \begin{pmatrix} 2 & -2 \\ 4 & 6 \end{pmatrix} = \begin{pmatrix} -3 & -2 \\ 4 & 1 \end{pmatrix};$$

(2) $A^3 = \begin{pmatrix} -1 & -4 \\ 8 & 7 \end{pmatrix}\begin{pmatrix} 1 & -1 \\ 2 & 3 \end{pmatrix} = \begin{pmatrix} -9 & -11 \\ 22 & 13 \end{pmatrix}$,

$$\begin{aligned} 3A^3 - 2A^2 + 5A - 4E &= \begin{pmatrix} -27 & -33 \\ 66 & 39 \end{pmatrix} - \begin{pmatrix} -2 & -8 \\ 16 & 14 \end{pmatrix} \\ &\quad + \begin{pmatrix} 5 & -5 \\ 10 & 15 \end{pmatrix} - \begin{pmatrix} 4 & 0 \\ 0 & 4 \end{pmatrix} \\ &= \begin{pmatrix} -24 & -30 \\ 60 & 36 \end{pmatrix}. \end{aligned}$$

12. 求以下矩阵多项式 $f(A)$：

(1) $A = \begin{pmatrix} 2 & -1 \\ -3 & 3 \end{pmatrix}$, $f(x) = x^2 - 5x + 3$;

(2) $A = \begin{pmatrix} 2 & 2 & 3 \\ 1 & -1 & 0 \\ 3 & 1 & 2 \end{pmatrix}$, $f(x) = x^2 - x + 1$.

解：(1) $A^2 = \begin{pmatrix} 2 & -1 \\ -3 & 3 \end{pmatrix}\begin{pmatrix} 2 & -1 \\ -3 & 3 \end{pmatrix} = \begin{pmatrix} 7 & -5 \\ -15 & 12 \end{pmatrix}$,

则 $f(A) = A^2 - 5A + 3E_2 = \begin{pmatrix} 7 & -5 \\ -15 & 12 \end{pmatrix} - \begin{pmatrix} 10 & -5 \\ -15 & 15 \end{pmatrix} + \begin{pmatrix} 3 & 0 \\ 0 & 3 \end{pmatrix}$

$$= \begin{pmatrix} 0 & 0 \\ 0 & 0 \end{pmatrix}.$$

(2) $A^2 = \begin{pmatrix} 2 & 2 & 3 \\ 1 & -1 & 0 \\ 3 & 1 & 2 \end{pmatrix}\begin{pmatrix} 2 & 2 & 3 \\ 1 & -1 & 0 \\ 3 & 1 & 2 \end{pmatrix} = \begin{pmatrix} 15 & 5 & 12 \\ 1 & 3 & 3 \\ 13 & 7 & 13 \end{pmatrix}$,

$$\begin{aligned} f(A) = A^2 - A + E_3 &= \begin{pmatrix} 15 & 5 & 12 \\ 1 & 3 & 3 \\ 13 & 7 & 13 \end{pmatrix} - \begin{pmatrix} 2 & 2 & 3 \\ 1 & -1 & 0 \\ 3 & 1 & 2 \end{pmatrix} + \begin{pmatrix} 1 & 0 & 0 \\ 0 & 1 & 0 \\ 0 & 0 & 1 \end{pmatrix} \\ &= \begin{pmatrix} 14 & 3 & 9 \\ 0 & 5 & 3 \\ 10 & 6 & 12 \end{pmatrix}. \end{aligned}$$

13. 设 $\boldsymbol{A}$ 为 n 阶矩阵,且对任意 $n\times 1$ 矩阵 $\boldsymbol{\alpha}$,都有 $\boldsymbol{\alpha}^{\mathrm{T}}\boldsymbol{A}\boldsymbol{\alpha}=0$,试证明:$\boldsymbol{A}$ 为反对称矩阵.

证明:设 $\boldsymbol{A}=(a_{ij})_{n\times n}$,

由 $\boldsymbol{\alpha}$ 的任意性知,可取 $\boldsymbol{\alpha}=(0,\cdots,0,\underset{i}{1},0,\cdots,0)^{\mathrm{T}}$ 和 $\boldsymbol{\alpha}=(0,\cdots,0,\underset{i}{1},0,\cdots,\underset{j}{-1},0,\cdots,0)^{\mathrm{T}}$,

代入 $\boldsymbol{\alpha}^{\mathrm{T}}\boldsymbol{A}\boldsymbol{\alpha}=0$,即可得 $a_{ii}=0$, $a_{ij}=-a_{ji}$, $1\leqslant i,j\leqslant n$,

则 $\boldsymbol{A}$ 为反对称矩阵.

14. 设 $\boldsymbol{A}$ 和 $\boldsymbol{B}$ 为 n 阶方阵,$2\boldsymbol{A}-\boldsymbol{B}=\boldsymbol{E}$. 试证明 $\boldsymbol{A}^2=\boldsymbol{A}$ 的充分必要条件是 $\boldsymbol{B}^2=\boldsymbol{E}$.

证明:由 $2\boldsymbol{A}-\boldsymbol{B}=\boldsymbol{E}$,有 $\boldsymbol{A}=\dfrac{\boldsymbol{B}+\boldsymbol{E}}{2}$,

所以有 $\boldsymbol{A}^2=\left(\dfrac{\boldsymbol{B}+\boldsymbol{E}}{2}\right)^2=\dfrac{\boldsymbol{B}^2+2\boldsymbol{B}+\boldsymbol{E}}{4}$,

从而 $\boldsymbol{A}^2=\boldsymbol{A}\Leftrightarrow\dfrac{\boldsymbol{B}^2+2\boldsymbol{B}+\boldsymbol{E}}{4}=\dfrac{\boldsymbol{B}+\boldsymbol{E}}{2}\Leftrightarrow\dfrac{\boldsymbol{B}^2-\boldsymbol{E}}{4}=\boldsymbol{O}\Leftrightarrow\boldsymbol{B}^2=\boldsymbol{E}$.

15. 设 $\boldsymbol{A}$ 和 $\boldsymbol{B}$ 为对称矩阵. 试证明:$\boldsymbol{AB}$ 为对称矩阵的充分必要条件为 $\boldsymbol{AB}=\boldsymbol{BA}$.

证明:充分性:由 $(\boldsymbol{AB})^{\mathrm{T}}=\boldsymbol{B}^{\mathrm{T}}\boldsymbol{A}^{\mathrm{T}}=\boldsymbol{BA}$,

又因为 $(\boldsymbol{AB})^{\mathrm{T}}=\boldsymbol{AB}$,有

$\boldsymbol{AB}=\boldsymbol{BA}$.

必要性:由 $(\boldsymbol{AB})^{\mathrm{T}}=\boldsymbol{BA}=\boldsymbol{AB}$,

则有 $\boldsymbol{AB}$ 为对称矩阵.

16. 设 $\boldsymbol{A}$ 是反对称矩阵,$\boldsymbol{B}$ 是对称矩阵. 试证明:

(1) $\boldsymbol{A}^2$ 是对称矩阵;

(2) $\boldsymbol{AB}-\boldsymbol{BA}$ 是对称矩阵;

(3) $\boldsymbol{AB}$ 为反对称矩阵的充分必要条件是 $\boldsymbol{AB}=\boldsymbol{BA}$.

证明: (1) 由题意知 $\boldsymbol{A}^{\mathrm{T}}=-\boldsymbol{A}$, $\boldsymbol{B}^{\mathrm{T}}=\boldsymbol{B}$.

所以 $(\boldsymbol{A}^2)^{\mathrm{T}}=\boldsymbol{A}^{\mathrm{T}}\boldsymbol{A}^{\mathrm{T}}=(-\boldsymbol{A})(-\boldsymbol{A})=\boldsymbol{A}^2$, 故 $\boldsymbol{A}^2$ 是对称矩阵.

(2) $(\boldsymbol{AB}-\boldsymbol{BA})^{\mathrm{T}}=\boldsymbol{B}^{\mathrm{T}}\boldsymbol{A}^{\mathrm{T}}-\boldsymbol{A}^{\mathrm{T}}\boldsymbol{B}^{\mathrm{T}}=-\boldsymbol{BA}+\boldsymbol{AB}=\boldsymbol{AB}-\boldsymbol{BA}$, 故 $\boldsymbol{AB}-\boldsymbol{BA}$ 是对称矩阵.

(3) 由 $(\boldsymbol{AB})^{\mathrm{T}}=-\boldsymbol{AB}\Leftrightarrow-\boldsymbol{BA}=-\boldsymbol{AB}$ 即 $\boldsymbol{AB}=\boldsymbol{BA}$, 故充分必要条件得证.

17. 已知线性型

$$\begin{cases} y_1 = x_1 + x_{x3} \\ y_2 = 2x_2-5x_3 \\ y_3 = 3x_1+7x_2 \end{cases},\quad \begin{cases} z_1 = y_1-y_2+3y_3 \\ z_2 = y_1+3y_2 \\ z_3 = 4y_2-y_3 \end{cases},$$

试求由 x_1, x_2, x_3 到 z_1, z_2, z_3 的线性型.

解: 直接代入,有

$$\begin{pmatrix} z_1 \\ z_2 \\ z_3 \end{pmatrix}=\begin{pmatrix} 1 & -1 & 3 \\ 1 & 3 & 0 \\ 0 & 4 & -1 \end{pmatrix}\begin{pmatrix} y_1 \\ y_2 \\ y_3 \end{pmatrix}=\begin{pmatrix} 1 & -1 & 3 \\ 1 & 3 & 0 \\ 0 & 4 & -1 \end{pmatrix}\begin{pmatrix} 1 & 0 & 1 \\ 0 & 2 & -5 \\ 3 & 7 & 0 \end{pmatrix}\begin{pmatrix} x_1 \\ x_2 \\ x_3 \end{pmatrix}.$$

则由 x_1, x_2, x_3 到 z_1, z_2, z_3 的线性型为 $\begin{pmatrix} z_1 \\ z_2 \\ z_3 \end{pmatrix}=\begin{pmatrix} 10 & 19 & 6 \\ 1 & 6 & -14 \\ 12 & 1 & -20 \end{pmatrix}\begin{pmatrix} x_1 \\ x_2 \\ x_3 \end{pmatrix}$,

即 $\begin{cases} z_1 = 10x_1+19x_2+6x_3 \\ z_2 = x_1+6x_2-14x_3 \\ z_3 = 12x_1+x_2-20x_3 \end{cases}$.

18. 计算下列行列式:

(1) $\begin{vmatrix} 6 & 9 \\ 8 & 12 \end{vmatrix}$;

(2) $\begin{vmatrix} x-1 & 1 \\ x^2 & x^2+x+1 \end{vmatrix}$;

(3) $\begin{vmatrix} 1 & 2 & 3 \\ 2 & 3 & 1 \\ 3 & 1 & 2 \end{vmatrix}$;

(4) $\begin{vmatrix} 0 & a & 0 \\ b & 0 & c \\ 0 & d & 0 \end{vmatrix}$;

(5) $\begin{vmatrix} 5 & 0 & 0 & 0 & 0 \\ 0 & 0 & 0 & 3 & 0 \\ 0 & 0 & 2 & 0 & 0 \\ 0 & 0 & 0 & 0 & 4 \\ 0 & 1 & 0 & 0 & 0 \end{vmatrix}$;

(6) $\begin{vmatrix} 0 & 0 & 0 & 1 & 0 \\ 0 & 0 & 2 & 7 & 0 \\ 0 & 3 & 8 & 0 & 0 \\ 4 & 9 & 12 & -5 & 0 \\ 10 & 11 & 10 & 7 & -5 \end{vmatrix}$.

解：(1) $\begin{vmatrix} 6 & 9 \\ 8 & 12 \end{vmatrix} = 72 - 72 = 0$;

(2) $\begin{vmatrix} x-1 & 1 \\ x^2 & x^2+x+1 \end{vmatrix} = (x-1)(x^2+x+1) - x^2 = x^3 - x^2 - 1$;

(3) $\begin{vmatrix} 1 & 2 & 3 \\ 2 & 3 & 1 \\ 3 & 1 & 2 \end{vmatrix} = 1 \times (6-1) - 2 \times (4-3) + 3 \times (2-9)$

$= 5 - 2 - 21 = -18$;

(4) $\begin{vmatrix} 0 & a & 0 \\ b & 0 & c \\ 0 & d & 0 \end{vmatrix} = -a \times 0 = 0$;

(5) $\begin{vmatrix} 5 & 0 & 0 & 0 & 0 \\ 0 & 0 & 0 & 3 & 0 \\ 0 & 0 & 2 & 0 & 0 \\ 0 & 0 & 0 & 0 & 4 \\ 0 & 1 & 0 & 0 & 0 \end{vmatrix} = 5 \times \begin{vmatrix} 0 & 0 & 3 & 0 \\ 0 & 2 & 0 & 0 \\ 0 & 0 & 0 & 4 \\ 1 & 0 & 0 & 0 \end{vmatrix} = 5 \times (-1) \begin{vmatrix} 0 & 3 & 0 \\ 2 & 0 & 0 \\ 0 & 0 & 4 \end{vmatrix}$

$= -20 \times (-6) = 120$;

(6) $\begin{vmatrix} 0 & 0 & 0 & 1 & 0 \\ 0 & 0 & 2 & 7 & 0 \\ 0 & 3 & 8 & 0 & 0 \\ 4 & 9 & 12 & -5 & 0 \\ 10 & 11 & 10 & 7 & -5 \end{vmatrix} = -\begin{vmatrix} 0 & 0 & 2 & 0 \\ 0 & 3 & 8 & 0 \\ 4 & 9 & 12 & 0 \\ 10 & 11 & 10 & -5 \end{vmatrix} = 5 \times \begin{vmatrix} 0 & 0 & 2 \\ 0 & 3 & 8 \\ 4 & 9 & 12 \end{vmatrix}$

$$= 10 \times \begin{vmatrix} 0 & 3 \\ 4 & 9 \end{vmatrix} = -120.$$

19. 求 x 使

$$\begin{vmatrix} x & 3 & 4 \\ -1 & x & 0 \\ 0 & x & 1 \end{vmatrix} = 0.$$

解： 由 $\begin{vmatrix} x & 3 & 4 \\ -1 & x & 0 \\ 0 & x & 1 \end{vmatrix} = x^2 + 3 - 4x = 0$，有 $(x-1)(x-3) = 0$；

则 $x = 3$ 或 $x = 1$.

20. 用行列式的性质计算以下行列式：

(1) $\begin{vmatrix} x^2+1 & yx & zx \\ xy & y^2+1 & zy \\ xz & yz & z^2+1 \end{vmatrix}$；

(2) $\begin{vmatrix} x & y & x+y \\ y & x+y & x \\ x+y & x & y \end{vmatrix}$；

(3) $\begin{vmatrix} a^2 & (a+1)^2 & (a+2)^2 & (a+3)^2 \\ b^2 & (b+1)^2 & (b+2)^2 & (b+3)^2 \\ c^2 & (c+1)^2 & (c+2)^2 & (c+3)^2 \\ d^2 & (d+1)^2 & (d+2)^2 & (d+3)^2 \end{vmatrix}$；

(4) $\begin{vmatrix} 0 & x & y & z \\ x & 0 & z & y \\ y & z & 0 & x \\ z & y & x & 0 \end{vmatrix}$.

解: (1) $\begin{vmatrix} x^2+1 & yx & zx \\ xy & y^2+1 & zy \\ xz & yz & z^2+1 \end{vmatrix} = \begin{vmatrix} 1 & x & y & z \\ 0 & x^2+1 & yx & zx \\ 0 & xy & y^2+1 & zy \\ 0 & xz & yz & z^2+1 \end{vmatrix} \xlongequal[r_4+(-z)r_1]{\substack{r_2+(-x)r_1 \\ r_3+(-y)r_1}}$

$$\begin{vmatrix} 1 & x & y & z \\ -x & 1 & 0 & 0 \\ -y & 0 & 1 & 0 \\ -z & 0 & 0 & 1 \end{vmatrix} \xlongequal[\substack{c_1+yc_3 \\ c_1+xc_2}]{c_1+zc_4} \begin{vmatrix} 1+x^2+y^2+z^2 & x & y & z \\ 0 & 1 & 0 & 0 \\ 0 & 0 & 1 & 0 \\ 0 & 0 & 0 & 1 \end{vmatrix} = 1+x^2+y^2+z^2;$$

(2) $$\begin{vmatrix} x & y & x+y \\ y & x+y & x \\ x+y & x & y \end{vmatrix} \xlongequal[i=2,3]{r_1+r_i} (2x+2y)\begin{vmatrix} 1 & 1 & 1 \\ y & x+y & x \\ x+y & x & y \end{vmatrix}$$

$$= (2x+2y)\begin{vmatrix} 1 & 1 & 1 \\ 0 & x & x-y \\ 0 & -y & -x \end{vmatrix}$$

$$= (2x+2y)[-x^2+y(x-y)]$$

$$= -(2x+2y)(x^2-xy+y^2) = -2(x^3+y^3);$$

(3) $$\begin{vmatrix} a^2 & (a+1)^2 & (a+2)^2 & (a+3)^2 \\ b^2 & (b+1)^2 & (b+2)^2 & (b+3)^2 \\ c^2 & (c+1)^2 & (c+2)^2 & (c+3)^2 \\ d^2 & (d+1)^2 & (d+2)^2 & (d+3)^2 \end{vmatrix}$$

$$= \begin{vmatrix} a^2 & 2a+1 & 4a+4 & 6a+9 \\ b^2 & 2b+1 & 4b+4 & 6b+9 \\ c^2 & 2c+1 & 4c+4 & 6c+9 \\ d^2 & 2d+1 & 4d+4 & 6d+9 \end{vmatrix} = \begin{vmatrix} a^2 & 2a+1 & 2 & 6 \\ b^2 & 2b+1 & 2 & 6 \\ c^2 & 2c+1 & 2 & 6 \\ d^2 & 2d+1 & 2 & 6 \end{vmatrix} = 0;$$

(4)
$$\begin{vmatrix} 0 & x & y & z \\ x & 0 & z & y \\ y & z & 0 & x \\ z & y & x & 0 \end{vmatrix} \xlongequal[i=2,3,4]{r_1+r_i} (x+y+z)\begin{vmatrix} 1 & 1 & 1 & 1 \\ x & 0 & z & y \\ y & z & 0 & x \\ z & y & x & 0 \end{vmatrix} \xlongequal[\substack{r_3+(-y)r_1 \\ r_4+(-z)r_1}]{r_2+(-x)r_1}$$

$$(x+y+z)\begin{vmatrix} 1 & 1 & 1 & 1 \\ 0 & -x & z-x & y-x \\ 0 & z-y & -y & x-y \\ 0 & y-z & x-z & -z \end{vmatrix}$$

$$=(x+y+z)\begin{vmatrix} -x & z-x & y-x \\ z-y & -y & x-y \\ y-z & x-z & -z \end{vmatrix}$$

$$=(x+y+z)\begin{vmatrix} -x & z-x & y-x \\ z-y & -y & x-y \\ 0 & x-y-z & x-y-z \end{vmatrix}$$

$$=(x+y+z)(x-y-z)\begin{vmatrix} -x+z-y & z-x-y & 0 \\ z-y & -y & x-y \\ 0 & 1 & 1 \end{vmatrix}$$

$$=(x+y+z)(x-y-z)(z-x-y)\begin{vmatrix} 1 & 1 & 0 \\ z-y & -x & x-y \\ 0 & 0 & 1 \end{vmatrix}$$

$$=(x+y+z)(x-y-z)(x-y+z)(x+y-z).$$

21. 求解方程 $f(x)=0$, 其中

$$f(x)=\begin{vmatrix} 1 & x & x^2 & x^3 \\ 1 & 1 & 1 & 1 \\ 1 & -1 & 1 & -1 \\ 1 & 2 & 4 & 8 \end{vmatrix}.$$

$$\textbf{解}: f(x)=\begin{vmatrix}1&x&x^2&x^3\\1&1&1&1\\1&-1&1&-1\\1&2&4&8\end{vmatrix}\xlongequal[i=1,3,4]{r_i+(-1)r_2}\begin{vmatrix}0&x-1&x^2-1&x^3-1\\1&1&1&1\\0&-2&0&-2\\0&1&3&7\end{vmatrix}$$

$$=3(x-1)\times(-2)\begin{vmatrix}0&0&x+1&x^2+x\\1&0&1&0\\0&1&0&1\\0&0&1&2\end{vmatrix}$$

$$=6(x-1)\begin{vmatrix}0&x+1&x^2+x\\1&0&1\\0&1&2\end{vmatrix}$$

$$=-6(x-1)(2x+2-x^2-x)$$
$$=-6(x-1)(-x^2+x+2)$$
$$=6(x-1)(x^2-x-2)$$
$$=6(x-1)(x-2)(x+1),$$

由$f(x)=0\Rightarrow x=1, x=-1, x=2$,故方程$f(x)=0$的解为$x=1, x=-1, x=2$.

22. 已知4阶行列式D的第二列元素依次为$-1, 2, 0, 1$. 它们对应的余子式分别为$5, 3, -7, 4$. 试求行列式D.

解: 由行列式的展开性质,把D按第二列展开,有

$$D=(-1)^{1+2}\cdot(-1)\cdot5+(-1)^{2+2}\cdot2\cdot3+(-1)^{3+2}\cdot0\cdot(-7)+(-1)^{4+2}\cdot1\cdot4$$
$$=5+6+4=15,$$

故行列式$D=15$.

23. 已知行列式

$$D=\begin{vmatrix}3&1&0&4\\0&2&-1&1\\1&1&2&1\\3&5&2&7\end{vmatrix},$$

M_{ij}与A_{ij}分别是D中元素a_{ij}的余子式和代数余子式,试求:

(1) $4M_{42}+2M_{43}+2M_{44}$;

(2) $A_{41}+A_{42}+A_{43}+A_{44}$.

解: (1)(方法一):
$$M_{42}=\begin{vmatrix}3&0&4\\0&-1&1\\1&2&1\end{vmatrix}=3\times(-1-2)+4\times(0+1)$$
$$=-9+4=-5;$$

$$M_{43}=\begin{vmatrix}3&1&4\\0&2&1\\1&1&1\end{vmatrix}=3\times(2-1)+(1-8)=3-7=-4;$$

$$M_{44}=\begin{vmatrix}3&1&0\\0&2&-1\\1&1&2\end{vmatrix}=3\times(4+1)-1\times(0+1)=15-1=14;$$

则$4M_{42}+2M_{43}+2M_{44}=-20-8+28=0$.

(方法二):由行列式的展开性质及算式与代数算式的性质知,只需把行列式D中第4行的元素换成$0, 4, -2, 2$,可得$4M_{42}+2M_{43}+2M_{44}=4A_{42}-$
$$2A_{43}+2A_{44}=\begin{vmatrix}3&1&0&4\\0&2&-1&1\\1&1&2&1\\0&4&-2&2\end{vmatrix}=0.$$

(2)(方法一):

$$A_{41}=(-1)^{1+4}\begin{vmatrix}1&0&4\\2&-1&1\\1&2&1\end{vmatrix}=-[1\times(-1-2)+4\times(4+1)]$$
$$=-(-3+20)=-17,$$
$$A_{42}=(-1)^{4+2}M_{42}=-5,$$
$$A_{43}=(-1)^{4+3}M_{43}=4,$$
$$A_{44}=(-1)^{4+4}M_{44}=14,$$

则有 $A_{41}+A_{42}+A_{43}+A_{44}=-17-5+4+14=-4$.

(方法二):所求代数式即把行列式 D 中第 4 行元素换成 1, 1, 1, 1 所得新行列式的值,可有

$$A_{41}+A_{42}+A_{43}+A_{44}=\begin{vmatrix}3&1&0&4\\0&2&-1&1\\1&1&2&1\\1&1&1&1\end{vmatrix}\xlongequal[i=2,3,4]{c_i+(-1)c_1}\begin{vmatrix}3&-2&-3&1\\0&2&-1&1\\1&0&1&0\\1&0&0&0\end{vmatrix}$$

$$=1\times(-1)^{4+1}\begin{vmatrix}-2&-3&1\\2&-1&1\\0&1&0\end{vmatrix}$$

$$=-1\times1\times(-1)^{3+2}\begin{vmatrix}-2&1\\2&1\end{vmatrix}=-2-2=-4.$$

24. 设 $\boldsymbol{A}$, $\boldsymbol{B}$ 满足 $\boldsymbol{A}^*\boldsymbol{BA}=2\boldsymbol{BA}-8\boldsymbol{E}$, 其中

$$\boldsymbol{A}=\begin{pmatrix}1&2&-2\\0&-2&4\\0&0&1\end{pmatrix},$$

$\boldsymbol{A}^*$ 是 $\boldsymbol{A}$ 的伴随矩阵,求 $\boldsymbol{B}$.

解: 由 $\boldsymbol{AA}^*=|\boldsymbol{A}|\boldsymbol{E}_3$, $|\boldsymbol{A}|=-2$ 知,在原等式两边用 $\boldsymbol{A}$ 左乘,$\boldsymbol{A}^{-1}$ 右乘,有 $\boldsymbol{AA}^*\boldsymbol{BAA}^{-1}=2\boldsymbol{ABAA}^{-1}-8\boldsymbol{E}$,得 $-2\boldsymbol{B}=2\boldsymbol{AB}-8\boldsymbol{E}$,有 $(\boldsymbol{A}+\boldsymbol{E})\boldsymbol{B}=4\boldsymbol{E}$, 得

$$\boldsymbol{B}=4(\boldsymbol{A}+\boldsymbol{E})^{-1}=4\begin{pmatrix}2&2&-2\\0&-1&4\\0&0&2\end{pmatrix}^{-1}=4\begin{pmatrix}\frac{1}{2}&1&-\frac{3}{2}\\&-1&2\\&&\frac{1}{2}\end{pmatrix}=\begin{pmatrix}2&4&-6\\0&-4&8\\0&0&2\end{pmatrix}.$$

25. 求下列矩阵的逆矩阵:

(1) $\begin{pmatrix}2&5\\3&7\end{pmatrix}$;

(2) $\begin{pmatrix}\cos\theta&-\sin\theta\\\sin\theta&\cos\theta\end{pmatrix}$;

(3) $\begin{pmatrix} 5 & 0 & 0 \\ 0 & 3 & 4 \\ 0 & 2 & 3 \end{pmatrix}$;

(4) $\begin{pmatrix} 2 & 1 & 3 \\ 0 & 1 & 2 \\ 1 & 0 & 3 \end{pmatrix}$;

(5) $\begin{pmatrix} 1 & 0 & 0 & 0 \\ 1 & 2 & 0 & 0 \\ 2 & 1 & 3 & 0 \\ 1 & 2 & 1 & 4 \end{pmatrix}$;

(6) $\begin{pmatrix} 1 & a & a^2 & a^3 \\ 0 & 1 & a & a^2 \\ 0 & 0 & 1 & a \\ 0 & 0 & 0 & 1 \end{pmatrix}$, $a \neq 0$.

解: 记题中矩阵为 $\boldsymbol{A}$.

(1) 由 $|\boldsymbol{A}| = -1$, 有

$$\boldsymbol{A}^{-1} = \frac{\boldsymbol{A}^*}{|\boldsymbol{A}|} = -\boldsymbol{A}^* = -\begin{pmatrix} A_{11} & A_{21} \\ A_{12} & A_{22} \end{pmatrix} = \begin{pmatrix} -7 & 5 \\ 3 & -2 \end{pmatrix};$$

(2) 由 $|\boldsymbol{A}| = 1$, 有

$$\boldsymbol{A}^{-1} = \boldsymbol{A}^* = \begin{pmatrix} \cos\theta & \sin\theta \\ -\sin\theta & \cos\theta \end{pmatrix};$$

(3)(方法一): $\left(\begin{array}{ccc|ccc} 5 & 0 & 0 & 1 & 0 & 0 \\ 0 & 3 & 4 & 0 & 1 & 0 \\ 0 & 2 & 3 & 0 & 0 & 1 \end{array}\right) \xrightarrow[\substack{3r_3 - 2r_2 \\ r_2 - 4r_3 \\ \frac{1}{3}r_2}]{\frac{1}{5}r_1} \left(\begin{array}{ccc|ccc} 1 & 0 & 0 & \frac{1}{5} & 0 & 0 \\ 0 & 1 & 0 & 0 & 3 & -4 \\ 0 & 0 & 1 & 0 & -2 & 3 \end{array}\right)$,

则 $\boldsymbol{A}^{-1} = \begin{pmatrix} \frac{1}{5} & 0 & 0 \\ 0 & 3 & -4 \\ 0 & -2 & 3 \end{pmatrix}$.

(方法二): 把 $\boldsymbol{A}$ 分成分块对角矩阵,即

$$\boldsymbol{A}=\left(\begin{array}{c:cc}5&0&0\\\hdashline 0&3&4\\0&2&3\end{array}\right)=\begin{pmatrix}\boldsymbol{A}_1&\\&\boldsymbol{A}_2\end{pmatrix},$$

则 $\boldsymbol{A}^{-1}=\begin{pmatrix}\boldsymbol{A}_1^{-1}&\\&\boldsymbol{A}_2^{-1}\end{pmatrix}=\begin{pmatrix}\frac{1}{5}&0&0\\0&3&-4\\0&-2&3\end{pmatrix}$.

(4) 由 $|\boldsymbol{A}|=-1+2\times3=5$, 有

$$\boldsymbol{A}^*=\begin{pmatrix}A_{11}&A_{21}&A_{31}\\A_{12}&A_{22}&A_{32}\\A_{13}&A_{23}&A_{33}\end{pmatrix}=\begin{pmatrix}3&-3&-1\\2&3&-4\\-1&1&2\end{pmatrix},$$

则 $\boldsymbol{A}^{-1}=\dfrac{\boldsymbol{A}^*}{|\boldsymbol{A}|}=\begin{pmatrix}\frac{3}{5}&-\frac{3}{5}&-\frac{1}{5}\\\frac{2}{5}&\frac{3}{5}&-\frac{4}{5}\\-\frac{1}{5}&\frac{1}{5}&\frac{2}{5}\end{pmatrix}$.

(5)(方法一): $\left(\begin{array}{cc:cc}1&0&0&0\\1&2&0&0\\\hdashline 2&1&3&0\\1&2&1&4\end{array}\right)=\begin{pmatrix}\boldsymbol{A}&\boldsymbol{O}\\\boldsymbol{B}&\boldsymbol{C}\end{pmatrix}$, 其中 $\boldsymbol{A}$、$\boldsymbol{B}$、$\boldsymbol{C}$ 均为可逆 2×2 矩阵.

又因为 $\begin{pmatrix}\boldsymbol{E}_2&\boldsymbol{O}\\-\boldsymbol{B}\boldsymbol{A}^{-1}&\boldsymbol{E}_2\end{pmatrix}\begin{pmatrix}\boldsymbol{A}&\boldsymbol{O}\\\boldsymbol{B}&\boldsymbol{C}\end{pmatrix}=\begin{pmatrix}\boldsymbol{A}&\boldsymbol{O}\\\boldsymbol{O}&\boldsymbol{C}\end{pmatrix}$,

$$-\boldsymbol{B}\boldsymbol{A}^{-1}=-\begin{pmatrix}2&1\\1&2\end{pmatrix}\begin{pmatrix}1&0\\-\frac{1}{2}&\frac{1}{2}\end{pmatrix}=-\begin{pmatrix}\frac{3}{2}&\frac{1}{2}\\0&1\end{pmatrix},$$

所以 $\begin{pmatrix}\boldsymbol{A}&\boldsymbol{O}\\\boldsymbol{B}&\boldsymbol{C}\end{pmatrix}^{-1}=\begin{pmatrix}\boldsymbol{A}^{-1}&\boldsymbol{O}\\\boldsymbol{O}&\boldsymbol{C}^{-1}\end{pmatrix}\begin{pmatrix}\boldsymbol{E}_2&\boldsymbol{O}\\-\boldsymbol{B}\boldsymbol{A}^{-1}&\boldsymbol{E}_2\end{pmatrix}$,

$$
=\begin{pmatrix} 1 & 0 & 0 & 0 \\ -\frac{1}{2} & \frac{1}{2} & 0 & 0 \\ 0 & 0 & \frac{1}{3} & 0 \\ 0 & 0 & -\frac{1}{12} & \frac{1}{4} \end{pmatrix}\begin{pmatrix} 1 & 0 & 0 & 0 \\ 0 & 1 & 0 & 0 \\ -\frac{3}{2} & -\frac{1}{2} & 1 & 0 \\ 0 & -1 & 0 & 1 \end{pmatrix}
$$

$$
=\begin{pmatrix} 1 & 0 & 0 & 0 \\ -\frac{1}{2} & \frac{1}{2} & 0 & 0 \\ -\frac{1}{2} & -\frac{1}{6} & \frac{1}{3} & 0 \\ \frac{1}{8} & -\frac{5}{24} & -\frac{1}{12} & \frac{1}{4} \end{pmatrix}.
$$

(方法二)：因为下三角的逆仍为下三角. 所以由 $\boldsymbol{A}\boldsymbol{A}^{-1}=\boldsymbol{E}$ 凑出 $\boldsymbol{A}^{-1}$，先凑行列位置差 1，然后差 2，……用 i 行 j 列乘积为 0，可得出相应位置元素.

$$
从而有 \boldsymbol{A}^{-1}=\begin{pmatrix} 1 & & & \\ -\frac{1}{2} & \frac{1}{2} & & \\ -\frac{1}{2} & -\frac{1}{6} & \frac{1}{3} & \\ \frac{1}{8} & -\frac{5}{24} & -\frac{1}{12} & \frac{1}{4} \end{pmatrix}.
$$

(方法三)：直接用伴随矩阵法，这里留给同学们自行计算.

(6)(方法一)：

$$
由 |\boldsymbol{A}|=1，知 \boldsymbol{A}^{-1}=\boldsymbol{A}^{*}=\begin{pmatrix} A_{11} & A_{21} & A_{31} & A_{41} \\ A_{12} & A_{22} & A_{32} & A_{42} \\ A_{13} & A_{23} & A_{33} & A_{43} \\ A_{14} & A_{24} & A_{34} & A_{44} \end{pmatrix}=\begin{pmatrix} 1 & -a & 0 & 0 \\ 0 & 1 & -a & 0 \\ 0 & 0 & 1 & -a \\ 0 & 0 & 0 & 1 \end{pmatrix}.
$$

（方法二）：令 $\boldsymbol{H}=\begin{pmatrix}0&1&0&0\\0&0&1&0\\0&0&0&1\\0&0&0&0\end{pmatrix}$，则 $\boldsymbol{H}^2=\begin{pmatrix}0&0&1&0\\0&0&0&1\\0&0&0&0\\0&0&0&0\end{pmatrix}$，$\boldsymbol{H}^3=\begin{pmatrix}0&0&0&1\\0&0&0&0\\0&0&0&0\\0&0&0&0\end{pmatrix}$，$\boldsymbol{H}^4=\boldsymbol{O}$；则 $\boldsymbol{A}=\begin{pmatrix}1&a&a^2&a^3\\0&1&a&a^2\\0&0&1&a\\0&0&0&1\end{pmatrix}=\boldsymbol{E}+a\boldsymbol{H}+a^2\boldsymbol{H}^2+a^3\boldsymbol{H}^3$，有 $a\boldsymbol{HA}=a\boldsymbol{H}+a^2\boldsymbol{H}^2+a^3\boldsymbol{H}^3=\boldsymbol{A}-\boldsymbol{E}$，

所以 $(\boldsymbol{E}-a\boldsymbol{H})\boldsymbol{A}=\boldsymbol{E}$，

有 $\boldsymbol{A}^{-1}=\boldsymbol{E}-a\boldsymbol{H}=\begin{pmatrix}1&-a&0&0\\&1&-a&0\\&&1&-a\\&&&1\end{pmatrix}$.

26. 用克拉默法则解下列线性方程组：

(1) $\begin{cases}x_1+2x_2+4x_3=31\\5x_1+x_2+2x_3=29\\3x_1-x_2+x_3=10\end{cases}$；

(2) $\begin{cases}ax_1+x_2+x_3=1\\3x_1+ax_2+3x_3=1\\-3x_1+3x_2+ax_3=1\end{cases}$；

(3) $\begin{cases}3x_1+2x_2=1\\x_1+3x_2+2x_3=0\\x_2+3x_3+2x_4=0\\x_3+3x_4+2x_5=0\\x_4+3x_5=0\end{cases}$；

(4) $\begin{cases} x_2+x_3+x_4+x_5=1 \\ x_1+x_3+x_4+x_5=2 \\ x_1+x_2+x_4+x_5=3. \\ x_1+x_2+x_3+x_5=4 \\ x_1+x_2+x_3+x_4=5 \end{cases}$

解：因求解方法类似，下以(3)的求解过程作参考.

(3) $\begin{cases} 3x_1+2x_2=1 \\ x_1+3x_2+2x_3=0 \\ x_2+3x_3+2x_4=0, \\ x_3+3x_4+2x_5=0 \\ x_4+3x_5=0 \end{cases}$

$$D=\begin{vmatrix} 3 & 2 & 0 & 0 & 0 \\ 1 & 3 & 2 & 0 & 0 \\ 0 & 1 & 3 & 2 & 0 \\ 0 & 0 & 1 & 3 & 2 \\ 0 & 0 & 0 & 1 & 3 \end{vmatrix}=\begin{vmatrix} \frac{63}{31} & 2 & 0 & 0 & 0 \\ 0 & \frac{31}{15} & 2 & 0 & 0 \\ 0 & 0 & \frac{15}{7} & 2 & 0 \\ 0 & 0 & 0 & \frac{7}{3} & 2 \\ 0 & 0 & 0 & 0 & 3 \end{vmatrix}$$

$$=\frac{63}{31}\times\frac{31}{15}\times\frac{15}{7}\times\frac{7}{3}\times 3=63,$$

$$D_1=\begin{vmatrix} 1 & 2 & 0 & 0 & 0 \\ 0 & 3 & 2 & 0 & 0 \\ 0 & 1 & 3 & 2 & 0 \\ 0 & 0 & 1 & 3 & 2 \\ 0 & 0 & 0 & 1 & 3 \end{vmatrix}=\begin{vmatrix} 1 & 2 & 0 & 0 & 0 \\ 0 & \frac{31}{15} & 2 & 0 & 0 \\ 0 & 0 & \frac{15}{7} & 2 & 0 \\ 0 & 0 & 0 & \frac{7}{3} & 2 \\ 0 & 0 & 0 & 0 & 3 \end{vmatrix}=31,$$

$$D_2=\begin{vmatrix}3&1&0&0&0\\1&0&2&0&0\\0&0&3&2&0\\0&0&1&3&2\\0&0&0&1&3\end{vmatrix}=-\begin{vmatrix}1&2&0&0\\0&3&2&0\\0&1&3&2\\0&0&1&3\end{vmatrix}=-\begin{vmatrix}1&2&0&0\\0&\frac{15}{7}&2&0\\0&0&\frac{7}{3}&2\\0&0&0&3\end{vmatrix}=-15,$$

$$D_3=\begin{vmatrix}3&2&1&0&0\\1&3&0&0&0\\0&1&0&2&0\\0&0&0&3&2\\0&0&0&1&3\end{vmatrix}=\begin{vmatrix}1&3&0&0\\0&1&2&0\\0&0&3&2\\0&0&1&3\end{vmatrix}=\begin{vmatrix}1&3&0&0\\0&1&2&0\\0&0&\frac{7}{3}&0\\0&0&0&3\end{vmatrix}=7,$$

$$D_4=\begin{vmatrix}3&2&0&1&0\\1&3&2&0&0\\0&1&3&0&0\\0&0&1&0&2\\0&0&0&0&3\end{vmatrix}=-\begin{vmatrix}1&3&2&0\\0&1&3&0\\0&0&1&2\\0&0&0&3\end{vmatrix}=-3,$$

$$D_5=\begin{vmatrix}3&2&0&0&1\\1&3&2&0&0\\0&1&3&2&0\\0&0&1&3&0\\0&0&0&1&0\end{vmatrix}=\begin{vmatrix}1&3&2&0\\0&1&3&2\\0&0&1&3\\0&0&0&1\end{vmatrix}=1,$$

解得 $x_1=\frac{31}{63}$, $x_2=-\frac{5}{21}$, $x_3=\frac{1}{9}$, $x_4=-\frac{1}{21}$, $x_5=\frac{1}{63}$.

27. 已知以下齐次线性方程组有非零解,试求参数 λ 的值:

(1) $\begin{cases}x_1-x_2=\lambda x_1\\-x_1+2x_2-x_3=\lambda x_2\\-x_2+x_3=\lambda x_3\end{cases}$;

(2) $\begin{cases}(5-\lambda)x_1-4x_2-7x_3=0\\-6x_1+(7-\lambda)x_2+11x_3=0\\6x_1-6x_2-(10+\lambda)x_3=0\end{cases}$.

解: (1) 系数行列式 $|A| = \begin{vmatrix} 1-\lambda & -1 & 0 \\ -1 & 2-\lambda & -1 \\ 0 & -1 & 1-\lambda \end{vmatrix}$

$$= (\lambda-1) + (1-\lambda)[(2-\lambda)(1-\lambda)-1]$$
$$= (\lambda-1)[1+1-(2-\lambda)(1-\lambda)]$$
$$= (\lambda-1)(3\lambda-\lambda^2) = \lambda(3-\lambda)(\lambda-1),$$

方程组有非零解 $\Leftrightarrow |A| = 0 \Leftrightarrow \lambda = 0,\ \lambda = 3,\ \lambda = 1$.

(2) 方程组的系数行列式

$$|A| = \begin{vmatrix} 5-\lambda & -4 & -7 \\ -6 & 7-\lambda & 11 \\ 6 & -6 & -10-\lambda \end{vmatrix} = \begin{vmatrix} 5-\lambda & -4 & -7 \\ 0 & 1-\lambda & 1-\lambda \\ 6 & -6 & -10-\lambda \end{vmatrix}$$

$$= (1-\lambda)\begin{vmatrix} 5-\lambda & 0 & -3 \\ 0 & 1 & 1 \\ 6 & 0 & -4-\lambda \end{vmatrix}$$

$$= (1-\lambda)[(5-\lambda)(-4-\lambda)+6\times 3]$$
$$= (1-\lambda)[-20-\lambda+\lambda^2+18] = (1-\lambda)(\lambda^2-\lambda-2),$$

由 $|A| = 0$ 得 $\lambda = 1,\ \lambda = -1,\ \lambda = 2$.

28. 已知矩阵 $\boldsymbol{A} = \begin{pmatrix} 1 & 0 & 0 \\ 2 & -1 & 0 \\ 2 & 1 & 1 \end{pmatrix}$, $\boldsymbol{B} = \begin{pmatrix} 1 & 0 & 0 \\ 0 & 0 & 0 \\ 0 & 0 & -1 \end{pmatrix}$, 且 $\boldsymbol{XA} = \boldsymbol{AB}$.

(1) 试证明: $\boldsymbol{X}^n = \boldsymbol{AB}^n\boldsymbol{A}^{-1}$;

(2) 求 $\boldsymbol{X}^5$.

解: (1) 因为 $|\boldsymbol{A}| = -1$, 则 $\boldsymbol{A}$ 可逆,

从而 $\boldsymbol{X} = \boldsymbol{ABA}^{-1}$.

则 $\boldsymbol{X}^n = \boldsymbol{ABA}^{-1}\boldsymbol{ABA}^{-1}\cdots\boldsymbol{ABA}^{-1} = \boldsymbol{AB}^n\boldsymbol{A}^{-1}$;

(2) $\boldsymbol{X}^5 = \boldsymbol{AB}^5\boldsymbol{A}^{-1}$, 由 $\boldsymbol{B} = \begin{pmatrix} 1 & 0 & 0 \\ 0 & 0 & 0 \\ 0 & 0 & -1 \end{pmatrix}$ 为对角矩阵,

$$\text{得}\boldsymbol{B}^5=\begin{pmatrix}1^5 & 0 & 0\\0 & 0^5 & 0\\0 & 0 & (-1)^5\end{pmatrix}=\begin{pmatrix}1 & 0 & 0\\0 & 0 & 0\\0 & 0 & -1\end{pmatrix},$$

$$\boldsymbol{A}^{-1}=-\boldsymbol{A}^*=-\begin{pmatrix}-1 & 0 & 0\\-2 & 1 & 0\\4 & -1 & -1\end{pmatrix}=\begin{pmatrix}1 & 0 & 0\\2 & -1 & 0\\-4 & 1 & 1\end{pmatrix},$$

$$\text{得 }\boldsymbol{X}^5=\begin{pmatrix}1 & 0 & 0\\2 & -1 & 0\\2 & 1 & 1\end{pmatrix}\begin{pmatrix}1 & 0 & 0\\0 & 0 & 0\\0 & 0 & -1\end{pmatrix}\begin{pmatrix}1 & 0 & 0\\2 & -1 & 0\\-4 & 1 & 1\end{pmatrix}=\begin{pmatrix}1 & 0 & 0\\2 & 0 & 0\\6 & -1 & -1\end{pmatrix}.$$

29. 已知矩阵 $\boldsymbol{A}$ 的逆矩阵

$$\boldsymbol{A}^{-1}=\begin{pmatrix}3 & -1 & 1\\1 & 1 & 0\\2 & 1 & 1\end{pmatrix}.$$

求 $\boldsymbol{A}$, $\boldsymbol{A}^*$, $(\boldsymbol{A}^*)^{-1}$, $(\boldsymbol{A}^*)^*$.

解: 因为 $\boldsymbol{A}\boldsymbol{A}^{-1}=\boldsymbol{E}$, 有

$$|\boldsymbol{A}|\cdot|\boldsymbol{A}^{-1}|=1,$$

又因为 $|\boldsymbol{A}^{-1}|=(-1)^{1+3}\cdot 1\cdot(1-2)+1\cdot(3+1)=-1+4=3$,

得 $|\boldsymbol{A}|=\dfrac{1}{3}$,

$$\text{则有 }\boldsymbol{A}^*=|\boldsymbol{A}|\cdot\boldsymbol{A}^{-1}=\begin{pmatrix}1 & -\frac{1}{3} & \frac{1}{3}\\\frac{1}{3} & \frac{1}{3} & 0\\\frac{2}{3} & \frac{1}{3} & \frac{1}{3}\end{pmatrix},$$

$$(\boldsymbol{A}^*)^*=|\boldsymbol{A}^*|(\boldsymbol{A}^*)^{-1}=|\boldsymbol{A}|^2(\boldsymbol{A}^{-1})^*=\begin{pmatrix}\frac{1}{9} & \frac{2}{9} & -\frac{1}{9}\\-\frac{1}{9} & \frac{1}{9} & \frac{1}{9}\\-\frac{1}{9} & -\frac{5}{9} & \frac{4}{9}\end{pmatrix},$$

由 $|A^*| = |A|^2 = \frac{1}{9}$,

有 $(A^*)^{-1} = 9(A^*)^* = \begin{pmatrix} 1 & 2 & -1 \\ -1 & 1 & 1 \\ -1 & -5 & 4 \end{pmatrix}$,

$$A = |A| \cdot (A^*)^{-1} = \frac{1}{3}\begin{pmatrix} 1 & 2 & -1 \\ -1 & 1 & 1 \\ -1 & -5 & 4 \end{pmatrix}.$$

30. 设矩阵

$$A = \begin{pmatrix} -1 & 0 & 0 \\ 1 & -1 & 0 \\ 1 & 1 & -1 \end{pmatrix},$$

计算 $(A + 2E)^{-1}(A^2 + A - 2E)$.

解:(方法一):$A + 2E = \begin{pmatrix} 1 & 0 & 0 \\ 1 & 1 & 0 \\ 1 & 1 & 1 \end{pmatrix}$, $(A + 2E)^{-1} = \begin{pmatrix} 1 & 0 & 0 \\ -1 & 1 & 0 \\ 0 & -1 & 1 \end{pmatrix}$,

$$A^2 + A - 2E = \begin{pmatrix} 1 & 0 & 0 \\ -2 & 1 & 0 \\ -1 & -2 & 1 \end{pmatrix} + \begin{pmatrix} -1 & 0 & 0 \\ 1 & -1 & 0 \\ 1 & 1 & -1 \end{pmatrix} - \begin{pmatrix} 2 & 0 & 0 \\ 0 & 2 & 0 \\ 0 & 0 & 2 \end{pmatrix}$$

$$= \begin{pmatrix} -2 & 0 & 0 \\ -1 & -2 & 0 \\ 0 & -1 & -2 \end{pmatrix},$$

$$(A + 2E)^{-1}(A^2 + A - 2E) = \begin{pmatrix} 1 & 0 & 0 \\ -1 & 1 & 0 \\ 0 & -1 & 1 \end{pmatrix}\begin{pmatrix} -2 & 0 & 0 \\ -1 & -2 & 0 \\ 0 & -1 & -2 \end{pmatrix}$$

$$= \begin{pmatrix} -2 & 0 & 0 \\ 1 & -2 & 0 \\ 1 & 1 & -2 \end{pmatrix}.$$

（方法二）：$(A+2E)^{-1}(A^2+A-2E)=(A+2E)^{-1}(A+2E)(A-E)$

$$=A-E=\begin{pmatrix}-2&0&0\\1&-2&0\\1&1&-2\end{pmatrix}.$$

31. 设 n 阶方阵满足 $A^2=2A$，试证明：$A-E$ 可逆，且 $(A-E)^{-1}=A-E$.

证明： 由 A^2-2A，得

$$A^2-2A+E_n=E_n,$$

得

$$(A-E_n)(A-E_n)=E_n,$$

所以 $A-E$ 可逆，且 $(A-E_n)^{-1}=A-E_n$.

32. 设 A 和 B 为 n 阶方阵，且 $A^2B+AB^2=E$，试证明：aA，B，$A+B$ 都可逆（其中 $a\neq 0$）.

证明： 由 $A^2B+AB^2=E$，得

$$A(A+B)B=E,$$

取行列式可知 $|A|\neq 0$，$|A+B|=0$，$|B|\neq 0$，

又因为 $a\neq 0$，

所以 aA，B，$A+B$ 均可逆.

33. 设 A 是 $n(n\geqslant 2)$ 阶方阵，$A^2=2A$ 但 $A\neq 2E$，试证明：A^* 不可逆.

证明： 由 $A^2=2A$，有 $A(A-2E)=0$，

可知 A 不可逆，否则 $A=2E$ 与已知矛盾.

由 $r(A^*)=\begin{cases}n, & r(A)=n\\1, & r(A)=n-1\\0, & r(A)<n-1\end{cases}$，知 A^* 不可逆.

34. 设 $\boldsymbol{A} \neq \boldsymbol{E}$ 为 3 阶非零实矩阵,且 $\boldsymbol{A}^* = -\boldsymbol{A}^{\mathrm{T}}$, 试证明: $|\boldsymbol{A}| = -1$ 且 $\boldsymbol{A}^{-1} = -\boldsymbol{A}^*$.

证明: 由 $\boldsymbol{A}^* = -\boldsymbol{A}^{\mathrm{T}}$,记 $A = (a_{ij})_{3\times3}$,得 $A_{ij} = -a_{ij}$,

则 $\boldsymbol{A}^* = -\begin{pmatrix} a_{11} & a_{21} & a_{31} \\ a_{12} & a_{22} & a_{32} \\ a_{13} & a_{23} & a_{33} \end{pmatrix}$,

$$\boldsymbol{AA}^* = \begin{pmatrix} -(a_{11}^2 + a_{12}^2 + a_{13}^2) & & * \\ & -(a_{21}^2 + a_{22}^2 + a_{23}^2) & \\ * & & -(a_{31}^2 + a_{32}^2 + a_{33}^2) \end{pmatrix}$$

$= |\boldsymbol{A}| \boldsymbol{E}$,

若 $|\boldsymbol{A}| = 0$, 则 $\boldsymbol{A}$ 为零矩阵,这与题设矛盾,可得

$$|\boldsymbol{A}| \neq 0,$$

则 $\boldsymbol{AA}^* = -\boldsymbol{AA}^{\mathrm{T}} = |\boldsymbol{A}| \boldsymbol{E}$, 对两边取行列式知,

$-|\boldsymbol{A}|^2 = |\boldsymbol{A}|^3$,则 $|\boldsymbol{A}| = -1$ 且 $\boldsymbol{A}^{-1} = -\boldsymbol{A}^*$.

35. 设 $\boldsymbol{A}$ 为 n 阶矩阵,且 $\boldsymbol{A}^k = \boldsymbol{O}$. 试证明:

$$(\boldsymbol{E} - \boldsymbol{A})^{-1} = \boldsymbol{E} + \boldsymbol{A} + \boldsymbol{A}^2 + \cdots + \boldsymbol{A}^{k-1}.$$

证明: 由 $\boldsymbol{A}^k = \boldsymbol{O}$, 有

$$\boldsymbol{E} - \boldsymbol{A}^k = \boldsymbol{E},$$

则 $(\boldsymbol{E} - \boldsymbol{A})(\boldsymbol{E} + \boldsymbol{A} + \cdots + \boldsymbol{A}^{k-1}) = \boldsymbol{E}$,

$$(\boldsymbol{E} - \boldsymbol{A})^{-1} = \boldsymbol{E} + \boldsymbol{A} + \boldsymbol{A}^2 + \cdots + \boldsymbol{A}^{k-1}.$$

36. 设 $\boldsymbol{A}$ 和 $\boldsymbol{B}$ 都是 n 阶方阵,且 $\boldsymbol{A}$, $\boldsymbol{B}$, $\boldsymbol{A} + \boldsymbol{B}$ 都可逆,试证明:

$$(\boldsymbol{A} + \boldsymbol{B})^{-1} = \boldsymbol{A}^{-1}(\boldsymbol{A}^{-1} + \boldsymbol{B}^{-1})^{-1}\boldsymbol{B}^{-1}.$$

证明: 因为 $\boldsymbol{A}$, $\boldsymbol{B}$ 可逆,有

$$\boldsymbol{A}+\boldsymbol{B}=\boldsymbol{E}\boldsymbol{A}+\boldsymbol{B}\boldsymbol{E}=\boldsymbol{B}\boldsymbol{B}^{-1}\boldsymbol{A}+\boldsymbol{B}\boldsymbol{A}^{-1}\boldsymbol{A}=\boldsymbol{B}(\boldsymbol{A}^{-1}+\boldsymbol{B}^{-1})\boldsymbol{A},$$

又因为 $\boldsymbol{A}+\boldsymbol{B}$ 可逆,得

$$(\boldsymbol{A}+\boldsymbol{B})^{-1}=\boldsymbol{A}^{-1}(\boldsymbol{A}^{-1}+\boldsymbol{B}^{-1})^{-1}\boldsymbol{B}^{-1}.$$

37. 若 $\boldsymbol{A}$, $\boldsymbol{B}$ 都是 n 阶方阵,试判断下列命题是否成立:

(1) 若 $\boldsymbol{A}$ 与 $\boldsymbol{B}$ 都可逆,则 $\boldsymbol{A}+\boldsymbol{B}$ 也可逆;

(2) 若 $\boldsymbol{A}$ 与 $\boldsymbol{B}$ 都可逆,则 $\boldsymbol{AB}$ 也可逆;

(3) 若 $\boldsymbol{AB}$ 可逆,则 $\boldsymbol{A}$ 与 $\boldsymbol{B}$ 都可逆;

(4) 若 $\boldsymbol{A}^2=\boldsymbol{A}$,则 $\boldsymbol{A}=\boldsymbol{O}$ 或 $\boldsymbol{A}=\boldsymbol{E}$.

解: (1) 不成立. 举出反例 $\boldsymbol{A}=\begin{pmatrix}1&0\\0&1\end{pmatrix}$, $\boldsymbol{B}=\begin{pmatrix}-1&0\\0&-1\end{pmatrix}$, 则 $\boldsymbol{A}+\boldsymbol{B}=\begin{pmatrix}0&0\\0&0\end{pmatrix}$, 为不可逆.

(2) 成立. $|\boldsymbol{AB}|=|\boldsymbol{A}||\boldsymbol{B}|$,由 $|\boldsymbol{A}|\neq 0$, $|\boldsymbol{B}|\neq 0$,得 $|\boldsymbol{AB}|\neq 0$, 从而 $\boldsymbol{AB}$ 可逆.

(3) 成立. 由 $|\boldsymbol{AB}|=|\boldsymbol{A}||\boldsymbol{B}|\neq 0$,得 $|\boldsymbol{A}|\neq 0$ 且 $|\boldsymbol{B}|\neq 0$. 从而 $\boldsymbol{A}$, $\boldsymbol{B}$ 都可逆.

(4) 不成立. 举出反例 $\boldsymbol{A}=\begin{pmatrix}1&0\\0&0\end{pmatrix}$,有 $\boldsymbol{A}^2=\boldsymbol{A}$,但 $\boldsymbol{A}\neq\boldsymbol{O}$ 且 $\boldsymbol{A}\neq\boldsymbol{E}$.

38. 设 $\boldsymbol{A}$ 为 5 阶矩阵,且 $|\boldsymbol{A}|=\dfrac{1}{2}$, 试求: $|\boldsymbol{A}^*|$, $|(2\boldsymbol{A})^{-1}+3\boldsymbol{A}^*|$.

解: 由 $|\boldsymbol{A}^*|=|\boldsymbol{A}|^{n-1}$, $|\boldsymbol{A}|=\dfrac{1}{2}$, 得

$$|\boldsymbol{A}^*|=\frac{1}{2^4}=\frac{1}{16},$$

$$|(2\boldsymbol{A})^{-1}+3\boldsymbol{A}^*|=\left|\frac{1}{2}\boldsymbol{A}^{-1}+3\boldsymbol{A}^*\right|=|\boldsymbol{A}^*+3\boldsymbol{A}^*|$$

$$=|4\boldsymbol{A}^*|=4^5\times\frac{1}{16}=64.$$

39. 设4 阶矩阵 $\boldsymbol{A}=(\boldsymbol{\alpha},\boldsymbol{\gamma}_2,\boldsymbol{\gamma}_3,\boldsymbol{\gamma}_4)$，$\boldsymbol{B}=(\boldsymbol{\beta},\boldsymbol{\gamma}_2,\boldsymbol{\gamma}_3,\boldsymbol{\gamma}_4)$，其中 $\boldsymbol{\alpha},\boldsymbol{\beta},\boldsymbol{\gamma}_2,\boldsymbol{\gamma}_3,\boldsymbol{\gamma}_4$ 均为 4×1 的列矩阵，且 $|\boldsymbol{A}|=4$，$|\boldsymbol{B}|=1$，求 $|\boldsymbol{A}+\boldsymbol{B}|$.

解： $\boldsymbol{A}+\boldsymbol{B}=(\boldsymbol{\alpha}+\boldsymbol{\beta},2\boldsymbol{\gamma}_2,2\boldsymbol{\gamma}_3,2\boldsymbol{\gamma}_4)$，

则 $|\boldsymbol{A}+\boldsymbol{B}|=2^3(|\boldsymbol{A}|+|\boldsymbol{B}|)=40.$

40. 用分块矩阵计算下列乘积：

(1) $\begin{pmatrix}3&2&-1&0\\2&0&1&1\\-2&4&0&1\\1&0&4&0\end{pmatrix}\begin{pmatrix}2&1\\0&2\\-1&0\\0&3\end{pmatrix}$;

(2) $\begin{pmatrix}1&-1&0&0\\3&-1&0&0\\0&1&0&0\\0&0&2&-1\end{pmatrix}\begin{pmatrix}1&0&0&0\\-1&0&0&0\\0&1&3&-1\\0&2&1&4\end{pmatrix}$.

解： (1) $\left(\begin{array}{cc:cc}3&2&-1&0\\2&0&1&1\\\hdashline -2&4&0&1\\1&0&4&0\end{array}\right)\left(\begin{array}{cc}2&1\\0&2\\\hdashline -1&0\\0&3\end{array}\right)=\begin{pmatrix}\boldsymbol{A}&\boldsymbol{B}\\\boldsymbol{C}&\boldsymbol{D}\end{pmatrix}\begin{pmatrix}\boldsymbol{E}\\\boldsymbol{F}\end{pmatrix}$,

$\boldsymbol{AE}=\begin{pmatrix}3&2\\2&0\end{pmatrix}\begin{pmatrix}2&1\\0&2\end{pmatrix}=\begin{pmatrix}6&7\\4&2\end{pmatrix}$,

$\boldsymbol{BF}=\begin{pmatrix}-1&0\\1&1\end{pmatrix}\begin{pmatrix}-1&0\\0&3\end{pmatrix}=\begin{pmatrix}1&0\\-1&3\end{pmatrix}$,

则 $\boldsymbol{AE}+\boldsymbol{BF}=\begin{pmatrix}7&7\\3&5\end{pmatrix}$;

$\boldsymbol{CE}=\begin{pmatrix}-2&4\\1&0\end{pmatrix}\begin{pmatrix}2&1\\0&2\end{pmatrix}=\begin{pmatrix}-4&6\\2&1\end{pmatrix}$,

$\boldsymbol{DF}=\begin{pmatrix}0&1\\4&0\end{pmatrix}\begin{pmatrix}-1&0\\0&3\end{pmatrix}=\begin{pmatrix}0&3\\-4&0\end{pmatrix}$,

则 $\boldsymbol{CE}+\boldsymbol{DF}=\begin{pmatrix}-4&9\\-2&1\end{pmatrix}$;

则 $\left(\begin{array}{cc:cc} 3 & 2 & -1 & 0 \\ 2 & 0 & 1 & 1 \\ \hdashline -2 & 4 & 0 & 1 \\ 1 & 0 & 4 & 0 \end{array}\right)\left(\begin{array}{cc} 2 & 1 \\ 0 & 2 \\ \hdashline -1 & 0 \\ 0 & 3 \end{array}\right)=\begin{pmatrix} 7 & 7 \\ 3 & 5 \\ -4 & 9 \\ -2 & 1 \end{pmatrix}$.

（2）$\left(\begin{array}{cc:cc} 1 & -1 & 0 & 0 \\ 3 & -1 & 0 & 0 \\ \hdashline 0 & 1 & 0 & 0 \\ 0 & 0 & 2 & -1 \end{array}\right)\left(\begin{array}{cc:cc} 1 & 0 & 0 & 0 \\ -1 & 0 & 0 & 0 \\ \hdashline 0 & 1 & 3 & -1 \\ 0 & 2 & 1 & 4 \end{array}\right)=\begin{pmatrix} \boldsymbol{A}_1 & \boldsymbol{B}_1 \\ \boldsymbol{C}_1 & \boldsymbol{D}_1 \end{pmatrix}\begin{pmatrix} \boldsymbol{A}_2 & \boldsymbol{B}_2 \\ \boldsymbol{C}_2 & \boldsymbol{D}_2 \end{pmatrix}$,

$$\boldsymbol{A}_1\boldsymbol{A}_2+\boldsymbol{B}_1\boldsymbol{C}_2=\begin{pmatrix} 1 & -1 \\ 3 & -1 \end{pmatrix}\begin{pmatrix} 1 & 0 \\ -1 & 0 \end{pmatrix}+\begin{pmatrix} 0 & 0 \\ 0 & 0 \end{pmatrix}=\begin{pmatrix} 2 & 0 \\ 4 & 0 \end{pmatrix},$$

$$\boldsymbol{A}_1\boldsymbol{B}_2+\boldsymbol{B}_1\boldsymbol{D}_2=\begin{pmatrix} 0 & 0 \\ 0 & 0 \end{pmatrix},$$

$$\begin{aligned}\boldsymbol{C}_1\boldsymbol{A}_2+\boldsymbol{D}_1\boldsymbol{C}_2&=\begin{pmatrix} 0 & 1 \\ 0 & 0 \end{pmatrix}\begin{pmatrix} 1 & 0 \\ -1 & 0 \end{pmatrix}+\begin{pmatrix} 0 & 0 \\ 2 & -1 \end{pmatrix}\begin{pmatrix} 0 & 1 \\ 0 & 2 \end{pmatrix}\\&=\begin{pmatrix} -1 & 0 \\ 0 & 0 \end{pmatrix}+\begin{pmatrix} 0 & 0 \\ 0 & -2 \end{pmatrix}=\begin{pmatrix} -1 & 0 \\ 0 & -2 \end{pmatrix},\end{aligned}$$

$$\boldsymbol{C}_1\boldsymbol{B}_2+\boldsymbol{D}_1\boldsymbol{D}_2=\begin{pmatrix} 0 & 0 \\ 2 & -1 \end{pmatrix}\begin{pmatrix} 3 & -1 \\ 1 & 4 \end{pmatrix}=\begin{pmatrix} 0 & 0 \\ 5 & -6 \end{pmatrix},$$

$$\left(\begin{array}{cc:cc} 1 & -1 & 0 & 0 \\ 3 & -1 & 0 & 0 \\ \hdashline 0 & 1 & 0 & 0 \\ 0 & 0 & 2 & -1 \end{array}\right)\left(\begin{array}{cc:cc} 1 & 0 & 0 & 0 \\ -1 & 0 & 0 & 0 \\ \hdashline 0 & 1 & 3 & -1 \\ 0 & 2 & 1 & 4 \end{array}\right)=\begin{pmatrix} 2 & 0 & 0 & 0 \\ 4 & 0 & 0 & 0 \\ -1 & 0 & 0 & 0 \\ 0 & -2 & 5 & -6 \end{pmatrix}.$$

41. 利用分块矩阵求下列矩阵的逆矩阵：

（1）$\begin{pmatrix} 2 & 3 & 0 & 0 & 0 \\ -3 & -5 & 0 & 0 & 0 \\ 0 & 0 & 2 & 0 & 0 \\ 0 & 0 & 0 & 8 & 5 \\ 0 & 0 & 0 & 3 & 2 \end{pmatrix}$;

(2) $\begin{pmatrix} 0 & 0 & 0 & 1 & 2 \\ 0 & 0 & 0 & 2 & 3 \\ 1 & 1 & 0 & 0 & 0 \\ 0 & 1 & 1 & 0 & 0 \\ 0 & 0 & 1 & 0 & 0 \end{pmatrix}$.

解： (1) $\left(\begin{array}{cc:c:cc} 2 & 3 & 0 & 0 & 0 \\ -3 & -5 & 0 & 0 & 0 \\ \hdashline 0 & 0 & 2 & 0 & 0 \\ \hdashline 0 & 0 & 0 & 8 & 5 \\ 0 & 0 & 0 & 3 & 2 \end{array}\right) = \begin{pmatrix} \boldsymbol{A}_{2\times2} & \boldsymbol{O}_{2\times1} & \boldsymbol{O}_{2\times2} \\ \boldsymbol{O}_{1\times2} & \boldsymbol{B}_{1\times1} & \boldsymbol{O}_{1\times2} \\ \boldsymbol{O}_{2\times2} & \boldsymbol{O}_{2\times1} & \boldsymbol{C}_{2\times2} \end{pmatrix}$,

$\boldsymbol{A}^{-1} = \dfrac{\boldsymbol{A}^{x}}{|\boldsymbol{A}|} = -\boldsymbol{A}^{*} = -\begin{pmatrix} -5 & -3 \\ 3 & 2 \end{pmatrix} = \begin{pmatrix} 5 & 3 \\ -3 & -2 \end{pmatrix}$,

$\boldsymbol{B}^{-1} = \dfrac{1}{2}$, $\boldsymbol{C}^{-1} = \begin{pmatrix} 2 & -5 \\ -3 & 8 \end{pmatrix}$.

则有 $\left(\begin{array}{cc:c:cc} 2 & 3 & 0 & 0 & 0 \\ -3 & -5 & 0 & 0 & 0 \\ \hdashline 0 & 0 & 2 & 0 & 0 \\ \hdashline 0 & 0 & 0 & 8 & 5 \\ 0 & 0 & 0 & 3 & 2 \end{array}\right)^{-1} = \begin{pmatrix} 5 & 3 & 0 & 0 & 0 \\ -3 & -2 & 0 & 0 & 0 \\ 0 & 0 & \dfrac{1}{2} & 0 & 0 \\ 0 & 0 & 0 & 2 & -5 \\ 0 & 0 & 0 & -3 & 8 \end{pmatrix}$;

(2) $\left(\begin{array}{ccc:cc} 0 & 0 & 0 & 1 & 2 \\ 0 & 0 & 0 & 2 & 3 \\ \hdashline 1 & 1 & 0 & 0 & 0 \\ 0 & 1 & 1 & 0 & 0 \\ 0 & 0 & 1 & 0 & 0 \end{array}\right) = \begin{pmatrix} \boldsymbol{O}_{2\times3} & \boldsymbol{A}_{2\times2} \\ \boldsymbol{B}_{3\times3} & \boldsymbol{O}_{3\times2} \end{pmatrix}$,

$\boldsymbol{A}^{-1} = -\boldsymbol{A}^{*} = -\begin{pmatrix} 3 & -2 \\ -2 & 1 \end{pmatrix} = \begin{pmatrix} -3 & 2 \\ 2 & -1 \end{pmatrix}$,

$\boldsymbol{B}^{-1} = \boldsymbol{A}^{*} = \begin{pmatrix} 1 & -1 & 1 \\ 0 & 1 & -1 \\ 0 & 0 & 1 \end{pmatrix}$,

$$\text{则}\left(\begin{array}{ccc:cc} 0 & 0 & 0 & 1 & 2 \\ 0 & 0 & 0 & 2 & 3 \\ \hdashline 1 & 1 & 0 & 0 & 0 \\ 0 & 1 & 1 & 0 & 0 \\ 0 & 0 & 1 & 0 & 0 \end{array}\right)^{-1} = \begin{pmatrix} \boldsymbol{O} & \boldsymbol{B}^{-1} \\ \boldsymbol{A}^{-1} & \boldsymbol{O} \end{pmatrix} = \begin{pmatrix} 0 & 0 & 1 & -1 & 1 \\ 0 & 0 & 0 & 1 & -1 \\ 0 & 0 & 0 & 0 & 1 \\ -3 & 2 & 0 & 0 & 0 \\ 2 & -1 & 0 & 0 & 0 \end{pmatrix}.$$

42. 设矩阵 $\boldsymbol{A} = \begin{pmatrix} 1 & 1 \\ -2 & -4 \end{pmatrix}$，将矩阵 $\boldsymbol{A}$ 表示成初等矩阵的乘积.

解： 由初等变换和初等矩阵的关系，把 $\boldsymbol{A}$ 化为单位矩阵 $\boldsymbol{E}$，有

$$\begin{pmatrix} 1 & 1 \\ -2 & -4 \end{pmatrix} \xrightarrow{r_2 + 2r_1} \begin{pmatrix} 1 & 1 \\ 0 & -2 \end{pmatrix},$$

$$\begin{pmatrix} 1 & 1 \\ 0 & -2 \end{pmatrix} \xrightarrow{\left(-\frac{1}{2}\right)r_2} \begin{pmatrix} 1 & 1 \\ 0 & 1 \end{pmatrix},$$

$$\begin{pmatrix} 1 & 1 \\ 0 & 1 \end{pmatrix} \xrightarrow{r_1 + (-1)r_2} \begin{pmatrix} 1 & 0 \\ 0 & 1 \end{pmatrix},$$

则 $\boldsymbol{E}(1,\ 2(-1))\boldsymbol{E}\left(2\left(-\frac{1}{2}\right)\right)\boldsymbol{E}(2,\ 1(2))\boldsymbol{A} = \boldsymbol{E}.$

$$\text{因为}\boldsymbol{A} = \boldsymbol{E}(2,\ 1(2))^{-1}\boldsymbol{E}\left(2\left(-\frac{1}{2}\right)\right)^{-1}\boldsymbol{E}(1,\ 2(-1))^{-1}$$

$$= \boldsymbol{E}(2,\ 1(-2))\boldsymbol{E}(2(-2))\boldsymbol{E}(1,\ 2(1)),$$

$$\downarrow \qquad\qquad \downarrow \qquad\qquad \downarrow$$

$$\begin{pmatrix} 1 & 0 \\ -2 & 1 \end{pmatrix} \qquad \begin{pmatrix} 1 & 0 \\ 0 & -2 \end{pmatrix} \qquad \begin{pmatrix} 1 & 1 \\ 0 & 1 \end{pmatrix}$$

则 $\boldsymbol{A} = \begin{pmatrix} 1 & 0 \\ -2 & 1 \end{pmatrix}\begin{pmatrix} 1 & 0 \\ 0 & -2 \end{pmatrix}\begin{pmatrix} 1 & 1 \\ 0 & 1 \end{pmatrix}.$

43. 若对可逆矩阵 $\boldsymbol{A}$ 分别施行下列初等变换，则 $\boldsymbol{A}^{-1}$ 相应地发生了什么变换？

（1）交换 $\boldsymbol{A}$ 的 $i,\ j$ 两行；

(2) 将 $\boldsymbol{A}$ 的第 i 行非零常数 k 倍；

(3) 将 $\boldsymbol{A}$ 的第 i 行 λ 倍加到第 j 行.

解：(1) 由题意有 $\boldsymbol{E}(i,j)\boldsymbol{A}$，则 $(\boldsymbol{E}(i,j)\boldsymbol{A})^{-1}=\boldsymbol{A}^{-1}\boldsymbol{E}(i,j)^{-1}=\boldsymbol{A}^{-1}\boldsymbol{E}(i,j)$，故 $\boldsymbol{A}^{-1}$ 发生的变换为交换 $\boldsymbol{A}^{-1}$ 的 i,j 两列；

(2) 由题意有 $\boldsymbol{E}(i(k)\boldsymbol{A})^{-1}=\boldsymbol{A}^{-1}\boldsymbol{E}(i(k))^{-1}=\boldsymbol{A}^{-1}\boldsymbol{E}\left(i\left(\frac{1}{k}\right)\right)$，故 $\boldsymbol{A}^{-1}$ 发生的变换为将 $\boldsymbol{A}^{-1}$ 的第 i 列乘以 $\frac{1}{k}$；

(3) 由题意有 $(\boldsymbol{E}(j,\ i(\lambda))\boldsymbol{A})^{-1}=\boldsymbol{A}^{-1}\boldsymbol{E}(j,\ i(\lambda))^{-1}=\boldsymbol{A}^{-1}\boldsymbol{E}(j,\ i(-\lambda))$，故 $\boldsymbol{A}^{-1}$ 发生的变换为第 j 列的 $-\lambda$ 倍加至第 i 列.

44. 设

$$\boldsymbol{A}=\begin{pmatrix}1&2&3&4\\2&3&4&5\\5&4&5&2\end{pmatrix},$$

(1) 求一个可逆矩阵 $\boldsymbol{P}$，使 $\boldsymbol{PA}$ 为行阶梯形；

(2) 求一个可逆矩阵 $\boldsymbol{Q}$，使 $\boldsymbol{QA}^{\mathrm{T}}$ 为行阶梯形.

解：(1)
$$\left(\begin{array}{cccc:ccc}1&2&3&4&1&0&0\\2&3&4&5&0&1&0\\5&4&5&2&0&0&1\end{array}\right)\xrightarrow[r_3-5r_1]{r_2-2r_1}\left(\begin{array}{cccc:ccc}1&2&3&4&1&0&0\\0&-1&-2&-3&-2&1&0\\0&-6&-10&-18&-5&0&1\end{array}\right)$$

$$\xrightarrow[\frac{1}{2}r_3]{r_3-6r_2}\left(\begin{array}{cccc:ccc}1&2&3&4&1&0&0\\0&-1&-2&-3&-2&1&0\\0&0&1&0&\frac{7}{2}&-3&\frac{1}{2}\end{array}\right)\xrightarrow[r_2+2r_3]{r_1-3r_3}$$

$$\left(\begin{array}{cccc:ccc}1&2&0&4&-\frac{19}{2}&9&-\frac{3}{2}\\0&-1&0&-3&5&-5&1\\0&0&1&0&\frac{7}{2}&-3&\frac{1}{2}\end{array}\right)\xrightarrow[(-1)\times r_2]{r_1+2r_2}\left(\begin{array}{cccc:ccc}1&0&0&-2&\frac{1}{2}&-1&\frac{1}{2}\\0&1&0&3&-5&5&-1\\0&0&1&0&\frac{7}{2}&-3&\frac{1}{2}\end{array}\right),$$

$$\text{则 } \boldsymbol{P} = \begin{pmatrix} \frac{1}{2} & -1 & \frac{1}{2} \\ -5 & 5 & -1 \\ \frac{7}{2} & -3 & \frac{1}{2} \end{pmatrix};$$

(2) $$\left(\begin{array}{ccc:cccc} 1 & 2 & 5 & 1 & 0 & 0 & 0 \\ 2 & 3 & 4 & 0 & 1 & 0 & 0 \\ 3 & 4 & 5 & 0 & 0 & 1 & 0 \\ 4 & 5 & 2 & 0 & 0 & 0 & 1 \end{array}\right) \xrightarrow[r_4 - 4r_1]{\substack{r_2 - 2r_1 \\ r_3 - 3r_1}} \left(\begin{array}{ccc:cccc} 1 & 2 & 5 & 1 & 0 & 0 & 0 \\ 0 & -1 & -6 & -2 & 1 & 0 & 0 \\ 0 & -2 & -10 & -3 & 0 & 1 & 0 \\ 0 & -3 & -18 & -4 & 0 & 0 & 1 \end{array}\right)$$

$$\xrightarrow[\substack{r_4 - 3r_2 \\ \frac{1}{2}r_3}]{r_3 - 2r_2} \left(\begin{array}{ccc:cccc} 1 & 2 & 5 & 1 & 0 & 0 & 0 \\ 0 & -1 & -6 & -2 & 1 & 0 & 0 \\ 0 & 0 & 1 & \frac{1}{2} & -1 & \frac{1}{2} & 0 \\ 0 & 0 & 0 & 2 & -3 & 0 & 1 \end{array}\right) \xrightarrow[(-1)\times r_2]{\substack{r_1 - 5r_3 \\ r_2 + 6r_3}}$$

$$\left(\begin{array}{ccc:cccc} 1 & 2 & 0 & -\frac{3}{2} & 5 & -\frac{5}{2} & 0 \\ 0 & 1 & 0 & -1 & 5 & -3 & 0 \\ 0 & 0 & 1 & \frac{1}{2} & -1 & \frac{1}{2} & 0 \\ 0 & 0 & 0 & 2 & -3 & 0 & 1 \end{array}\right) \xrightarrow{r_1 - 2r_2} \left(\begin{array}{ccc:cccc} 1 & 0 & 0 & \frac{1}{2} & -5 & \frac{7}{2} & 0 \\ 0 & 1 & 0 & -1 & 5 & -3 & 0 \\ 0 & 0 & 1 & \frac{1}{2} & -1 & \frac{1}{2} & 0 \\ 0 & 0 & 0 & 2 & -3 & 0 & 1 \end{array}\right),$$

$$\text{则 } \boldsymbol{Q} = \begin{pmatrix} \frac{1}{2} & -5 & \frac{7}{2} & 0 \\ -1 & 5 & -3 & 0 \\ \frac{1}{2} & -1 & \frac{1}{2} & 0 \\ 2 & -3 & 0 & 1 \end{pmatrix}.$$

45. 求数 a 的值使矩阵

$$\boldsymbol{A} = \begin{pmatrix} a & 2 & \cdots & 2 \\ 2 & a & \cdots & 2 \\ \vdots & \vdots & & \vdots \\ 2 & 2 & \cdots & a \end{pmatrix}$$

为满秩矩阵.

解: 因为 $\boldsymbol{A}$ 为满秩矩阵,则 $|\boldsymbol{A}| \neq 0$, 且有

$$|\boldsymbol{A}| = \begin{vmatrix} a & 2 & \cdots & 2 \\ 2 & a & \cdots & 2 \\ \vdots & \vdots & & \vdots \\ 2 & 2 & \cdots & a \end{vmatrix} = \begin{vmatrix} a & 2 & \cdots & 2 \\ 2-a & a-2 & \cdots & 0 \\ \vdots & \vdots & & \vdots \\ 2-a & 0 & \cdots & a-2 \end{vmatrix}$$

$$= \begin{vmatrix} a+2(n-1) & 2 & \cdots & 2 \\ 0 & a-2 & \cdots & 0 \\ \vdots & \vdots & & \vdots \\ 0 & 0 & \cdots & a-2 \end{vmatrix}$$

$$= [a+2(n-1)](a-2)^{n-1} \neq 0,$$

则 $a \neq 2$ 且 $a \neq 2(1-n)$.

46. 已知

$$\boldsymbol{A} = \begin{pmatrix} 1 & a & a & a \\ a & 1 & a & a \\ a & a & 1 & a \\ a & a & a & 1 \end{pmatrix},$$

(1) a 取何值时,矩阵 $\boldsymbol{A}$ 可逆?

(2) a 取何值时,矩阵 $\boldsymbol{A}$ 的秩为 3?

(3) a 取何值时,矩阵 $\boldsymbol{A}$ 的秩为 1?

解: 由初等变换不改变秩,可有

$$\boldsymbol{A} = \begin{pmatrix} 1 & a & a & a \\ a & 1 & a & a \\ a & a & 1 & a \\ a & a & a & 1 \end{pmatrix} \xrightarrow[i=2,3,4]{r_i+(-1)r_1} \begin{pmatrix} 1 & a & a & a \\ a-1 & 1-a & 0 & 0 \\ a-1 & 0 & 1-a & 0 \\ a-1 & 0 & 0 & 1-a \end{pmatrix} \xrightarrow[i=2,3,4]{c_1+c_i}$$

$$\begin{pmatrix} 1+3a & a & a & a \\ 0 & 1-a & 0 & 0 \\ 0 & 0 & 1-a & 0 \\ 0 & 0 & 0 & 1-a \end{pmatrix}.$$

(1) 若 $\boldsymbol{A}$ 可逆,可推出 $(1+3a)(1-a)^3 \neq 0$,即 $a \neq -\frac{1}{3}$ 且 $a \neq 1$;

(2) 若 $r(\boldsymbol{A})=3$,可推出 $a=-\frac{1}{3}$;

(3) 若 $r(\boldsymbol{A})=1$,可推出 $a=1$.

47. 设 $\boldsymbol{A}=\begin{pmatrix} 1 & 1 & 0 \\ 1 & 0 & 1 \\ 0 & 1 & 1 \end{pmatrix}$, $\boldsymbol{B}=\begin{pmatrix} a & 1 & 1 \\ 2 & 1 & a \\ 1 & 1 & a \end{pmatrix}$,且矩阵 $\boldsymbol{AB}$ 的秩为 2,求 a.

解:(方法一):$\boldsymbol{AB}=\begin{pmatrix} 1 & 1 & 0 \\ 1 & 0 & 1 \\ 0 & 1 & 1 \end{pmatrix}\begin{pmatrix} a & 1 & 1 \\ 2 & 1 & a \\ 1 & 1 & a \end{pmatrix}=\begin{pmatrix} a+2 & 2 & a+1 \\ a+1 & 2 & a+1 \\ 3 & 2 & 2a \end{pmatrix}$,

$\boldsymbol{AB} \xrightarrow[r_3-r_2]{r_1-r_2} \begin{pmatrix} 1 & 0 & 0 \\ a+1 & 2 & a+1 \\ 2-a & 0 & a-1 \end{pmatrix}$, $|\boldsymbol{AB}|=2|a-1|=0$,

则 $a=1$ 为所求.

(方法二):因为 $|\boldsymbol{A}|=-2 \neq 0$,则 $\boldsymbol{A}$ 可逆,从而 $r(\boldsymbol{AB})=r(\boldsymbol{B})=2$,则 $|\boldsymbol{B}|=0$. 而

$$|\boldsymbol{B}|=\begin{vmatrix} a & 1 & 1 \\ 2 & 1 & a \\ 1 & 1 & a \end{vmatrix}=a^2+2+a-1-a^2-2a=1-a=0,$$

则 $a=1$ 为所求.

48. 用定义求下列矩阵的秩:

(1) $\begin{pmatrix} 3 & 2 & 1 & 1 \\ 1 & 2 & -3 & 2 \\ 4 & 4 & -2 & 3 \end{pmatrix}$;

(2) $\begin{pmatrix} 2 & -1 & 3 & 3 \\ 3 & 1 & -5 & 0 \\ 4 & -1 & 1 & 3 \\ 1 & 3 & -13 & -6 \end{pmatrix}$;

(3) $\begin{pmatrix} 1 & 2 & 3 & 4 & 5 \\ 0 & 0 & -1 & -2 & -3 \\ 0 & 0 & 0 & 0 & 4 \\ 0 & 0 & 1 & 2 & -1 \end{pmatrix}$;

(4) $\begin{pmatrix} a_1b_1 & a_1b_2 & \cdots & a_1b_n \\ a_2b_1 & a_2b_2 & \cdots & a_2b_n \\ \vdots & \vdots & & \vdots \\ a_nb_1 & a_nb_2 & \cdots & a_nb_n \end{pmatrix}$.

解: 记题中矩阵为 $\boldsymbol{A}$.

(1) $\begin{vmatrix} 3 & 2 & 1 \\ 1 & 2 & 2 \\ 4 & 4 & 3 \end{vmatrix} = 0$, $\begin{vmatrix} 3 & 2 & 1 \\ 1 & 2 & -3 \\ 4 & 4 & -2 \end{vmatrix} = 0$, $\begin{vmatrix} 3 & 1 & 1 \\ 1 & -3 & 2 \\ 4 & -2 & 3 \end{vmatrix} = 0$,

$\begin{vmatrix} 2 & 1 & 1 \\ 2 & -3 & 2 \\ 4 & -2 & 3 \end{vmatrix} = 0$, 即 $\boldsymbol{A}$ 中所有 3 级子式全为 0,而 $\begin{vmatrix} 3 & 2 \\ 1 & 2 \end{vmatrix} = 4 \neq 0$,

则 $r(\boldsymbol{A}) = 2$;

(2) $$|\boldsymbol{A}| = \begin{vmatrix} 2 & -1 & 3 & 3 \\ 3 & 1 & -5 & 0 \\ 4 & -1 & 1 & 3 \\ 1 & 3 & -13 & -6 \end{vmatrix} = \begin{vmatrix} 0 & -7 & 29 & 15 \\ 0 & -8 & 34 & 18 \\ 0 & -13 & 53 & 27 \\ 1 & 3 & -13 & -6 \end{vmatrix}$$

$$= \begin{vmatrix} -7 & 29 & 15 \\ -8 & 34 & 18 \\ -13 & 53 & 27 \end{vmatrix} = \begin{vmatrix} 0 & -6 & -6 \\ -1 & 5 & 3 \\ 0 & -6 & -6 \end{vmatrix} = 0,$$

而 $\begin{vmatrix} -1 & 3 & 3 \\ 1 & -5 & 0 \\ -1 & 1 & 3 \end{vmatrix} = -1\times(-15)-3\times 3+3\times(1-5)=15-9-12=-6\neq 0$,

则 $r(\boldsymbol{A})=3$;

(3) $\boldsymbol{A}$ 中 4 级子式全为 0,即

$$\begin{vmatrix} 1 & 2 & 3 & 4 \\ 0 & 0 & -1 & -2 \\ 0 & 0 & 0 & 0 \\ 0 & 0 & 1 & 2 \end{vmatrix}=0,\quad \begin{vmatrix} 1 & 2 & 3 & 5 \\ 0 & 0 & -1 & -3 \\ 0 & 0 & 0 & 4 \\ 0 & 0 & 1 & -1 \end{vmatrix}=0,$$

$$\begin{vmatrix} 1 & 2 & 4 & 5 \\ 0 & 0 & -2 & -3 \\ 0 & 0 & 0 & 4 \\ 0 & 0 & 2 & -1 \end{vmatrix}=0,\quad \begin{vmatrix} 1 & 3 & 4 & 5 \\ 0 & -1 & -2 & -3 \\ 0 & 0 & 0 & 4 \\ 0 & 1 & 2 & 1 \end{vmatrix}=0,$$

$\begin{vmatrix} 2 & 3 & 4 & 5 \\ 0 & -1 & -2 & -3 \\ 0 & 0 & 0 & 4 \\ 0 & 1 & 2 & -1 \end{vmatrix}=0$,而存在一个 3 级子式 $\begin{vmatrix} 1 & 3 & 5 \\ 0 & -1 & -3 \\ 0 & 0 & 4 \end{vmatrix}=-4\neq 0$,

则 $r(\boldsymbol{A})=3$.

(4) 因为 $\boldsymbol{A}$ 中任一个 2 级子式 $\begin{vmatrix} a_ib_j & a_ib_{j+k} \\ a_lb_j & a_lb_{j+k} \end{vmatrix}=a_ia_lb_jb_{j+k}-a_ia_lb_jb_{j+k}=0$.

则 $r(\boldsymbol{A})=1$ 或 $r(\boldsymbol{A})=0$.

49. 用初等变换求下列矩阵的秩,并求一个最高阶非零子式:

(1) $\begin{pmatrix} 3 & 1 & 0 & 2 \\ 1 & -1 & 2 & -1 \\ 1 & 3 & -4 & 4 \end{pmatrix}$;

(2) $\begin{pmatrix} 3 & 2 & -1 & -3 & -1 \\ 2 & -1 & 3 & 1 & -3 \\ 7 & 0 & 5 & -1 & -8 \end{pmatrix}$;

(3) $\begin{pmatrix} 2 & 1 & 8 & 3 & 7 \\ 2 & -3 & 0 & 7 & -5 \\ 3 & -2 & 5 & 8 & 0 \\ 1 & 0 & 3 & 2 & 0 \end{pmatrix}$;

(4) $\begin{pmatrix} 1 & 2 & -1 & 0 & 3 \\ 2 & -1 & 0 & 1 & -1 \\ 3 & 1 & -1 & 1 & 2 \\ 0 & -5 & 2 & 1 & -7 \end{pmatrix}$;

(5) $\begin{pmatrix} 1 & 3 & -1 & 2 \\ 2 & -1 & 2 & 3 \\ 3 & 2 & 1 & 1 \\ 1 & -4 & 3 & 5 \end{pmatrix}$.

解： (1) $\begin{pmatrix} 3 & 1 & 0 & 2 \\ 1 & -1 & 2 & -1 \\ 1 & 3 & -4 & 4 \end{pmatrix} \xrightarrow{\text{初等变换}} \begin{pmatrix} 0 & 4 & -6 & 5 \\ 1 & -1 & 2 & -1 \\ 0 & 4 & -6 & 5 \end{pmatrix} \longrightarrow$

$\begin{pmatrix} 1 & -1 & 2 & -1 \\ 0 & 4 & -6 & 5 \\ 0 & 0 & 0 & 0 \end{pmatrix}$,

则 $r = 2$, 其中一个最高阶非零子式为 $\begin{vmatrix} 3 & 1 \\ 1 & -1 \end{vmatrix} = -4 \neq 0$;

(2) $\begin{pmatrix} 3 & 2 & -1 & -3 & -1 \\ 2 & -1 & 3 & 1 & -3 \\ 7 & 0 & 5 & -1 & -8 \end{pmatrix} \xrightarrow{\text{初等变换}} \begin{pmatrix} 0 & 7 & -11 & -9 & 7 \\ 2 & -1 & 3 & 1 & -3 \\ 0 & 7 & -11 & -9 & 5 \end{pmatrix}$

$\longrightarrow \begin{pmatrix} 2 & -1 & 3 & 1 & 0 \\ 0 & 0 & 0 & 0 & 1 \\ 0 & 7 & -11 & -9 & 0 \end{pmatrix} \longrightarrow \begin{pmatrix} 2 & -1 & 3 & 1 & 0 \\ 0 & 7 & -11 & -9 & 0 \\ 0 & 0 & 0 & 0 & 1 \end{pmatrix}$,

则 $r = 3$, 其中一个最高阶非零子式为 $\begin{vmatrix} -1 & -3 & -1 \\ 3 & 1 & -3 \\ 5 & -1 & -8 \end{vmatrix} = -8 \neq 0$;

(3) $\begin{pmatrix} 2 & 1 & 8 & 3 & 7 \\ 2 & -3 & 0 & 7 & -5 \\ 3 & -2 & 5 & 8 & 0 \\ 1 & 0 & 3 & 2 & 0 \end{pmatrix} \longrightarrow \begin{pmatrix} 0 & 1 & 2 & -1 & 7 \\ 0 & -3 & -6 & 3 & -5 \\ 0 & -2 & -4 & 2 & 0 \\ 1 & 0 & 3 & 2 & 0 \end{pmatrix}$

$\longrightarrow \begin{pmatrix} 1 & 0 & 3 & 2 & 0 \\ 0 & 0 & 0 & 0 & 7 \\ 0 & 1 & 2 & -1 & 0 \\ 0 & 0 & 0 & 0 & 5 \end{pmatrix} \longrightarrow \begin{pmatrix} 1 & 0 & 3 & 2 & 0 \\ 0 & 1 & 2 & -1 & 0 \\ 0 & 0 & 0 & 0 & 1 \\ 0 & 0 & 0 & 0 & 0 \end{pmatrix}$,

则 $r=3$，其中一个最高阶非零子式为 $\begin{vmatrix} 2 & 1 & 7 \\ 3 & -2 & 0 \\ 1 & 0 & 0 \end{vmatrix} = 14 \neq 0$；

(4) $\begin{pmatrix} 1 & 2 & -1 & 0 & 3 \\ 2 & -1 & 0 & 1 & -1 \\ 3 & 1 & -1 & 1 & 2 \\ 0 & -5 & 2 & 1 & -7 \end{pmatrix} \longrightarrow \begin{pmatrix} 1 & 2 & -1 & 0 & 3 \\ 0 & -5 & 2 & 1 & -7 \\ 0 & -5 & 2 & 1 & -7 \\ 0 & -5 & 2 & 1 & -7 \end{pmatrix}$

$\longrightarrow \begin{pmatrix} 1 & 2 & -1 & 0 & 3 \\ 0 & -5 & 2 & 1 & -7 \\ 0 & 0 & 0 & 0 & 0 \\ 0 & 0 & 0 & 0 & 0 \end{pmatrix}$,

则 $r=2$，其中一个非 0 的最高阶子式为 $\begin{vmatrix} 1 & 2 \\ 2 & -1 \end{vmatrix} = -5 \neq 0$；

(5) $\begin{pmatrix} 1 & 3 & -1 & 2 \\ 2 & -1 & 2 & 3 \\ 3 & 2 & 1 & 1 \\ 1 & -4 & 3 & 5 \end{pmatrix} \longrightarrow \begin{pmatrix} 1 & 3 & -1 & 2 \\ 0 & -7 & 4 & -1 \\ 0 & -7 & 4 & -5 \\ 0 & -7 & 4 & 3 \end{pmatrix} \longrightarrow \begin{pmatrix} 1 & 3 & -1 & 0 \\ 0 & -7 & 4 & 0 \\ 0 & 0 & 0 & 1 \\ 0 & 0 & 0 & 0 \end{pmatrix}$,

则 $r=3$，其中一个非 0 的最高阶子式为 $\begin{vmatrix} 3 & -1 & 2 \\ -1 & 2 & 3 \\ 2 & 1 & 1 \end{vmatrix} = -20 \neq 0$.

50. 利用矩阵的初等变换，求下列方阵的逆矩阵：

（1）$\begin{pmatrix} 3 & 2 & 1 \\ 3 & 1 & 5 \\ 3 & 2 & 3 \end{pmatrix}$；

（2）$\begin{pmatrix} 3 & -2 & 0 & -1 \\ 0 & 2 & 2 & 1 \\ 1 & -2 & -3 & -2 \\ 0 & 1 & 2 & 1 \end{pmatrix}$；

（3）$\begin{pmatrix} 1 & 1 & 1 & 1 \\ 1 & 1 & -1 & -1 \\ 1 & -1 & 1 & -1 \\ 1 & -1 & -1 & 1 \end{pmatrix}$；

（4）$\begin{pmatrix} 1 & 0 & 0 & 0 \\ 2 & 1 & 0 & 0 \\ 3 & 2 & 1 & 0 \\ 4 & 3 & 2 & 1 \end{pmatrix}$.

解：（1）$\left(\begin{array}{ccc:ccc} 3 & 2 & 1 & 1 & 0 & 0 \\ 3 & 1 & 5 & 0 & 1 & 0 \\ 3 & 2 & 3 & 0 & 0 & 1 \end{array}\right) \xrightarrow[\substack{i=2,3 \\ \frac{1}{2}r_3}]{r_i+(-1)r_1} \left(\begin{array}{ccc:ccc} 3 & 2 & 1 & 1 & 0 & 0 \\ 0 & -1 & 4 & -1 & 1 & 0 \\ 0 & 0 & 1 & -\frac{1}{2} & 0 & \frac{1}{2} \end{array}\right)$

$$\longrightarrow \left(\begin{array}{ccc:ccc} 3 & 2 & 0 & \frac{3}{2} & 0 & -\frac{1}{2} \\ 0 & 1 & 0 & -1 & -1 & 2 \\ 0 & 0 & 1 & -\frac{1}{2} & 0 & \frac{1}{2} \end{array}\right) \longrightarrow \left(\begin{array}{ccc:ccc} 1 & 0 & 0 & \frac{7}{6} & \frac{2}{3} & -\frac{3}{2} \\ 0 & 1 & 0 & -1 & -1 & 2 \\ 0 & 0 & 1 & -\frac{1}{2} & 0 & \frac{1}{2} \end{array}\right),$$

则逆矩阵为$\begin{pmatrix} \frac{7}{6} & \frac{2}{3} & -\frac{3}{2} \\ -1 & -1 & 2 \\ -\frac{1}{2} & 0 & \frac{1}{2} \end{pmatrix}$；

（2）$\left(\begin{array}{cccc:cccc} 3 & -2 & 0 & -1 & 1 & 0 & 0 & 0 \\ 0 & 2 & 2 & 1 & 0 & 1 & 0 & 0 \\ 1 & -2 & -3 & -2 & 0 & 0 & 1 & 0 \\ 0 & 1 & 2 & 1 & 0 & 0 & 0 & 1 \end{array}\right) \xrightarrow{\text{行变换}}$

$$\left(\begin{array}{cccc:cccc} 0 & 4 & 9 & 5 & 1 & 0 & -3 & 0 \\ 0 & 0 & -2 & -1 & 0 & 1 & 0 & -2 \\ 1 & -2 & -3 & -2 & 0 & 0 & 1 & 0 \\ 0 & 1 & 2 & 1 & 0 & 0 & 0 & 1 \end{array}\right) \xrightarrow{\text{行变换}}$$

$$\left(\begin{array}{cccc:cccc} 0 & 0 & 1 & 1 & 1 & 0 & -3 & -4 \\ 0 & 0 & -2 & -1 & 0 & 1 & 0 & -2 \\ 1 & -2 & -3 & -2 & 0 & 0 & 1 & 0 \\ 0 & 1 & 2 & 1 & 0 & 0 & 0 & 1 \end{array}\right) \xrightarrow{\text{行变换}}$$

$$\left(\begin{array}{cccc:cccc} 0 & 0 & 1 & 1 & 1 & 0 & -3 & -4 \\ 0 & 0 & 0 & 1 & 2 & 1 & -6 & -10 \\ 1 & -2 & -3 & -2 & 0 & 0 & 1 & 0 \\ 0 & 1 & 2 & 1 & 0 & 0 & 0 & 1 \end{array}\right) \xrightarrow{\text{行变换}}$$

$$\left(\begin{array}{cccc:cccc} 0 & 0 & 1 & 0 & -1 & -1 & 3 & 6 \\ 0 & 0 & 0 & 1 & 2 & 1 & -6 & -10 \\ 1 & -2 & -3 & 0 & 4 & 2 & -11 & -20 \\ 0 & 1 & 2 & 0 & -2 & -1 & 6 & 11 \end{array}\right) \xrightarrow{\text{行变换}}$$

$$\left(\begin{array}{cccc:cccc} 0 & 0 & 1 & 0 & -1 & -1 & 3 & 6 \\ 0 & 0 & 0 & 1 & 2 & 1 & -6 & -10 \\ 1 & -2 & 0 & 0 & 1 & -1 & -2 & -2 \\ 0 & 1 & 0 & 0 & 0 & 1 & 0 & -1 \end{array}\right) \xrightarrow{\text{行变换}}$$

$$\left(\begin{array}{cccc:cccc} 0 & 0 & 1 & 0 & -1 & -1 & 3 & 6 \\ 0 & 0 & 0 & 1 & 2 & 1 & -6 & -10 \\ 1 & 0 & 0 & 0 & 1 & 1 & -2 & -4 \\ 0 & 1 & 0 & 0 & 0 & 1 & 0 & -1 \end{array}\right),$$

则逆矩阵为 $\begin{pmatrix} 1 & 1 & -2 & -4 \\ 0 & 1 & 0 & -1 \\ -1 & -1 & 3 & 6 \\ 2 & 1 & -6 & -10 \end{pmatrix}$;

(3)
$$\left(\begin{array}{cccc|cccc}1 & 1 & 1 & 1 & 1 & 0 & 0 & 0\\ 1 & 1 & -1 & -1 & 0 & 1 & 0 & 0\\ 1 & -1 & 1 & -1 & 0 & 0 & 1 & 0\\ 1 & -1 & -1 & 1 & 0 & 0 & 0 & 1\end{array}\right)\xrightarrow{\text{行变换}}$$

$$\left(\begin{array}{cccc|cccc}1 & 1 & 1 & 1 & 1 & 0 & 0 & 0\\ 0 & 0 & -2 & -2 & -1 & 1 & 0 & 0\\ 0 & -2 & 0 & -2 & -1 & 0 & 1 & 0\\ 0 & -2 & -2 & 0 & -1 & 0 & 0 & 1\end{array}\right)\xrightarrow{\text{行变换}}$$

$$\left(\begin{array}{cccc|cccc}1 & 1 & 1 & 1 & 1 & 0 & 0 & 0\\ 0 & 0 & 1 & 1 & \frac{1}{2} & -\frac{1}{2} & 0 & 0\\ 0 & 1 & 0 & 1 & \frac{1}{2} & 0 & -\frac{1}{2} & 0\\ 0 & 1 & 1 & 0 & \frac{1}{2} & 0 & 0 & -\frac{1}{2}\end{array}\right)\xrightarrow{\text{行变换}}$$

$$\left(\begin{array}{cccc|cccc}1 & 1 & 1 & 1 & 1 & 0 & 0 & 0\\ 0 & -1 & 0 & 1 & 0 & -\frac{1}{2} & 0 & \frac{1}{2}\\ 0 & 1 & 0 & 1 & \frac{1}{2} & 0 & -\frac{1}{2} & 0\\ 0 & 1 & 1 & 0 & \frac{1}{2} & 0 & 0 & -\frac{1}{2}\end{array}\right)\xrightarrow{\text{行变换}}$$

$$\left(\begin{array}{cccc|cccc}1 & 1 & 1 & 1 & 1 & 0 & 0 & 0\\ 0 & 0 & 0 & 1 & \frac{1}{4} & -\frac{1}{4} & -\frac{1}{4} & \frac{1}{4}\\ 0 & 1 & 0 & 1 & \frac{1}{2} & 0 & -\frac{1}{2} & 0\\ 0 & 1 & 1 & 0 & \frac{1}{2} & 0 & 0 & -\frac{1}{2}\end{array}\right)\xrightarrow{\text{行变换}}$$

$$\left(\begin{array}{cccc:cccc}1&1&1&0&\frac{3}{4}&\frac{1}{4}&\frac{1}{4}&-\frac{1}{4}\\0&0&0&1&\frac{1}{4}&-\frac{1}{4}&-\frac{1}{4}&\frac{1}{4}\\0&1&0&0&\frac{1}{4}&\frac{1}{4}&-\frac{1}{4}&-\frac{1}{4}\\0&1&1&0&\frac{1}{2}&0&0&-\frac{1}{2}\end{array}\right)\xrightarrow{\text{行变换}}$$

$$\left(\begin{array}{cccc:cccc}1&0&1&0&\frac{1}{2}&0&\frac{1}{2}&0\\0&0&0&1&\frac{1}{4}&-\frac{1}{4}&-\frac{1}{4}&\frac{1}{4}\\0&1&0&0&\frac{1}{4}&\frac{1}{4}&-\frac{1}{4}&-\frac{1}{4}\\0&0&1&0&\frac{1}{4}&-\frac{1}{4}&\frac{1}{4}&-\frac{1}{4}\end{array}\right)\xrightarrow{\text{行变换}}$$

$$\left(\begin{array}{cccc:cccc}1&0&0&0&\frac{1}{4}&\frac{1}{4}&\frac{1}{4}&\frac{1}{4}\\0&0&0&1&\frac{1}{4}&-\frac{1}{4}&-\frac{1}{4}&\frac{1}{4}\\0&1&0&0&\frac{1}{4}&\frac{1}{4}&-\frac{1}{4}&-\frac{1}{4}\\0&0&1&0&\frac{1}{4}&-\frac{1}{4}&\frac{1}{4}&-\frac{1}{4}\end{array}\right),$$

则逆矩阵为$\begin{pmatrix}\frac{1}{4}&\frac{1}{4}&\frac{1}{4}&\frac{1}{4}\\\frac{1}{4}&\frac{1}{4}&-\frac{1}{4}&-\frac{1}{4}\\\frac{1}{4}&-\frac{1}{4}&\frac{1}{4}&-\frac{1}{4}\\\frac{1}{4}&-\frac{1}{4}&-\frac{1}{4}&\frac{1}{4}\end{pmatrix}$;

(4) $\left(\begin{array}{cccc:cccc}1&0&0&0&1&0&0&0\\2&1&0&0&0&1&0&0\\3&2&1&0&0&0&1&0\\4&3&2&1&0&0&0&1\end{array}\right)\xrightarrow{\text{行变换}}\left(\begin{array}{cccc:cccc}1&0&0&0&1&0&0&0\\0&1&0&0&-2&1&0&0\\0&2&1&0&-3&0&1&0\\0&3&2&1&-4&0&0&1\end{array}\right)$

$\xrightarrow{\text{行变换}}\left(\begin{array}{cccc:cccc}1&0&0&0&1&0&0&0\\0&1&0&0&-2&1&0&0\\0&0&1&0&1&-2&1&0\\0&0&2&1&2&-3&0&1\end{array}\right)\xrightarrow{\text{行变换}}\left(\begin{array}{cccc:cccc}1&0&0&0&1&0&0&0\\0&1&0&0&-2&1&0&0\\0&0&1&0&1&-2&1&0\\0&0&0&1&0&1&-2&1\end{array}\right)$,

则逆矩阵为 $\begin{pmatrix}1&0&0&0\\-2&1&0&0\\1&-2&1&0\\0&1&-2&1\end{pmatrix}$.

51. 解以下矩阵方程,求出未知矩阵 $\boldsymbol{X}$:

(1) $\begin{pmatrix}2&5\\1&3\end{pmatrix}\boldsymbol{X}=\begin{pmatrix}4&-6\\2&1\end{pmatrix}$;

(2) $\begin{pmatrix}2&1\\5&4\end{pmatrix}\boldsymbol{X}\begin{pmatrix}4&3\\3&2\end{pmatrix}=\begin{pmatrix}5&1\\2&4\end{pmatrix}$;

(3) 已知 $\boldsymbol{A}=\begin{pmatrix}3&0&1\\1&1&1\\1&1&4\end{pmatrix}$, $\boldsymbol{B}=\begin{pmatrix}2&1&3\\0&1&2\\1&0&3\end{pmatrix}$,且 $\boldsymbol{AX}=\boldsymbol{B}+2\boldsymbol{X}$;

(4) 已知 $\boldsymbol{A}=\begin{pmatrix}1&0&0\\1&1&0\\1&1&1\end{pmatrix}$, $\boldsymbol{B}=\begin{pmatrix}0&1&1\\1&0&1\\1&1&0\end{pmatrix}$,且 $\boldsymbol{AXA}+\boldsymbol{BXB}=\boldsymbol{AXB}+\boldsymbol{BXA}+\boldsymbol{E}$.

解:(1) $\boldsymbol{X}=\begin{pmatrix}2&5\\1&3\end{pmatrix}^{-1}\begin{pmatrix}4&-6\\2&1\end{pmatrix}=\begin{pmatrix}3&-5\\-1&2\end{pmatrix}\begin{pmatrix}4&-6\\2&1\end{pmatrix}=\begin{pmatrix}2&-23\\0&8\end{pmatrix}$;

(2) $\boldsymbol{X}=\begin{pmatrix}2&1\\5&4\end{pmatrix}^{-1}\begin{pmatrix}5&1\\2&4\end{pmatrix}\begin{pmatrix}4&3\\3&2\end{pmatrix}^{-1}=\frac{1}{3}\begin{pmatrix}4&-1\\-5&2\end{pmatrix}\begin{pmatrix}5&1\\2&4\end{pmatrix}\begin{pmatrix}-2&3\\3&-4\end{pmatrix}$

$$= \frac{1}{3}\begin{pmatrix} 18 & 0 \\ -21 & 3 \end{pmatrix}\begin{pmatrix} -2 & 3 \\ 3 & -4 \end{pmatrix} = \begin{pmatrix} 6 & 0 \\ -7 & 1 \end{pmatrix}\begin{pmatrix} -2 & 3 \\ 3 & -4 \end{pmatrix}$$

$$= \begin{pmatrix} -12 & 18 \\ 17 & -25 \end{pmatrix};$$

(3)(方法一)：$(\boldsymbol{A}-2\boldsymbol{E})\boldsymbol{X}=\boldsymbol{B}$,

其中，$\boldsymbol{A}-2\boldsymbol{E}=\begin{pmatrix} 1 & 0 & 1 \\ 1 & -1 & 1 \\ 1 & 1 & 2 \end{pmatrix}$,

由 $\boldsymbol{AX}=\boldsymbol{B}+2\boldsymbol{X}$，可转换为

$$\left(\begin{array}{ccc|ccc} 1 & 0 & 1 & 1 & 0 & 0 \\ 1 & -1 & 1 & 0 & 1 & 0 \\ 1 & 1 & 2 & 0 & 0 & 1 \end{array}\right) \longrightarrow \left(\begin{array}{ccc|ccc} 1 & 0 & 1 & 1 & 0 & 0 \\ 0 & 1 & 0 & 1 & -1 & 0 \\ 0 & 1 & 1 & -1 & 0 & 1 \end{array}\right)$$

$$\longrightarrow \left(\begin{array}{ccc|ccc} 1 & 0 & 1 & 1 & 0 & 0 \\ 0 & 1 & 0 & 1 & -1 & 0 \\ 0 & 0 & 1 & -2 & 1 & 1 \end{array}\right) \longrightarrow \left(\begin{array}{ccc|ccc} 1 & 0 & 0 & 3 & -1 & -1 \\ 0 & 1 & 0 & 1 & -1 & 0 \\ 0 & 0 & 1 & -2 & 1 & 1 \end{array}\right),$$

则 $\boldsymbol{X}=(\boldsymbol{A}-2\boldsymbol{E})^{-1}\boldsymbol{B}=\begin{pmatrix} 3 & -1 & -1 \\ 1 & -1 & 0 \\ -2 & 1 & 1 \end{pmatrix}\begin{pmatrix} 2 & 1 & 3 \\ 0 & 1 & 2 \\ 1 & 0 & 3 \end{pmatrix}=\begin{pmatrix} 5 & 2 & 4 \\ 2 & 0 & 1 \\ -3 & -1 & -1 \end{pmatrix}$;

(方法二)：由题意有 $\boldsymbol{X}=(\boldsymbol{A}-2\boldsymbol{E})^{-1}\boldsymbol{B}$，则 $(\boldsymbol{A}-2\boldsymbol{E} \mid \boldsymbol{B}) \xrightarrow{\text{行变换}}$ $\begin{pmatrix} 1 & 0 & 0 & 5 & 2 & 4 \\ 0 & 1 & 0 & 2 & 0 & 1 \\ 0 & 0 & 1 & -3 & -1 & -1 \end{pmatrix}$，故 $\boldsymbol{X}=\begin{pmatrix} 5 & 2 & 4 \\ 2 & 0 & 1 \\ -3 & -1 & -1 \end{pmatrix}$;

(4) $\boldsymbol{AX}(\boldsymbol{A}-\boldsymbol{B})+\boldsymbol{BX}(\boldsymbol{B}-\boldsymbol{A})=\boldsymbol{E}$,

因为 $\boldsymbol{AX}(\boldsymbol{A}-\boldsymbol{B})-\boldsymbol{BX}(\boldsymbol{A}-\boldsymbol{B})=\boldsymbol{E}$,

所以 $(\boldsymbol{A}-\boldsymbol{B})\boldsymbol{X}(\boldsymbol{A}-\boldsymbol{B})=\boldsymbol{E}$,

又因为 $\boldsymbol{A}-\boldsymbol{B}=\begin{pmatrix} 1 & -1 & -1 \\ 0 & 1 & -1 \\ 0 & 0 & 1 \end{pmatrix}$ 可逆，则 $\boldsymbol{X}=((\boldsymbol{A}-\boldsymbol{B})^{-1})^2$;

下面求 $(\boldsymbol{A}-\boldsymbol{B})^{-1}$：

$$\left(\begin{array}{ccc:ccc}1 & -1 & -1 & 1 & 0 & 0\\0 & 1 & -1 & 0 & 1 & 0\\0 & 0 & 1 & 0 & 0 & 1\end{array}\right)\xrightarrow{\text{行变换}}\left(\begin{array}{ccc:ccc}1 & -1 & 0 & 1 & 0 & 1\\0 & 1 & 0 & 0 & 1 & 1\\0 & 0 & 1 & 0 & 0 & 1\end{array}\right)$$

$$\xrightarrow{\text{行变换}}\left(\begin{array}{ccc:ccc}1 & 0 & 0 & 1 & 1 & 2\\0 & 1 & 0 & 0 & 1 & 1\\0 & 0 & 1 & 0 & 0 & 1\end{array}\right)，\text{则 }(\boldsymbol{A}-\boldsymbol{B})^{-1}=\begin{pmatrix}1 & 1 & 2\\0 & 1 & 1\\0 & 0 & 1\end{pmatrix},$$

故 $\boldsymbol{X}=(\boldsymbol{A}-\boldsymbol{B})^{-1}(\boldsymbol{A}-\boldsymbol{B})^{-1}$

$$=\begin{pmatrix}1 & 1 & 2\\0 & 1 & 1\\0 & 0 & 1\end{pmatrix}\begin{pmatrix}1 & 1 & 2\\0 & 1 & 1\\0 & 0 & 1\end{pmatrix}=\begin{pmatrix}1 & 2 & 5\\0 & 1 & 2\\0 & 0 & 1\end{pmatrix}.$$

52. 设 $\boldsymbol{A}$ 为 n 阶可逆矩阵，$\boldsymbol{\alpha}$ 为 $n\times 1$ 的列矩阵，b 为常数，令分块矩阵

$$\boldsymbol{P}=\begin{pmatrix}\boldsymbol{E}_n & \boldsymbol{O}\\-\boldsymbol{\alpha}^{\mathrm{T}}\boldsymbol{A}^{*} & |\boldsymbol{A}|\end{pmatrix},\ \boldsymbol{Q}=\begin{pmatrix}\boldsymbol{A} & \boldsymbol{\alpha}\\\boldsymbol{\alpha}^{\mathrm{T}} & b\end{pmatrix}.$$

（1）计算并化简 $\boldsymbol{PQ}$；

（2）试证明矩阵 $\boldsymbol{Q}$ 可逆的充分必要条件是 $\boldsymbol{\alpha}^{\mathrm{T}}\boldsymbol{A}^{-1}\boldsymbol{\alpha}\neq b$.

（1）**解：** $\boldsymbol{PQ}=\begin{pmatrix}\boldsymbol{E}_n & \boldsymbol{O}\\-\boldsymbol{\alpha}^{\mathrm{T}}\boldsymbol{A}^{*} & |\boldsymbol{A}|\end{pmatrix}\begin{pmatrix}\boldsymbol{A} & \boldsymbol{\alpha}\\\boldsymbol{\alpha}^{\mathrm{T}} & b\end{pmatrix}$

$$=\begin{pmatrix}\boldsymbol{A} & \boldsymbol{\alpha}\\-\boldsymbol{\alpha}^{\mathrm{T}}\boldsymbol{A}^{*}\boldsymbol{A}+|\boldsymbol{A}|\boldsymbol{\alpha}^{\mathrm{T}} & -\boldsymbol{\alpha}^{\mathrm{T}}\boldsymbol{A}^{*}\boldsymbol{\alpha}+|\boldsymbol{A}|b\end{pmatrix}$$

$$=\begin{pmatrix}\boldsymbol{A} & \boldsymbol{\alpha}\\0 & |\boldsymbol{A}|(b-\boldsymbol{\alpha}^{\mathrm{T}}\boldsymbol{A}^{-1}\boldsymbol{\alpha})\end{pmatrix}.$$

（2）**证明：** 因为 $|\boldsymbol{P}|=|\boldsymbol{A}|\neq 0$，则 $\boldsymbol{P}$ 可逆，从而 $\boldsymbol{Q}$ 可逆 $\overset{\boldsymbol{P}\text{可逆}}{\Longleftrightarrow}\boldsymbol{PQ}$ 可逆 $\Leftrightarrow$ $|\boldsymbol{PQ}|\neq 0\Leftrightarrow|\boldsymbol{A}|^2(b-\boldsymbol{\alpha}^{\mathrm{T}}\boldsymbol{A}^{-1}\boldsymbol{\alpha})\neq 0\Leftrightarrow\boldsymbol{\alpha}^{\mathrm{T}}\boldsymbol{A}^{-1}\boldsymbol{\alpha}\neq b$.

（二）

53. 设 $\boldsymbol{A}$ 为 n 阶非零的对称矩阵，试证明：存在 $n\times 1$ 矩阵 $\boldsymbol{\alpha}$，使得 $\boldsymbol{\alpha}^{\mathrm{T}}\boldsymbol{A}\boldsymbol{\alpha}\neq 0$.

证明：（方法一）：（反证）假设对任意 $n\times 1$ 矩阵，使 $\boldsymbol{\alpha}^{\mathrm{T}}\boldsymbol{A}\boldsymbol{\alpha}=0$，

因为 $\boldsymbol{A}$ 非零，由本章第13题的结果知，

$\boldsymbol{A}$ 为 n 阶反对称矩阵，这与题设矛盾.

所以存在 $n\times 1$ 矩阵 $\boldsymbol{\alpha}$，使 $\boldsymbol{\alpha}^{\mathrm{T}}\boldsymbol{A}\boldsymbol{\alpha}\neq 0$.

（方法二）：设 $\boldsymbol{A}=(a_{ij})_{n\times n}$.

因为 $\boldsymbol{A}\neq 0$，如果对任意的 $1\leqslant i\leqslant n$，都有 $a_{ii}\neq 0$，此时取 $\boldsymbol{\alpha}=(0,0,\cdots,\underset{i}{1},0,\cdots,0)^{\mathrm{T}}$，有 $\boldsymbol{\alpha}^{\mathrm{T}}\boldsymbol{A}\boldsymbol{\alpha}=a_{ii}\neq 0$；如果对任意的 $1\leqslant i\leqslant n$，都有 $a_{ii}=0$，则必有$1\leqslant i,j\leqslant n$，$i\neq j$，$a_{ij}\neq 0$. 此时取 $\boldsymbol{\alpha}=(0,\cdots,\underset{i}{1},\cdots,\underset{j}{1},0,\cdots,0)^{\mathrm{T}}$，有 $\boldsymbol{\alpha}^{\mathrm{T}}\boldsymbol{A}\boldsymbol{\alpha}=a_{ii}+a_{jj}+a_{ij}+a_{ji}=2a_{ij}\neq 0$，故结论成立.

54. 计算下列行列式：

(1) $\begin{vmatrix} 1 & 2 & 2 & \cdots & 2 \\ 2 & 2 & 2 & \cdots & 2 \\ 2 & 2 & 3 & \cdots & 2 \\ \vdots & \vdots & \vdots & & \vdots \\ 2 & 2 & 2 & \cdots & n \end{vmatrix}$；

(2) $\begin{vmatrix} 1 & 2 & 3 & \cdots & n \\ -1 & 0 & 3 & \cdots & n \\ -1 & -2 & 0 & \cdots & n \\ \vdots & \vdots & \vdots & & \vdots \\ -1 & -2 & -3 & \cdots & 0 \end{vmatrix}$；

(3) $\begin{vmatrix} x & y & 0 & \cdots & 0 & 0 \\ 0 & x & y & \cdots & 0 & 0 \\ \vdots & \vdots & \vdots & & \vdots & \vdots \\ 0 & 0 & 0 & \cdots & x & y \\ y & 0 & 0 & \cdots & 0 & x \end{vmatrix}$；

(4) $\begin{vmatrix} 1+x & 2 & \cdots & n-1 & n \\ 1 & 2+x & \cdots & n-1 & n \\ \vdots & \vdots & & \vdots & \vdots \\ 1 & 2 & \cdots & (n-1)+x & n \\ 1 & 2 & \cdots & n-1 & n+x \end{vmatrix}$.

解：(1) $\begin{vmatrix} 1 & 2 & 2 & \cdots & 2 \\ 2 & 2 & 2 & \cdots & 2 \\ 2 & 2 & 3 & \cdots & 2 \\ \vdots & \vdots & \vdots & & \vdots \\ 2 & 2 & 2 & \cdots & n \end{vmatrix} \xlongequal[i=2,\cdots,n]{r_i+(-1)r_1} \begin{vmatrix} 1 & 2 & 2 & \cdots & 2 \\ 1 & 0 & 0 & \cdots & 0 \\ 1 & 0 & 1 & \cdots & 0 \\ \vdots & \vdots & \vdots & & \vdots \\ 1 & 0 & 0 & \cdots & n-2 \end{vmatrix}$

$\xlongequal{\text{按第 2 行展开}} - \begin{vmatrix} 2 & 2 & \cdots & 2 \\ 0 & 1 & \cdots & 0 \\ \vdots & \vdots & & \vdots \\ 0 & 0 & \cdots & n-2 \end{vmatrix} = -2(n-2)!$；

(2) $\begin{vmatrix} 1 & 2 & 3 & \cdots & n \\ -1 & 0 & 3 & \cdots & n \\ -1 & -2 & 0 & \cdots & n \\ \vdots & \vdots & \vdots & & \vdots \\ -1 & -2 & -3 & \cdots & 0 \end{vmatrix} \xlongequal[\substack{\text{第 } i \text{ 行} \\ i=2,\cdots,n}]{\text{第 1 行加到}} \begin{vmatrix} 1 & 2 & 3 & \cdots & n \\ 0 & 2 & 6 & \cdots & 2n \\ 0 & 0 & 3 & \cdots & 2n \\ \vdots & \vdots & \vdots & & \vdots \\ 0 & 0 & 0 & \cdots & n \end{vmatrix} =$

$n!$；

(3) $\begin{vmatrix} x & y & 0 & \cdots & 0 & 0 \\ 0 & x & y & \cdots & 0 & 0 \\ \vdots & \vdots & \vdots & & \vdots & \vdots \\ 0 & 0 & 0 & \cdots & x & y \\ y & 0 & 0 & \cdots & 0 & x \end{vmatrix} \xlongequal{\text{按第 1 列展开}}$

$x(-1)^{1+1}x^{n-1} + y(-1)^{n+1}y^{n-1} = x^n + (-1)^{n+1}y^n$；

(4) $\begin{vmatrix} 1+x & 2 & \cdots & n-1 & n \\ 1 & 2+x & \cdots & n-1 & n \\ \vdots & \vdots & & \vdots & \vdots \\ 1 & 2 & \cdots & (n-1)+x & n \\ 1 & 2 & \cdots & n-1 & n+x \end{vmatrix} \xlongequal[i=2,\cdots,n]{r_i+(-1)r_1}$

$\begin{vmatrix} 1+x & 2 & \cdots & n-1 & n \\ -x & x & \cdots & 0 & 0 \\ \vdots & \vdots & & \vdots & \vdots \\ -x & 0 & \cdots & x & 0 \\ -x & 0 & \cdots & 0 & x \end{vmatrix} \xlongequal[i=2,\cdots,n]{c_1+c_i}$

$$\begin{vmatrix} (1+x)+2+\cdots n & 2 & \cdots & n-1 & n \\ 0 & x & \cdots & 0 & 0 \\ \vdots & \vdots & & \vdots & \vdots \\ 0 & 0 & \cdots & x & 0 \\ 0 & 0 & \cdots & 0 & x \end{vmatrix} = \left[x + \frac{n(n+1)}{2}\right]x^{n-1}.$$

55. 证明以下各等式:

(1) $$\begin{vmatrix} a_1 & -1 & 0 & \cdots & 0 & 0 \\ a_2 & x & -1 & \cdots & 0 & 0 \\ a_3 & 0 & x & \cdots & 0 & 0 \\ \vdots & \vdots & \vdots & & \vdots & \vdots \\ a_{n-1} & 0 & 0 & \cdots & x & -1 \\ a_n & 0 & 0 & \cdots & 0 & x \end{vmatrix} = \sum_{i=1}^{n} a_i x^{n-i};$$

(2) $$\begin{vmatrix} \cos x & 1 & 0 & \cdots & 0 & 0 \\ 1 & 2\cos x & 1 & \cdots & 0 & 0 \\ 0 & 1 & 2\cos x & \cdots & 0 & 0 \\ \vdots & \vdots & \vdots & & \vdots & \vdots \\ 0 & 0 & 0 & \cdots & 2\cos x & 1 \\ 0 & 0 & 0 & \cdots & 1 & 2\cos x \end{vmatrix} = \cos nx;$$

(3) $$\begin{vmatrix} a^n & (a+1)^n & \cdots & (a+n)^n \\ a^{n-1} & (a+1)^{n-1} & \cdots & (a+n)^{n-1} \\ \vdots & \vdots & & \vdots \\ a & a+1 & \cdots & a+n \\ 1 & 1 & \cdots & 1 \end{vmatrix} = (-1)^{\frac{n(n+1)}{2}} 1!2!3!\cdots n!;$$

(4) $$\begin{vmatrix} -a_1 & a_1 & 0 & \cdots & 0 & 0 \\ 0 & -a_2 & a_2 & \cdots & 0 & 0 \\ \vdots & \vdots & \vdots & & \vdots & \vdots \\ 0 & 0 & 0 & \cdots & -a_n & a_n \\ 1 & 1 & 1 & \cdots & 1 & 1 \end{vmatrix} = (-1)^n (n+1) a_1 a_2 \cdots a_n,$$

其中，$a_i \neq 0 (i = 1, 2, \cdots, n)$.

证明：（1）当 $n = 1$ 时，左边 $D_1 = a_1 = a_1 x^{1-1} =$ 右边. 假设阶数为 $n-1$ 时成立，即 $D_{n-1} = \sum_{i=1}^{n-1} a_i x^{n-1-i}$.

当阶数为 n 时，把 D_n 按 n 行展开，有 $D_n = a_n(-1)^{n+1}(-1)^{n-1} + x(-1)^{n+n} D_{n-1} = a_n + x\sum_{i=1}^{n-1} a_i x^{n-1-i} = a_n + \sum_{i=1}^{n-1} a_i x^{n-i} = \sum_{i=1}^{n} a_i x^{n-i}$,

故结论成立.

（2）以最后一列展开，记行列式为 D_n.

$$D_n = 2\cos x D_{n-1} - \begin{vmatrix} \cos x & 1 & 0 & \cdots & 0 \\ 1 & 2\cos x & 1 & \cdots & 0 \\ \vdots & \vdots & \vdots & & \vdots \\ 0 & 0 & 0 & \cdots & 1 \end{vmatrix} = 2\cos x D_{n-1} - D_{n-2},$$

利用数学归纳法知，

$$\begin{aligned} D_n &= 2\cos x\cos(n-1)x - \cos(n-2)x \\ &= 2\cos x\cos(n-1)x - \cos(n-1)x\cos x - \sin(n-1)x\sin x \\ &= \cos[(n-1)x + x] = \cos nx, \end{aligned}$$

故结论成立.

（3）把第 1 行逐行交换到第 $n+1$ 行，然后把新的第 1 行逐行交换到第 n 行. 如此下去，有左边

$$D_{n+1} = (-1)^n(-1)^{n-1}\cdots(-1)^1 \begin{vmatrix} 1 & 1 & \cdots & 1 \\ a & a+1 & \cdots & a+n \\ \vdots & \vdots & & \vdots \\ a^{n-1} & (a+1)^{n-1} & \cdots & (a+n)^{n-1} \\ a^n & (a+1)^n & \cdots & (a+n)^n \end{vmatrix},$$

此为范德蒙德行列式.

所以 $D_{n+1}=(-1)^{\frac{n(n+1)}{2}}\prod_{0\leqslant j<i\leqslant n}[a+i-(a+j)]$

$=(-1)^{\frac{n(n+1)}{2}}\prod_{0\leqslant j<i\leqslant n}(i-j)=(-1)^{\frac{n(n-1)}{2}}1!2!\cdots n!=$ 右边. 故结论成立.

(4) 依次用第 i 列加至第 $i+1$ 列, $i=1,2,\cdots,n-1$,

$$\text{左边 } D_{n+1}=\begin{vmatrix} -a_1 & 0 & 0 & \cdots & 0 & 0 \\ 0 & -a_2 & 0 & \cdots & 0 & 0 \\ \vdots & \vdots & \vdots & & \vdots & \vdots \\ 0 & 0 & 0 & \cdots & -a_n & 0 \\ 1 & 2 & 3 & \cdots & n & n+1 \end{vmatrix}$$

$=(-1)^n(n+1)a_1a_2\cdots a_n=$ 右边,

故结论成立.

56. 利用矩阵的分块技巧,求以下矩阵的逆矩阵:

(1) $\begin{pmatrix} 0 & a_2 & 0 & \cdots & 0 & 0 \\ 0 & 0 & a_3 & \cdots & 0 & 0 \\ \vdots & \vdots & \vdots & & \vdots & \vdots \\ 0 & 0 & 0 & \cdots & a_{n-1} & 0 \\ 0 & 0 & 0 & \cdots & 0 & a_n \\ a_1 & 0 & 0 & \cdots & 0 & 0 \end{pmatrix}$, 其中 $a_1, a_2, \cdots, a_n$ 为非零常数;

(2) $\begin{pmatrix} \boldsymbol{O} & \boldsymbol{A}_1 \\ \boldsymbol{A}_2 & \boldsymbol{O} \end{pmatrix}$,其中

$$\boldsymbol{A}_1=\begin{pmatrix} & & & a_1 \\ & & a_2 & \\ & \iddots & & \\ a_n & & & \end{pmatrix}, \boldsymbol{A}_2=\begin{pmatrix} a_{n+1} & & & \\ & a_{n+2} & & \\ & & \ddots & \\ & & & a_{2n} \end{pmatrix},$$

$a_1, a_2, \cdots, a_{2n}$ 为非零常数.

解：(1) $\left(\begin{array}{c:ccccc} 0 & a_2 & 0 & \cdots & 0 & 0 \\ 0 & 0 & a_3 & \cdots & 0 & 0 \\ \vdots & \vdots & \vdots & & \vdots & \vdots \\ 0 & 0 & 0 & \cdots & a_{n-1} & 0 \\ 0 & 0 & 0 & \cdots & 0 & a_n \\ \hdashline a_1 & 0 & 0 & \cdots & 0 & 0 \end{array}\right) = \begin{pmatrix} \boldsymbol{O}_{(n-1)\times 1} & \boldsymbol{A}_{(n-1)\times(n-1)} \\ a_1 & \boldsymbol{O}_{1\times(n-1)} \end{pmatrix}$.

因为 a_1, a_2, $\cdots$, a_n 为非零常数,

则逆矩阵为 $\begin{pmatrix} \boldsymbol{O}_{1\times(n-1)} & \dfrac{1}{a_1} \\ A^{-1} & \boldsymbol{O}_{(n-1)\times 1} \end{pmatrix} = \begin{pmatrix} 0 & 0 & \cdots & 0 & 0 & \dfrac{1}{a_1} \\ \dfrac{1}{a_2} & 0 & \cdots & 0 & 0 & 0 \\ 0 & \dfrac{1}{a_3} & \cdots & 0 & 0 & 0 \\ \vdots & \vdots & & \vdots & \vdots & \vdots \\ 0 & 0 & \cdots & \dfrac{1}{a_{n-1}} & 0 & 0 \\ 0 & 0 & \cdots & 0 & \dfrac{1}{a_n} & 0 \end{pmatrix}$.

(2) $\begin{pmatrix} \boldsymbol{O} & \boldsymbol{A}_1 \\ \boldsymbol{A}_2 & \boldsymbol{O} \end{pmatrix}^{-1} = \begin{pmatrix} \boldsymbol{O} & \boldsymbol{A}_2^{-1} \\ \boldsymbol{A}_1^{-1} & \boldsymbol{O} \end{pmatrix}$,

其中 $\boldsymbol{A}_1^{-1} = \begin{pmatrix} & & & \dfrac{1}{a_n} \\ & & \iddots & \\ & \dfrac{1}{a_2} & & \\ \dfrac{1}{a_1} & & & \end{pmatrix}$, $\boldsymbol{A}_2^{-1} = \begin{pmatrix} \dfrac{1}{a_{n+1}} & & \\ & \ddots & \\ & & \dfrac{1}{a_{2n}} \end{pmatrix}$.

57. 设 $\boldsymbol{A}$ 为可逆矩阵,$\boldsymbol{X}$, $\boldsymbol{Y}$ 为 $n\times 1$ 矩阵,且 $\boldsymbol{Y}^{\mathrm{T}}\boldsymbol{A}^{-1}\boldsymbol{X} \neq -1$, 试证明:$\boldsymbol{A} + \boldsymbol{X}\boldsymbol{Y}^{\mathrm{T}}$ 可逆,且

$$(A+XY^{\mathrm{T}})^{-1}=A^{-1}-\frac{A^{-1}XY^{\mathrm{T}}A^{-1}}{1+Y^{\mathrm{T}}A^{-1}X}.$$

证明：因为 $(A+XY^{\mathrm{T}})\left(A^{-1}-\dfrac{A^{-1}XY^{\mathrm{T}}A^{-1}}{1+Y^{\mathrm{T}}A^{-1}X}\right)$

$$=E-\frac{XY^{\mathrm{T}}A^{-1}}{1+Y^{\mathrm{T}}A^{-1}X}+XY^{\mathrm{T}}A^{-1}-\frac{XY^{\mathrm{T}}A^{-1}XY^{\mathrm{T}}A^{-1}}{1+Y^{\mathrm{T}}A^{-1}X}$$

$$=E-\frac{XY^{\mathrm{T}}A^{-1}+XY^{\mathrm{T}}A^{-1}XY^{\mathrm{T}}A^{-1}}{1+Y^{\mathrm{T}}A^{-1}X}+XY^{\mathrm{T}}A^{-1}$$

$$=E-\frac{(1+Y^{\mathrm{T}}A^{-1}X)XY^{\mathrm{T}}A^{-1}}{1+Y^{\mathrm{T}}A^{-1}X}+XY^{\mathrm{T}}A^{-1}$$

$$=E-XY^{\mathrm{T}}A^{-1}+XY^{T}A^{-1}=E,$$

则 $A+XY^{\mathrm{T}}$ 可逆且 $(A+XY^{\mathrm{T}})^{-1}=A^{-1}-\dfrac{A^{-1}XY^{\mathrm{T}}A^{-1}}{1+Y^{\mathrm{T}}A^{-1}X}$.

58. 设 A 和 B 为 n 阶可逆矩阵,试证明:$(AB)^{*}=B^{*}A^{*}$.

证明：$(AB)^{*}=|AB|\cdot(AB)^{-1}=|A|\cdot|B|B^{-1}A^{-1}=|B|B^{-1}|A|A^{-1}=B^{*}A^{*}$.

59. 设 A 和 B 为 n 阶可逆矩阵,试证明:

(1) $(-A)^{*}=(-1)^{n-1}A^{*}$;

(2) $(A^{\mathrm{T}})^{*}=(A^{*})^{\mathrm{T}}$.

证明：(方法一):

(1) $(-A)(-A)^{*}=|-A|E_{n}=(-1)^{n}|A|\cdot E_{n}$,

$$A(-A)^{*}=(-1)^{n-1}|A|E_{n},$$

又因为 $AA^{*}=|A|E_{n}$, $A(-A)^{*}=(-1)^{n-1}AA^{*}$.

当 A 可逆,则 $(-A)^{*}=(-1)^{n-1}A^{*}$;

(2) $A^{\mathrm{T}}(A^{\mathrm{T}})^{*}=|A^{\mathrm{T}}|E_{n}=|A|\cdot E_{n}$,

$$A^{*}A=|A|E_{n},$$

取转置,则有

$$A^{T}(A^{*})^{T}=|A|E_{n},$$

又因为$A^{T}(A^{T})^{*}=A^{T}(A^{*})^{T}$,

当A可逆,则有$(A^{T})^{*}=(A^{*})^{T}$.

(方法二):由矩阵运算及其性质,有

(1) 左边:$(-A)^{*}=|-A|(-A)^{-1}=(-1)^{n}|A|\frac{1}{-1}A^{-1}=(-1)^{n-1}|A|A^{-1}=(-1)^{n-1}A^{*}=$右边,

故结论成立;

(2) 左边:$(A^{T})^{*}=|A^{T}|(A^{T})^{-1}=|A|(A^{-1})^{T}=(|A|A^{-1})^{T}=(A^{*})^{T}=$右边,

故结论成立.

60. 设n阶方阵A和B满足$A+B=AB$. 试证明:$AB=BA$,且$A=B(B-E)^{-1}$.

证明: 由$A+B=AB$知$(A-E)(B-E)=E$,

从而$(B-E)(A-E)=E$,则

$$BA=A+B=AB,$$

又因为$A(B-E)=B$,

则$A=B(B-E)^{-1}$.

61. 设A,B为n阶可逆矩阵且$E+BA^{-1}$可逆. 试证明:$E+A^{-1}B$也可逆,并给出$(E+A^{-1}B)^{-1}$的表达式.

证明: 由$E+A^{-1}B=B^{-1}B+A^{-1}B=B^{-1}(E+BA^{-1})B$,

又因为B, $E+BA^{-1}$可逆,则$E+A^{-1}B$可逆,

且$(E+A^{-1}B)^{-1}=B^{-1}(E+BA^{-1})^{-1}B$.

62. 设A,B为n阶方阵,B与$A-E$都可逆且$(A-E)^{-1}=(B-E)^{T}$. 试证明:A可逆.

证明: 因为$(A-E)^{-1}=(B-E)^{T}$,则

$$(\boldsymbol{A}-\boldsymbol{E})(\boldsymbol{B}^{\mathrm{T}}-\boldsymbol{E})=\boldsymbol{E}, \text{即} \boldsymbol{AB}^{T}-\boldsymbol{A}-\boldsymbol{B}^{T}=0,$$

得 $\boldsymbol{A}=(\boldsymbol{A}-\boldsymbol{E})\boldsymbol{B}^{\mathrm{T}}$,

又因为 $\boldsymbol{A}-\boldsymbol{E}$, $\boldsymbol{B}$ 可逆,则 $\boldsymbol{A}$ 可逆.

63. 设 $\boldsymbol{A}$ 为 n 阶方阵, $|\boldsymbol{E}-\boldsymbol{A}|\neq 0$, 试证明: $(\boldsymbol{E}+\boldsymbol{A})(\boldsymbol{E}-\boldsymbol{A})^{*}=(\boldsymbol{E}-\boldsymbol{A})^{*}(\boldsymbol{E}+\boldsymbol{A})$.

证明: 因为 $|\boldsymbol{E}-\boldsymbol{A}|\neq 0$,

所以要证 $(\boldsymbol{E}+\boldsymbol{A})(\boldsymbol{E}-\boldsymbol{A})^{*}=(\boldsymbol{E}-\boldsymbol{A})^{*}(\boldsymbol{E}+\boldsymbol{A})$, 即证 $(\boldsymbol{E}+\boldsymbol{A})(\boldsymbol{E}-\boldsymbol{A})^{-1}=(\boldsymbol{E}-\boldsymbol{A})^{-1}(\boldsymbol{E}+\boldsymbol{A})$,

即证 $(\boldsymbol{E}-\boldsymbol{A})(\boldsymbol{E}+\boldsymbol{A})=(\boldsymbol{E}+\boldsymbol{A})(\boldsymbol{E}-\boldsymbol{A})$,

最后一个等式显然成立,

则 $(\boldsymbol{E}+\boldsymbol{A})(\boldsymbol{E}-\boldsymbol{A})^{*}=(\boldsymbol{E}-\boldsymbol{A})^{*}(\boldsymbol{E}+\boldsymbol{A})$.

64. 设 $\boldsymbol{A}=(a_{ij})_{n\times n}$ 为上(或下)三角矩阵. 试证明:

(1) $\boldsymbol{A}$ 可逆的充分必要条件为 $a_{ii}\neq 0$, $i=1, 2, \cdots, n$;

(2) 若 $\boldsymbol{A}$ 可逆,则 $\boldsymbol{A}^{-1}$ 仍为上(或下)三角矩阵;

(3) 若 $\boldsymbol{A}$ 可逆,记 $\boldsymbol{A}^{-1}=(b_{ij})_{n\times n}$,则 $a_{ii}b_{ii}=1$, $i=1, 2, \cdots, n$.

证明: 因为 $\boldsymbol{A}$ 为上(下)三角矩阵,所以 $|\boldsymbol{A}|=\prod_{i=1}^{n}a_{ii}$.

(1) $\boldsymbol{A}$ 可逆 $\Leftrightarrow |\boldsymbol{A}|=\prod_{1\leqslant i\leqslant n}a_{ii}\neq 0 \Leftrightarrow a_{ii}\neq 0$, $i=1, 2, \cdots, n$.

(2)(方法一): $\left(\begin{array}{ccc|ccc} a_{11} & \cdots & a_{1n} & 1 & & \\ & \ddots & \vdots & & \ddots & \\ & & a_{nn} & & & 1 \end{array}\right)$

$$\longrightarrow \left(\begin{array}{cccc|ccc} a_{11} & \cdots & a_{1,n-1} & 0 & 1 & \cdots & -\dfrac{a_{1n}}{a_{nn}} \\ & \ddots & \vdots & \vdots & & \ddots & \\ & & a_{n-1,n-1} & 0 & & & -\dfrac{a_{n-1,n}}{a_{nn}} \\ & & & a_{nn} & & & 1 \end{array}\right).$$

依次再做其他步骤,即得 $A^{-1}=\begin{pmatrix}\frac{1}{a_{11}} & & * \\ & \ddots & \\ 0 & & \frac{1}{a_{nn}}\end{pmatrix}$.

(方法二):设 $A^{-1}=B=(b_{ij})_n$,则有 $AA^{-1}=AB=E$,即 $AB^{(i)}=\varepsilon_i$,其中 $B^{(i)}$ 为 B 的第 i 列,$\varepsilon_i=(0,\cdots,\underset{i}{1},0,\cdots,0)^{\mathrm{T}}$,由克莱姆法则,有

$$b_{11}=\frac{D_1}{|A|}=\frac{\prod_{i=2}^{n}a_{ii}}{\prod_{i=1}^{n}a_{ii}}=\frac{1}{a_{11}},\ b_{k1}=\frac{D_k}{|A|}=\frac{0}{\prod_{i=1}^{n}a_{ii}}=0,\ 2\leqslant k\leqslant n.$$

其中,D_k 为$|A|$中第 k 列换成 $\varepsilon_1=(1,0,\cdots,0)^{\mathrm{T}}$. 同理,由解方程组的克莱姆法则,有

$$b_{22}=\frac{1}{a_{22}},\ b_{k2}=0,\ 3\leqslant k\leqslant n\leqslant\cdots\leqslant b_{nn}=\frac{1}{a_{nn}}.$$

则 B 为上三角矩阵. 故上三角 A 的逆矩阵仍为上三角,同理可得下三角的逆矩阵仍为下三角.

(方法三):对 A 的阶数作归纳证明. 留给同学们自行完成.

(3) 设 $AA^{-1}=(c_{ij})_{n\times n}$,由矩阵乘法有

$$c_{ii}=\sum_{k=1}^{n}a_{ik}b_{ki}=\sum_{k=i}^{n}a_{ik}b_{ki}.$$

由(2)知,$c_{ii}=a_{ii}b_{ii}=1$,$i=1,2,\cdots,n$.

65. 试证明线性方程组

$$\begin{cases}a_{11}x_1+a_{12}x_2+\cdots+a_{1n}x_n=b_1\\ a_{21}x_1+a_{22}x_2+\cdots+a_{2n}x_n=b_2\\ \qquad\qquad\vdots\\ a_{n1}x_1+a_{n2}x_2+\cdots+a_{nn}x_n=b_n\end{cases},$$

对任意不全为零的 $b_1, b_2, \cdots, b_n$ 都有解的充分必要条件是系数行列式

$$D=\begin{vmatrix} a_{11} & a_{12} & \cdots & a_{1n} \\ a_{21} & a_{22} & \cdots & a_{2n} \\ \vdots & \vdots & & \vdots \\ a_{n1} & a_{n2} & \cdots & a_{nn} \end{vmatrix} \neq 0.$$

证明: 充分性: 由 $D \neq 0$,得 $r(\boldsymbol{A}) = r(\boldsymbol{A} \vdots \boldsymbol{b}) = n$. 故

$$\begin{cases} a_{11}x_1 + a_{12}x_2 + \cdots + a_{1n}x_n = b_1 \\ a_{21}x_1 + a_{22}x_2 + \cdots + a_{2n}x_n = b_2 \\ \qquad\qquad \vdots \\ a_{n1}x_1 + a_{n2}x_2 + \cdots + a_{nn}x_n = b_n \end{cases},$$

对任意不全为零的 $b_1, \cdots, b_n$ 都有解.

必要性: 方程组写为矩阵形式 $\boldsymbol{AX} = \boldsymbol{b}$, 其中 $\boldsymbol{A} = (a_{ij})_{n\times n}$, $\boldsymbol{X} = (x_1, \cdots, x_n)^{\mathrm{T}}$, $\boldsymbol{b} = (b_1, \cdots, b_n)^{\mathrm{T}}$.

因为任意 $\boldsymbol{b} \neq \boldsymbol{0}$, $\boldsymbol{AX} = \boldsymbol{b}$ 都有解,

所以取 $\boldsymbol{b}$ 分别为 $\boldsymbol{\varepsilon}_1, \cdots, \boldsymbol{\varepsilon}_n$,其中, $\boldsymbol{\varepsilon}_i = (0, \cdots, \underset{i}{1}, 0, \cdots, 0)^{\mathrm{T}}$, 有 $\boldsymbol{AX} = \boldsymbol{\varepsilon}_i$ 有解, $i = 1, \cdots, n$. 有 $\boldsymbol{AB} = \boldsymbol{E}$,

故 $D = |\boldsymbol{A}| \neq 0$.

66. 试求一元三次多项式 $f(x) = a_3x^3 + a_2x^2 + a_1x + a_0$, 使得

$$f(-1) = 0, f(1) = 4, f(2) = 3, f(3) = 16.$$

解: 由题意有

$$\begin{cases} a_0 - a_1 + a_2 - a_3 = 0 \\ a_0 + a_1 + a_2 + a_3 = 4 \\ a_0 + 2a_1 + 4a_2 + 8a_3 = 3 \\ a_0 + 3a_1 + 9a_2 + 27a_3 = 16 \end{cases}$$

, 解此方程组, 有

$$\begin{pmatrix} 1 & -1 & 1 & -1 & 0 \\ 1 & 1 & 1 & 1 & 4 \\ 1 & 2 & 4 & 8 & 3 \\ 1 & 3 & 9 & 27 & 16 \end{pmatrix} \xrightarrow{\text{行变换}} \begin{pmatrix} 1 & -1 & 1 & -1 & 0 \\ 0 & 2 & 0 & 2 & 4 \\ 0 & 3 & 3 & 9 & 3 \\ 0 & 4 & 8 & 28 & 16 \end{pmatrix}$$

$$\xrightarrow{\text{行变换}} \begin{pmatrix} 1 & -1 & 1 & -1 & 0 \\ 0 & 1 & 0 & 1 & 2 \\ 0 & 1 & 1 & 3 & 1 \\ 0 & 1 & 2 & 7 & 4 \end{pmatrix} \xrightarrow{\text{行变换}} \begin{pmatrix} 1 & -1 & 1 & -1 & 0 \\ 0 & 1 & 0 & 1 & 2 \\ 0 & 0 & 1 & 2 & -1 \\ 0 & 0 & 2 & 6 & 2 \end{pmatrix}$$

$$\xrightarrow{\text{行变换}} \begin{pmatrix} 1 & 0 & 0 & 0 & 7 \\ 0 & 1 & 0 & 0 & 0 \\ 0 & 0 & 1 & 0 & -5 \\ 0 & 0 & 0 & 1 & 2 \end{pmatrix},$$

则有 $a_0 = 7$, $a_1 = 0$, $a_2 = -5$, $a_3 = 2$.

故多项式 $f(x) = 2x^3 - 5x^2 + 7$.

67. 试证明三条不同直线

$$\begin{cases} ax + by + c = 0 \\ bx + cy + a = 0, \\ cx + ay + b = 0 \end{cases}$$

相交于一点的充分必要条件是 $a + b + c = 0$.

证明： 充分性：设三条不同直线相交于一点 (x_0, y_0)，则有

$$\begin{cases} ax_0 + by_0 + c = 0 \\ bx_0 + cy_0 + a = 0. \\ cx_0 + ay_0 + b = 0 \end{cases}$$

从而 $(x_0, y_0, 1)$ 为齐次线性方程组 $\begin{cases} ax + by + cz = 0 \\ bx + cy + az = 0 \\ cz + ay + bz = 0 \end{cases}$ 的一组非零解. 从

而系数行列式 $D=\begin{vmatrix} a & b & c \\ b & c & a \\ c & a & b \end{vmatrix}=(a+b+c)\begin{vmatrix} 1 & 1 & 1 \\ 0 & c-b & a-b \\ 0 & a-c & b-c \end{vmatrix}$

$$=(a+b+c)(-(c-b)^2-(a-b)(a-c))$$
$$=0.$$

因为是三条不同直线,则 a、b、c 不全相等,

则 $(c-b)^2+(a-b)(a-c)\neq 0$,

故 $a+b+c=0$.

必要性:若 $a+b+c=0$,对方程组 $\begin{cases} ax+by+c=0 \\ bx+cy+a=0 \\ cx+ay+b=0 \end{cases}$,将前 2 个方程加到第 3 个方程,有 $\begin{cases} ax+by+c=0 \\ bx+cy+a=0 \\ 0=0 \end{cases}$,简化为两个方程,得

$$\begin{cases} ax+by=-c \\ bx+cy=-a \end{cases}. \tag{1}$$

此时方程组(1)的系数行列式 $\begin{vmatrix} a & b \\ b & c \end{vmatrix}=ac-b^2$,如果 $ac=b^2$,由 $(a+b+c)^2=0$,

有 $a^2+b^2+c^2+2ab+2ac+2bc=0$,

有 $a^2+3b^2+c^2+2b(a+c)=a^2+3b^2+c^2-2b^2=a^2+b^2+c^2=0$,

则 $a=b=c=0$,这与三条不同直线矛盾,

所以 $a\subset\neq b^2$,

即 $\begin{vmatrix} a & b \\ b & c \end{vmatrix}=ac-b^2\neq 0$,

方程组(1)有唯一解,故题设的三条不同直线交于一点.

68. 设

$$A=\begin{pmatrix}a_{11}&a_{12}&a_{13}\\a_{21}&a_{22}&a_{23}\\a_{31}&a_{32}&a_{33}\end{pmatrix},\ B=\begin{pmatrix}a_{21}&a_{22}&a_{23}\\a_{11}&a_{12}&a_{13}\\a_{31}+a_{11}&a_{32}+a_{12}&a_{33}+a_{13}\end{pmatrix},$$

$$P_1=\begin{pmatrix}0&1&0\\1&0&0\\0&0&1\end{pmatrix},\ P_2=\begin{pmatrix}1&0&0\\0&1&0\\1&0&1\end{pmatrix},$$

求 $\boldsymbol{A}$ 与 $\boldsymbol{B}$ 所满足的关系式.

解: 因为 $A\xrightarrow{r_3+r_1}B_1\xrightarrow{r_1\leftrightarrow r_2}B$,

所以 $P_1P_2A=B$.

69. 设 $\boldsymbol{A}$ 和 $\boldsymbol{B}$ 为 n 阶方阵,且 $E-AB$ 可逆. 试证明: $E-BA$ 也可逆.

证明: (方法一): 由课本 76 页例 2.42 知 $|E-AB|=|E-BA|$,

因为 $E-AB$ 可逆,

所以 $E-BA$ 可逆.

(方法二): $(E-AB)A=A(E-BA)$,

因为 $E-AB$ 可逆,则 $A=(E-AB)^{-1}A(E-BA)$.

$$\begin{aligned}E&=E-BA+BA=E-BA+B(E-AB)^{-1}A(E-BA)\\&=[E+B(E-AB)^{-1}A](E-BA),\end{aligned}$$

故 $E-BA$ 可逆.

70. 设 $\boldsymbol{A}, \boldsymbol{B}$ 为 n 阶方阵, $\lambda\neq 0$ 为数. 试证明: $|\lambda E-AB|=|\lambda E-BA|$.

证明: $\begin{pmatrix}\lambda E&A\\B&E\end{pmatrix}\xrightarrow{\lambda\neq 0}\begin{pmatrix}\lambda E&A\\O&E-\dfrac{BA}{\lambda}\end{pmatrix}\xrightarrow{\text{列变换}}\begin{pmatrix}\lambda E&O\\O&E-\dfrac{BA}{\lambda}\end{pmatrix}$

$\downarrow$ 列变换

$\begin{pmatrix}\lambda E-AB&A\\O&E\end{pmatrix}$

$$\downarrow$$

$$\begin{pmatrix} \lambda E - AB & O \\ O & E \end{pmatrix}.$$

取行列式：$|\lambda E - AB| = |\lambda E| \cdot \left| E - \dfrac{BA}{\lambda} \right| = |\lambda E - BA|$.

71. 设 A, B 分别为 $m \times n$ 和 $n \times s$ 的矩阵,试证明 $r(A) + r(B) - n \leqslant r(AB) \leqslant \min\{r(A), r(B)\}$.（提示：利用矩阵和分块矩阵的初等变换证明）

证明：第一个不等式：

已知 $r\left(\begin{pmatrix} A & O \\ E_n & B \end{pmatrix}\right) \geqslant r(A) + r(B)$

因为 $\begin{pmatrix} A & O \\ E_n & B \end{pmatrix} \xrightarrow{\text{行变换}} \begin{pmatrix} O & -AB \\ E_n & B \end{pmatrix} \xrightarrow{\text{列变换}} \begin{pmatrix} O & -AB \\ E_n & O \end{pmatrix} \xrightarrow{\text{行变换}}$

$$\begin{pmatrix} E_n & O \\ O & AB \end{pmatrix}.$$

则 $r\left(\begin{pmatrix} A & O \\ E_n & B \end{pmatrix}\right) = n + r(AB)$,

则 $r(A) + r(B) - n \leqslant r(AB)$.

第二个不等式：设 $r(A) = r$, 则存在可逆矩阵 P 使得 $PA = \begin{pmatrix} H_{r\times n} \\ O \end{pmatrix}$ 行阶梯形.

有 $PAB = \begin{pmatrix} H_{r\times n} \\ O \end{pmatrix} B = \begin{pmatrix} C_{r\times s} \\ O \end{pmatrix}$.

则 $r(AB) = r(PAB) = r(C_{r\times s}) = r$,

即 $r(AB) \leqslant r(A)$.

又因为 $r(AB) = r(B^{\mathrm{T}}A^{\mathrm{T}}) \leqslant r(B^{\mathrm{T}}) = r(B)$,

故 $r(AB) \leqslant \min\{r(A), r(B)\}$.

72. 设 $\boldsymbol{A}^*$ 为 n 阶方阵 $\boldsymbol{A}$ 的伴随矩阵，$n \geqslant 2$. 试证明

$$r(\boldsymbol{A}^*) = \begin{cases} n, & r(\boldsymbol{A}) = n \\ 1, & r(\boldsymbol{A}) = n-1 \\ 0, & r(\boldsymbol{A}) < n-1 \end{cases}.$$

证明： 由 $\boldsymbol{AA}^* = |\boldsymbol{A}|\boldsymbol{E}_n$,

① 当 $r(\boldsymbol{A}) = n$ 时，知 $r(\boldsymbol{A}^*) = n$,

② 当 $r(\boldsymbol{A}) = n-1$ 时,$\boldsymbol{AA}^* = 0$，由本章第 70 题知 $r(\boldsymbol{A}) + r(\boldsymbol{A}^*) \leqslant n$，则 $r(\boldsymbol{A}^*) \leqslant n - r(\boldsymbol{A}) = 1$.

当 $r(\boldsymbol{A}) = n-1$ 时，由秩的定义知，存在一个 $n-1$ 级子式不等于 0，又由伴随矩阵定义知 $\boldsymbol{A}^* \neq 0$，从而 $r(\boldsymbol{A}^*) \geqslant 1$,

所以 $r(\boldsymbol{A}^*) = 1$.

③ 当 $r(\boldsymbol{A}) < n-1$ 时，所有 $n-1$ 阶子式等于 0，即 $\boldsymbol{A}$ 中每个元素的代数余子式全为 0.

则 $\boldsymbol{A}^* = 0$,

所以 $r(\boldsymbol{A}^*) = 0$,

综上，$r(\boldsymbol{A}^*) = \begin{cases} n, & r(\boldsymbol{A}) = n \\ 1, & r(\boldsymbol{A}) = n-1 \\ 0, & r(\boldsymbol{A}) < n-1 \end{cases}.$

第3章　n维向量与线性方程组解的结构习题精解

(一)

1. 设$5(\boldsymbol{\alpha}-\boldsymbol{\beta})+4(\boldsymbol{\beta}-\boldsymbol{\gamma})=2(\boldsymbol{\alpha}+\boldsymbol{\gamma})$，求向量$\boldsymbol{\gamma}$，其中

$$\boldsymbol{\alpha}=\begin{pmatrix}3\\-1\\0\\1\end{pmatrix},\ \boldsymbol{\beta}=\begin{pmatrix}1\\-1\\3\\2\end{pmatrix}.$$

解： 由已知$5(\boldsymbol{\alpha}-\boldsymbol{\beta})+4(\boldsymbol{\beta}-\boldsymbol{\gamma})=2(\boldsymbol{\alpha}+\boldsymbol{\gamma})$及向量的线性运算性质可得

$$\boldsymbol{\gamma}=\frac{1}{6}(3\boldsymbol{\alpha}-\boldsymbol{\beta})=\frac{1}{6}\left[3\begin{pmatrix}3\\-1\\0\\1\end{pmatrix}-\begin{pmatrix}1\\-1\\3\\2\end{pmatrix}\right]=\left(\frac{4}{3},\ -\frac{1}{3},\ -\frac{1}{2},\ \frac{1}{6}\right)^{\mathrm{T}}.$$

2. 把向量$\boldsymbol{\beta}$表示成向量$\boldsymbol{\alpha}_1$，$\boldsymbol{\alpha}_2$，$\boldsymbol{\alpha}_3$的线性组合，其中

$$\boldsymbol{\beta}=\begin{pmatrix}1\\2\\3\end{pmatrix},\ \boldsymbol{\alpha}_1=\begin{pmatrix}1\\0\\1\end{pmatrix},\ \boldsymbol{\alpha}_2=\begin{pmatrix}1\\1\\0\end{pmatrix},\ \boldsymbol{\alpha}_3=\begin{pmatrix}1\\1\\1\end{pmatrix}.$$

解：（方法一）：令$k_1\boldsymbol{\alpha}_1+k_2\boldsymbol{\alpha}_2+k_3\boldsymbol{\alpha}_3=\boldsymbol{\beta}$，即解线性方程组

$$\begin{cases}k_1+k_2+k_3=1\\k_2+k_3=2\\k_1+k_3=3\end{cases}\Rightarrow\begin{cases}k_1=-1\\k_2=-2,\\k_3=4\end{cases}$$

因此 $\boldsymbol{\beta}=-\boldsymbol{\alpha}_1-2\boldsymbol{\alpha}_2+4\boldsymbol{\alpha}_3$.

（方法二）：因为求线性组合等价于解线性方程组. 由解线性方程组的高斯消元法，有

$$(\boldsymbol{\alpha}_1,\boldsymbol{\alpha}_2,\boldsymbol{\alpha}_3,\boldsymbol{\beta})=\begin{pmatrix}1&1&1&1\\0&1&1&2\\1&0&1&3\end{pmatrix}\xrightarrow{\text{行}}\begin{pmatrix}1&0&0&-1\\0&1&0&-2\\0&0&1&4\end{pmatrix},$$

所以 $\boldsymbol{\beta}=-\boldsymbol{\alpha}_1-2\boldsymbol{\alpha}_2+4\boldsymbol{\alpha}_3$.

3. 下面的四个向量中的哪个向量不能由其余三个向量线性表示？

$$\boldsymbol{\alpha}_1=\begin{pmatrix}1\\1\\1\\1\end{pmatrix},\boldsymbol{\alpha}_2=\begin{pmatrix}0\\5\\2\\1\end{pmatrix},\boldsymbol{\alpha}_3=\begin{pmatrix}1\\-1\\0\\0\end{pmatrix},\boldsymbol{\alpha}_4=\begin{pmatrix}2\\-3\\0\\1\end{pmatrix}.$$

解：

$$(\boldsymbol{\alpha}_1,\boldsymbol{\alpha}_2,\boldsymbol{\alpha}_3,\boldsymbol{\alpha}_4)=\begin{pmatrix}1&0&1&2\\1&5&-1&-3\\1&2&0&0\\1&1&0&1\end{pmatrix}\xrightarrow{\text{行}}\begin{pmatrix}1&0&1&2\\0&5&-2&-5\\0&2&-1&-2\\0&1&-1&-1\end{pmatrix}\xrightarrow{\text{行}}$$

$$\begin{pmatrix}1&2&-1&0\\0&1&-1&-1\\0&0&1&0\\0&0&0&0\end{pmatrix}.$$

注意到 $\boldsymbol{\alpha}_1,\boldsymbol{\alpha}_2,\boldsymbol{\alpha}_4$ 构成矩阵的秩为2，而 $\boldsymbol{\alpha}_1,\boldsymbol{\alpha}_2,\boldsymbol{\alpha}_4,\boldsymbol{\alpha}_3$ 构成矩阵的秩为3. 所以 $\boldsymbol{\alpha}_3$ 不能由其余三个向量线性表示.

4. 设向量组

$$\boldsymbol{\beta}=\begin{pmatrix}1\\2\\-2\\1\end{pmatrix},\ \boldsymbol{\alpha}_1=\begin{pmatrix}1\\0\\1\\0\end{pmatrix},\ \boldsymbol{\alpha}_2=\begin{pmatrix}3\\-1\\2\\1\end{pmatrix},\ \boldsymbol{\alpha}_3=\begin{pmatrix}1\\a\\b\\0\end{pmatrix}.$$

问:

(1) a, b 取何值时,向量 $\boldsymbol{\beta}$ 是向量 $\boldsymbol{\alpha}_1$, $\boldsymbol{\alpha}_2$, $\boldsymbol{\alpha}_3$ 的线性组合? 并写出 $a=1$, $b=\frac{1}{3}$ 时 $\boldsymbol{\beta}$ 的表达式。

(2) a, b 取何值时,向量 $\boldsymbol{\beta}$ 不能由向量 $\boldsymbol{\alpha}_1$, $\boldsymbol{\alpha}_2$, $\boldsymbol{\alpha}_3$ 线性表示?

解: (1) 由线性方程组的高斯消元法,知

$$(\boldsymbol{\alpha}_1,\boldsymbol{\alpha}_2,\boldsymbol{\alpha}_3,\boldsymbol{\beta})=\begin{pmatrix}1&3&1&1\\0&-1&a&2\\1&2&b&-2\\0&1&0&1\end{pmatrix}\xrightarrow{r_3+(-1)r_1}\begin{pmatrix}1&3&1&1\\0&-1&a&2\\0&-1&b-1&-3\\0&1&0&1\end{pmatrix}$$

$$\xrightarrow[r_4+r_2]{r_3+(-1)r_2}\begin{pmatrix}1&3&1&1\\0&-1&a&2\\0&0&b-a-1&-5\\0&0&a&3\end{pmatrix}\xrightarrow[r_4+r_3]{r_3\leftrightarrow r_4}\begin{pmatrix}1&3&1&1\\0&-1&a&2\\0&0&a&3\\0&0&b-1&-2\end{pmatrix}$$

$$\xrightarrow{a\neq 0}\begin{pmatrix}1&3&1&1\\0&-1&a&2\\0&0&a&3\\0&0&0&-\frac{3}{a}(b-1)-2\end{pmatrix}.$$

所以当 $-\frac{3}{a}(b-1)-2=0$,即 $a=\frac{3}{2}(1-b)$ 且 $a\neq 1$, $b\neq 1$ 时,向量 $\boldsymbol{\beta}$ 是向量 $\boldsymbol{\alpha}_1$, $\boldsymbol{\alpha}_2$, $\boldsymbol{\alpha}_3$ 的线性组合.

当 $a=1$, $b=\frac{1}{3}$ 时,代入阶梯形得

$$(\boldsymbol{\alpha}_1,\boldsymbol{\alpha}_2,\boldsymbol{\alpha}_3,\boldsymbol{\beta})\xrightarrow{\text{行}}\begin{pmatrix}1&3&1&1\\0&-1&1&2\\0&0&1&3\\0&0&0&0\end{pmatrix}\xrightarrow{\text{行}}\begin{pmatrix}1&0&0&-5\\0&1&0&1\\0&0&1&3\\0&0&0&0\end{pmatrix},$$

所以$\boldsymbol{\beta}=-5\boldsymbol{\alpha}_1+\boldsymbol{\alpha}_2+3\boldsymbol{\alpha}_3$.

(2) 由(1),当$a=0$或$b=1$或$a\neq 0$, $b\neq 1$且$a\neq\frac{3}{2}(1-b)$时,向量$\boldsymbol{\beta}$不能由向量$\boldsymbol{\alpha}_1$, $\boldsymbol{\alpha}_2$, $\boldsymbol{\alpha}_3$线性表示.

5. 设向量组

$$\boldsymbol{\alpha}_1=\begin{pmatrix}1\\0\\2\\3\end{pmatrix},\boldsymbol{\alpha}_2=\begin{pmatrix}1\\1\\3\\5\end{pmatrix},\boldsymbol{\alpha}_3=\begin{pmatrix}1\\-1\\a+2\\1\end{pmatrix},\boldsymbol{\alpha}_4=\begin{pmatrix}1\\2\\4\\a+8\end{pmatrix},\boldsymbol{\beta}=\begin{pmatrix}1\\1\\b+3\\5\end{pmatrix}.$$

讨论:

(1) a, b取何值时,向量$\boldsymbol{\beta}$不能由向量$\boldsymbol{\alpha}_1$, $\boldsymbol{\alpha}_2$, $\boldsymbol{\alpha}_3$, $\boldsymbol{\alpha}_4$线性表示?

(2) a, b取何值时,向量$\boldsymbol{\beta}$可由向量$\boldsymbol{\alpha}_1$, $\boldsymbol{\alpha}_2$, $\boldsymbol{\alpha}_3$, $\boldsymbol{\alpha}_4$线性表示,且表示式唯一?写出该表达式.

(3) a, b取何值时,向量$\boldsymbol{\beta}$可由向量$\boldsymbol{\alpha}_1$, $\boldsymbol{\alpha}_2$, $\boldsymbol{\alpha}_3$, $\boldsymbol{\alpha}_4$线性表示,但表示式不唯一?写出所有的表达式.

解: 令$k_1\boldsymbol{\alpha}_1+k_2\boldsymbol{\alpha}_2+k_3\boldsymbol{\alpha}_3+k_4\boldsymbol{\alpha}_4=\boldsymbol{\beta}$,写出矩阵化成行阶梯形即可.

(1) $(\boldsymbol{\alpha}_1,\boldsymbol{\alpha}_2,\boldsymbol{\alpha}_3,\boldsymbol{\alpha}_4,\boldsymbol{\beta})=$

$$\begin{pmatrix}1&1&1&1&1\\0&1&-1&2&1\\2&3&a+2&4&b+3\\3&5&1&a+8&5\end{pmatrix}\xrightarrow{\text{行}}\begin{pmatrix}1&1&1&1&1\\0&1&-1&2&1\\0&1&a&2&b+1\\0&2&-2&a+5&2\end{pmatrix}$$

$$\xrightarrow{\text{行}}\begin{pmatrix}1&1&1&1&1\\0&1&-1&2&1\\0&0&a+1&0&b\\0&0&0&a+1&0\end{pmatrix},$$

因此,当 $a=-1$, $b\neq 0$ 时,$\boldsymbol{\beta}$ 不能由 $\boldsymbol{\alpha}_1$, $\boldsymbol{\alpha}_2$, $\boldsymbol{\alpha}_3$, $\boldsymbol{\alpha}_4$ 线性表示.

(2) 当 $a\neq -1$ 时,系数矩阵$(\boldsymbol{\alpha}_1, \boldsymbol{\alpha}_2, \boldsymbol{\alpha}_3, \boldsymbol{\alpha}_4)$满秩,方程组解唯一. 有

$$\begin{pmatrix}1&1&1&1&1\\0&1&-1&2&1\\0&0&a+1&0&b\\0&0&0&a+1&0\end{pmatrix}\longrightarrow\begin{pmatrix}1&0&0&0&-\dfrac{2b}{a+1}\\0&1&0&0&\dfrac{a+b+1}{a+1}\\0&0&1&0&\dfrac{b}{a+1}\\0&0&0&1&0\end{pmatrix},$$

因此,表达式为 $\boldsymbol{\beta}=-\dfrac{2b}{a+1}\boldsymbol{\alpha}_1+\dfrac{a+b+1}{a+1}\boldsymbol{\alpha}_2+\dfrac{b}{a+1}\boldsymbol{\alpha}_3$.

(3) 当 $a=-1$, $b=0$ 时,有

$$\begin{pmatrix}1&1&1&1&1\\0&1&-1&2&1\\0&0&a+1&0&b\\0&0&0&a+1&0\end{pmatrix}\rightarrow\begin{pmatrix}1&0&2&-1&0\\0&1&-1&2&1\\0&0&0&0&0\\0&0&0&0&0\end{pmatrix}\Rightarrow\begin{cases}k_1=n-2m\\k_2=1-2n+m\\k_3=m\\k_4=n\end{cases}, m, n\in\mathbb{R}.$$

因此,$\boldsymbol{\beta}=(n-2m)\boldsymbol{\alpha}_2+(1-2n+m)\boldsymbol{\alpha}_2+m\boldsymbol{\alpha}_3+n\boldsymbol{\alpha}_4$, $m, n\in\mathbb{R}$.

6. 判断下列向量组的线性相关性:

(1) $\boldsymbol{\alpha}=\begin{pmatrix}2\\4\end{pmatrix}$, $\boldsymbol{\beta}=\begin{pmatrix}1\\0\end{pmatrix}$, $\boldsymbol{\gamma}=\begin{pmatrix}1\\-1\end{pmatrix}$;

(2) $\boldsymbol{\alpha}=\begin{pmatrix}2\\2\\1\end{pmatrix}$, $\boldsymbol{\beta}=\begin{pmatrix}1\\2\\-1\end{pmatrix}$, $\boldsymbol{\gamma}=\begin{pmatrix}1\\0\\2\end{pmatrix}$;

(3) $\boldsymbol{\alpha}=\begin{pmatrix}2\\1\\-1\end{pmatrix}$, $\boldsymbol{\beta}=\begin{pmatrix}1\\-1\\1\end{pmatrix}$, $\boldsymbol{\gamma}=\begin{pmatrix}-1\\1\\2\end{pmatrix}$;

(4) $\boldsymbol{\alpha}=\begin{pmatrix}1\\1\\1\\1\end{pmatrix}$, $\boldsymbol{\beta}=\begin{pmatrix}1\\1\\-1\\-1\end{pmatrix}$, $\boldsymbol{\gamma}=\begin{pmatrix}1\\-1\\1\\-1\end{pmatrix}$.

解:（1）因为 3 个二维向量必线性相关,所以 $\boldsymbol{\alpha}, \boldsymbol{\beta}, \boldsymbol{\gamma}$ 线性相关；

（2）注意到 $\boldsymbol{\beta}+\boldsymbol{\gamma}=\boldsymbol{\alpha}$, 所以 $\boldsymbol{\alpha}, \boldsymbol{\beta}, \boldsymbol{\gamma}$ 线性相关；

（3）$(\boldsymbol{\alpha}, \boldsymbol{\beta}, \boldsymbol{\gamma})=$

$$\begin{pmatrix} 2 & 1 & -1 \\ 1 & -1 & 1 \\ -1 & 1 & 2 \end{pmatrix} \rightarrow \begin{pmatrix} 1 & -1 & 1 \\ 0 & 3 & -3 \\ 0 & 0 & 3 \end{pmatrix} \rightarrow \begin{pmatrix} 1 & 0 & 0 \\ 0 & 1 & 0 \\ 0 & 0 & 1 \end{pmatrix}.$$

矩阵$(\boldsymbol{\alpha}, \boldsymbol{\beta}, \boldsymbol{\gamma})$的秩为 3,等于向量个数 3,故 $\boldsymbol{\alpha}, \boldsymbol{\beta}, \boldsymbol{\gamma}$ 线性无关.

（4）$(\boldsymbol{\alpha}, \boldsymbol{\beta}, \boldsymbol{\gamma})=$

$$\begin{pmatrix} 1 & 1 & 1 \\ 1 & 1 & -1 \\ 1 & -1 & 1 \\ 1 & -1 & -1 \end{pmatrix} \rightarrow \begin{pmatrix} 1 & 1 & 1 \\ 0 & 0 & -2 \\ 0 & -2 & 0 \\ 0 & -2 & -2 \end{pmatrix} \rightarrow \begin{pmatrix} 1 & 0 & 0 \\ 0 & 0 & 1 \\ 0 & 1 & 0 \\ 0 & 0 & 0 \end{pmatrix}.$$

矩阵$(\boldsymbol{\alpha}, \boldsymbol{\beta}, \boldsymbol{\gamma})$的秩为 3,等于向量个数 3,故 $\boldsymbol{\alpha}, \boldsymbol{\beta}, \boldsymbol{\gamma}$ 线性无关.

7. 讨论下列向量组的线性相关性:

（1）$\boldsymbol{\alpha}=\begin{pmatrix} 1 \\ 2 \\ 3 \\ 4 \end{pmatrix}, \boldsymbol{\beta}=\begin{pmatrix} 2 \\ 1 \\ -1 \\ 1 \end{pmatrix}, \boldsymbol{\gamma}=\begin{pmatrix} -1 \\ k \\ 0 \\ 2 \end{pmatrix}$;

（2）$\boldsymbol{\alpha}=\begin{pmatrix} 2 \\ 4 \\ k \\ -2 \end{pmatrix}, \boldsymbol{\beta}=\begin{pmatrix} 1 \\ 2 \\ -3 \\ -1 \end{pmatrix}, \boldsymbol{\gamma}=\begin{pmatrix} 4 \\ 5 \\ -4 \\ 3 \end{pmatrix}$.

解:（1）$(\boldsymbol{\alpha}, \boldsymbol{\beta}, \boldsymbol{\gamma})=$

$$\begin{pmatrix} 1 & 2 & -1 \\ 2 & 1 & k \\ 3 & -1 & 0 \\ 4 & 1 & 2 \end{pmatrix} \rightarrow \begin{pmatrix} 1 & 2 & -1 \\ 0 & -3 & k+2 \\ 0 & -7 & 3 \\ 0 & -7 & 6 \end{pmatrix} \rightarrow \begin{pmatrix} 1 & 2 & -1 \\ 0 & -3 & k+2 \\ 0 & -7 & 3 \\ 0 & 0 & 3 \end{pmatrix}.$$

注意到无论 k 取何值,矩阵$(\boldsymbol{\alpha}, \boldsymbol{\beta}, \boldsymbol{\gamma})$的秩都是3,等于向量个数,故 $\boldsymbol{\alpha}$, $\boldsymbol{\beta}$, $\boldsymbol{\gamma}$ 线性无关.

(2) $(\boldsymbol{\alpha}, \boldsymbol{\beta}, \boldsymbol{\gamma}) =$

$$\begin{pmatrix} 2 & 1 & 4 \\ 4 & 2 & 5 \\ k & -3 & -4 \\ -2 & -1 & 3 \end{pmatrix} \to \begin{pmatrix} 2 & 1 & 4 \\ 0 & 0 & -3 \\ k & -3 & -4 \\ 0 & 0 & 7 \end{pmatrix} \to \begin{pmatrix} 2 & 1 & 0 \\ 0 & 0 & 1 \\ k & -3 & 0 \\ 0 & 0 & 0 \end{pmatrix} \to \begin{pmatrix} 2 & 1 & 0 \\ 0 & -3-\dfrac{k}{2} & 0 \\ 0 & 0 & 1 \\ 0 & 0 & 0 \end{pmatrix}.$$

当 $k=-6$ 时,矩阵$(\boldsymbol{\alpha}, \boldsymbol{\beta}, \boldsymbol{\gamma})$的秩为2,小于所含向量个数3,此时 $\boldsymbol{\alpha}$, $\boldsymbol{\beta}$, $\boldsymbol{\gamma}$ 线性相关;

当 $k \neq -6$ 时,矩阵$(\boldsymbol{\alpha}, \boldsymbol{\beta}, \boldsymbol{\gamma})$的秩为3,等于其所含向量个数,此时 $\boldsymbol{\alpha}$, $\boldsymbol{\beta}$, $\boldsymbol{\gamma}$ 线性无关.

8. 判断以下命题是否正确.

(1) 若存在一组全为零的数 $k_1, k_2, \cdots, k_m$,使向量组 $\boldsymbol{\alpha}_1, \boldsymbol{\alpha}_2, \cdots, \boldsymbol{\alpha}_m$ 的线性组合

$$k_1\boldsymbol{\alpha}_1 + k_2\boldsymbol{\alpha}_2 + \cdots + k_m\boldsymbol{\alpha}_m = \mathbf{0},$$

则 $\boldsymbol{\alpha}_1, \boldsymbol{\alpha}_2, \cdots, \boldsymbol{\alpha}_m$ 线性无关;

(2) 若存在一组不全为零的数 $k_1, k_2, \cdots, k_m$,使向量组 $\boldsymbol{\alpha}_1, \boldsymbol{\alpha}_2, \cdots, \boldsymbol{\alpha}_m$ 的线性组合

$$k_1\boldsymbol{\alpha}_1 + k_2\boldsymbol{\alpha}_2 + \cdots + k_m\boldsymbol{\alpha}_m \neq \mathbf{0},$$

则 $\boldsymbol{\alpha}_1, \boldsymbol{\alpha}_2, \cdots, \boldsymbol{\alpha}_m$ 线性无关;

(3) 若对任何一组不全为零的数 $k_1, k_2, \cdots, k_m$,使向量组 $\boldsymbol{\alpha}_1, \boldsymbol{\alpha}_2, \cdots, \boldsymbol{\alpha}_m$ 的线性组合

$$k_1\boldsymbol{\alpha}_1 + k_2\boldsymbol{\alpha}_2 + \cdots + k_m\boldsymbol{\alpha}_m \neq \mathbf{0},$$

则 $\boldsymbol{\alpha}_1, \boldsymbol{\alpha}_2, \cdots, \boldsymbol{\alpha}_m$ 线性无关;

(4) 向量组 $\boldsymbol{\alpha}_1, \boldsymbol{\alpha}_2, \cdots, \boldsymbol{\alpha}_m$ 中 $\boldsymbol{\alpha}_1$ 不能由 $\boldsymbol{\alpha}_2, \cdots, \boldsymbol{\alpha}_m$ 线性表示,则 $\boldsymbol{\alpha}_1, \boldsymbol{\alpha}_2, \cdots, \boldsymbol{\alpha}_m$ 线性无关;

(5) 向量组 $\boldsymbol{\alpha}_1, \boldsymbol{\alpha}_2, \cdots, \boldsymbol{\alpha}_m$ 线性相关,且向量组 $\boldsymbol{\alpha}_1, \boldsymbol{\alpha}_2, \cdots, \boldsymbol{\alpha}_m$ 中 $\boldsymbol{\alpha}_1$ 不能由 $\boldsymbol{\alpha}_2, \cdots, \boldsymbol{\alpha}_m$ 线性表示,则 $\boldsymbol{\alpha}_2, \cdots, \boldsymbol{\alpha}_m$ 线性相关;

(6) 向量组 $\boldsymbol{\alpha}_1, \boldsymbol{\alpha}_2, \cdots, \boldsymbol{\alpha}_m$ $(m > 2)$ 中任意两个向量都线性无关,则 $\boldsymbol{\alpha}_1, \boldsymbol{\alpha}_2, \cdots, \boldsymbol{\alpha}_m$ 也线性无关.

解: (1) 错误,与定义矛盾;

(2) 错误,与定义矛盾;

(3) 正确,线性相关的逆否命题;

(4) 错误,反例:考虑 $\boldsymbol{\alpha}_1 = (1, 0)^{\mathrm{T}}, \boldsymbol{\alpha}_2 = (0, 1)^{\mathrm{T}}, \boldsymbol{\alpha}_3 = (0, 2)^{\mathrm{T}}$. 显然 $\boldsymbol{\alpha}_1$ 不能由 $\boldsymbol{\alpha}_2, \boldsymbol{\alpha}_3$ 线性表示,但 $\boldsymbol{\alpha}_1, \boldsymbol{\alpha}_2, \boldsymbol{\alpha}_3$ 线性相关;

(5) 正确,因为 $\boldsymbol{\alpha}_1, \cdots, \boldsymbol{\alpha}_m$ 线性相关,所以存在不全为零的数 $k_1, \cdots, k_m$ 使得 $k_1\boldsymbol{\alpha}_1 + \cdots + k_m\boldsymbol{\alpha}_m = 0$. 又因为 $\boldsymbol{\alpha}_1$ 不能由 $\boldsymbol{\alpha}_2, \cdots, \boldsymbol{\alpha}_m$ 线性表示,所以 $k_1 = 0$. 从而 $k_2, \cdots, k_m$ 不全为零. 故 $\boldsymbol{\alpha}_2, \cdots, \boldsymbol{\alpha}_m$ 线性相关;

(6) 错误,反例:考虑向量组 $\boldsymbol{\alpha}_1 = (1, 0)^{\mathrm{T}}, \boldsymbol{\alpha}_2 = (0, 1)^{\mathrm{T}}, \boldsymbol{\alpha}_3 = (1, 1)^{\mathrm{T}}$, 其中任意两个向量均线性无关,但向量组 $\boldsymbol{\alpha}_1, \boldsymbol{\alpha}_2, \boldsymbol{\alpha}_3$ 线性相关.

9. 设向量组 $\boldsymbol{\alpha}_1, \boldsymbol{\alpha}_2, \cdots, \boldsymbol{\alpha}_s (s \geqslant 3)$ 线性无关,指出向量组

$$\boldsymbol{\alpha}_1 + \boldsymbol{\alpha}_2, \boldsymbol{\alpha}_2 + \boldsymbol{\alpha}_3, \cdots, \boldsymbol{\alpha}_s + \boldsymbol{\alpha}_1$$

的线性关系并说明理由.

解: 令 $k_1(\boldsymbol{\alpha}_1 + \boldsymbol{\alpha}_2) + k_2(\boldsymbol{\alpha}_2 + \boldsymbol{\alpha}_3) + \cdots + k_s(\boldsymbol{\alpha}_s + \boldsymbol{\alpha}_1) = \mathbf{0}$, 即

$$(k_1 + k_s)\boldsymbol{\alpha}_1 + (k_1 + k_2)\boldsymbol{\alpha}_2 + \cdots + (k_{s-1} + k_s)\boldsymbol{\alpha}_s = \mathbf{0}.$$

由于向量组 $\boldsymbol{\alpha}_1, \boldsymbol{\alpha}_2, \cdots, \boldsymbol{\alpha}_s$ $(s \geqslant 3)$ 线性无关,则

$$\begin{cases} k_1 + k_s = 0 \\ k_1 + k_2 = 0 \\ \cdots \\ k_{s-1} + k_s = 0 \end{cases}.$$

此方程组的系数行列式为

$$D=\begin{vmatrix}1&0&0&\cdots&0&1\\1&1&0&\cdots&0&0\\\vdots&&&&&\vdots\\0&0&0&\cdots&1&1\end{vmatrix}\xlongequal{\text{按 } r_1 \text{ 展开}}1+1\cdot(-1)^{1+s}.$$

若 s 为奇数,则 $D=2\neq 0$, 所以此方程组有唯一零解,即 $k_1=k_2=\cdots=k_s=0$. 因此 $\boldsymbol{\alpha}_1+\boldsymbol{\alpha}_2$, $\boldsymbol{\alpha}_2+\boldsymbol{\alpha}_3$, $\cdots$, $\boldsymbol{\alpha}_s+\boldsymbol{\alpha}_1$ 线性无关;

若 s 为偶数,则 $D=0$, 所以此方程组有非零解,如 $(\boldsymbol{\alpha}_1+\boldsymbol{\alpha}_2)-(\boldsymbol{\alpha}_2+\boldsymbol{\alpha}_3)-\cdots-(\boldsymbol{\alpha}_s+\boldsymbol{\alpha}_1)=\mathbf{0}$, 因此 $\boldsymbol{\alpha}_1+\boldsymbol{\alpha}_2$, $\cdots$, $\boldsymbol{\alpha}_s+\boldsymbol{\alpha}_1$ 线性相关.

10. 设向量组 $\boldsymbol{\alpha}, \boldsymbol{\beta}, \boldsymbol{\gamma}$ 线性无关,问 l, m 满足什么条件时,向量组

$$l\boldsymbol{\beta}-\boldsymbol{\alpha},\ m\boldsymbol{\gamma}-\boldsymbol{\beta},\ \boldsymbol{\alpha}-\boldsymbol{\gamma}$$

也线性无关?

解: (方法一):因为 $\boldsymbol{\alpha}, \boldsymbol{\beta}, \boldsymbol{\gamma}$ 线性无关,所以秩 $r(\boldsymbol{\alpha}, \boldsymbol{\beta}, \boldsymbol{\gamma})=3$. 由于需要 $l\boldsymbol{\beta}-\boldsymbol{\alpha}, m\boldsymbol{\gamma}-\boldsymbol{\beta}, \boldsymbol{\alpha}-\boldsymbol{\gamma}$ 也线性无关. 所以要求向量组 $l\boldsymbol{\beta}-\boldsymbol{\alpha}, m\boldsymbol{\gamma}-\boldsymbol{\beta}, \boldsymbol{\alpha}-\boldsymbol{\gamma}$ 的秩等于3,即 $r(l\boldsymbol{\beta}-\boldsymbol{\alpha}, m\boldsymbol{\gamma}-\boldsymbol{\beta}, \boldsymbol{\alpha}-\boldsymbol{\gamma})=3$. 而 $r(l\boldsymbol{\beta}-\boldsymbol{\alpha}, m\boldsymbol{\gamma}-\boldsymbol{\beta}, \boldsymbol{\alpha}-\boldsymbol{\gamma})=r(lm\boldsymbol{\gamma}-\boldsymbol{\alpha}, m\boldsymbol{\gamma}-\boldsymbol{\beta}, \boldsymbol{\alpha}-\boldsymbol{\gamma})=r((lm-1)\boldsymbol{\gamma}, m\boldsymbol{\gamma}-\boldsymbol{\beta}, \boldsymbol{\alpha}-\boldsymbol{\gamma})=3$, 所以 $lm-1\neq 0$, 从而上式 $=r(\boldsymbol{\gamma}, \boldsymbol{\beta}, \boldsymbol{\alpha})=3$. 故 $lm\neq 1$ 时,所求向量组线性无关.

(方法二):因为 $\boldsymbol{\alpha}, \boldsymbol{\beta}, \boldsymbol{\gamma}$ 线性无关,所以秩 $r(\boldsymbol{\alpha}, \boldsymbol{\beta}, \boldsymbol{\gamma})=3$. 又因为

$$(l\boldsymbol{\beta}-\boldsymbol{\alpha},\ m\boldsymbol{\gamma}-\boldsymbol{\beta},\ \boldsymbol{\alpha}-\boldsymbol{\gamma})=(\boldsymbol{\alpha},\boldsymbol{\beta},\boldsymbol{\gamma})\begin{pmatrix}-1&0&1\\l&-1&0\\0&m&-1\end{pmatrix}\xlongequal{\text{记为}}(\boldsymbol{\alpha},\boldsymbol{\beta},\boldsymbol{\gamma})\boldsymbol{A}.$$

当 $|\boldsymbol{A}|=lm-1\neq 0$ 时,即 $lm\neq 1$, $l\boldsymbol{\beta}-\boldsymbol{\alpha}, m\boldsymbol{\gamma}-\boldsymbol{\beta}, \boldsymbol{\alpha}-\boldsymbol{\gamma}$ 线性无关,故当 $lm\neq 1$ 时,所求向量组线性无关.

11. 设向量组 $\boldsymbol{\alpha}, \boldsymbol{\beta}, \boldsymbol{\gamma}$ 线性无关,试证明向量组

$$\boldsymbol{\alpha}-\boldsymbol{\beta},\ \boldsymbol{\gamma}+\boldsymbol{\beta},\ \boldsymbol{\gamma}-\boldsymbol{\alpha}$$

也线性无关.

证明: 令 $k_1(\boldsymbol{\alpha}-\boldsymbol{\beta})+k_2(\boldsymbol{\beta}+\boldsymbol{\gamma})+k_3(\boldsymbol{\gamma}-\boldsymbol{\alpha})=\mathbf{0}$, 因为 $\boldsymbol{\alpha}, \boldsymbol{\beta}, \boldsymbol{\gamma}$ 线性无

关，故有线性方程组

$$\begin{cases} k_1 - k_3 = 0 \\ k_2 - k_1 = 0 \\ k_2 + k_3 = 0 \end{cases} \Rightarrow k_1 = k_2 = k_3 = 0.$$

因此 $\boldsymbol{\alpha} - \boldsymbol{\beta}$, $\boldsymbol{\gamma} + \boldsymbol{\beta}$, $\boldsymbol{\gamma} - \boldsymbol{\alpha}$ 线性无关.

12. 试证明：向量组 $\boldsymbol{\alpha}_1, \boldsymbol{\alpha}_2, \cdots, \boldsymbol{\alpha}_s$ $(s \geqslant 2)$ 线性无关的充分必要条件是

$$\boldsymbol{\alpha}_1, \boldsymbol{\alpha}_2, \cdots, \boldsymbol{\alpha}_s (s \geqslant 2)$$

中任意 $k(1 \leqslant k \leqslant s)$ 个向量都线性无关.

证明： 充分性显然.

必要性. 反证法. 假设存在 k 个向量 $\boldsymbol{\alpha}_{s_1}, \boldsymbol{\alpha}_{s_2}, \cdots, \boldsymbol{\alpha}_{s_k}$ 线性相关，则存在一组不全为零的系数 $m_1, m_2, \cdots, m_k$，使得

$$m_1\boldsymbol{\alpha}_{s_1} + m_2\boldsymbol{\alpha}_{s_2} + \cdots + m_k\boldsymbol{\alpha}_{s_k} = \mathbf{0}.$$

取剩余向量系数全为零，则 $\boldsymbol{\alpha}_1, \boldsymbol{\alpha}_2, \cdots, \boldsymbol{\alpha}_s$ 线性相关，矛盾. 故假设不成立，即 $\boldsymbol{\alpha}_1, \boldsymbol{\alpha}_2, \cdots, \boldsymbol{\alpha}_s$ $(s \geqslant 2)$ 中任意 k $(1 \leqslant k \leqslant s)$ 个向量都线性无关.

13. 试证明：两个 n 维向量 $(n \geqslant 2)$ 线性相关的充分必要条件是这两个向量的对应分量成比例.

证明： 充分性：令 $\boldsymbol{\alpha} = (a_1, a_2, \cdots, a_n)^{\mathrm{T}}$, $\boldsymbol{\beta} = (b_1, b_2, \cdots, b_n)^{\mathrm{T}}$. 若有 $a_i = kb_i$, $1 \leqslant i \leqslant n$，则有 $\boldsymbol{\alpha} - k\boldsymbol{\beta} = \mathbf{0}$，故两者线性相关.

必要性：若两个 n 维向量 $\boldsymbol{\alpha}, \boldsymbol{\beta}$ 线性相关，则存在一组不全为零的数 k_1, k_2，使得 $k_1\boldsymbol{\alpha} + k_2\boldsymbol{\beta} = \mathbf{0}$. 不妨设 $k_1 \neq 0$，有 $\boldsymbol{\alpha} = -\dfrac{k_2}{k_1}\boldsymbol{\beta} \Rightarrow a_i = -\dfrac{k_2}{k_1}b_i$，故对应分量成比例.

14. 设向量组 $\boldsymbol{\alpha}_1, \boldsymbol{\alpha}_2, \cdots, \boldsymbol{\alpha}_s$ 线性无关，试证明：向量组

$$\boldsymbol{\alpha}_1, \boldsymbol{\alpha}_1 + \boldsymbol{\alpha}_2, \boldsymbol{\alpha}_1 + \boldsymbol{\alpha}_2 + \boldsymbol{\alpha}_3, \cdots, \boldsymbol{\alpha}_1 + \boldsymbol{\alpha}_2 + \cdots + \boldsymbol{\alpha}_s$$

也线性无关.

证明: 令 $k_1\boldsymbol{\alpha}_1+k_2(\boldsymbol{\alpha}_1+\boldsymbol{\alpha}_2)+k_3(\boldsymbol{\alpha}_1+\boldsymbol{\alpha}_2+\boldsymbol{\alpha}_3)+\cdots+k_s(\boldsymbol{\alpha}_1+\boldsymbol{\alpha}_2+\cdots+\boldsymbol{\alpha}_s)=\mathbf{0}$, 因为向量组 $\boldsymbol{\alpha}_1,\boldsymbol{\alpha}_2,\cdots,\boldsymbol{\alpha}_s$ 线性无关,得到线性方程组.

$$\begin{cases} k_s=0 \\ k_s+k_{s-1}=0 \\ \cdots \\ k_1+k_2+\cdots+k_s=0 \end{cases} \Rightarrow k_1=k_2=\cdots=k_s=0.$$

故 $\boldsymbol{\alpha}_1,\boldsymbol{\alpha}_1+\boldsymbol{\alpha}_2,\boldsymbol{\alpha}_1+\boldsymbol{\alpha}_2+\boldsymbol{\alpha}_3,\cdots,\boldsymbol{\alpha}_1+\boldsymbol{\alpha}_2+\cdots+\boldsymbol{\alpha}_s$ 线性无关.

15. 设 n 维基本向量组 $\boldsymbol{\epsilon}_1,\boldsymbol{\epsilon}_2,\cdots,\boldsymbol{\epsilon}_n$ 可由 n 维向量组 $\boldsymbol{\alpha}_1,\boldsymbol{\alpha}_2,\cdots,\boldsymbol{\alpha}_n$ 线性表示,试证明: $\boldsymbol{\alpha}_1,\boldsymbol{\alpha}_2,\cdots,\boldsymbol{\alpha}_n$ 线性无关.

证明: 因为 $\boldsymbol{\alpha}_1,\boldsymbol{\alpha}_2,\cdots,\boldsymbol{\alpha}_n$ 可由基本向量组 $\boldsymbol{\epsilon}_1,\boldsymbol{\epsilon}_2,\cdots,\boldsymbol{\epsilon}_n$ 线性表示,又 $\boldsymbol{\epsilon}_1,\boldsymbol{\epsilon}_2,\cdots,\boldsymbol{\epsilon}_n$ 可由 n 维向量组 $\boldsymbol{\alpha}_1,\boldsymbol{\alpha}_2,\cdots,\boldsymbol{\alpha}_n$ 线性表示,故两个向量组等价. 等价的向量组秩相等,因此 $r(\boldsymbol{\alpha})=r(\boldsymbol{\epsilon})=n$, 故 $\boldsymbol{\alpha}_1,\boldsymbol{\alpha}_2,\cdots,\boldsymbol{\alpha}_n$ 线性无关.

16. 设 $\boldsymbol{\alpha}_1,\boldsymbol{\alpha}_2,\cdots,\boldsymbol{\alpha}_n$ 是 n 个 n 维向量,试证明它们线性无关的充分必要条件是任意一个 n 维向量都可被它们线性表示.

证明: 充分性: 因为任意一个 n 维向量都可由 $\boldsymbol{\alpha}_1,\cdots,\boldsymbol{\alpha}_n$ 线性表示,所以 n 维基本向量组 $\boldsymbol{\epsilon}_1,\boldsymbol{\epsilon}_2,\cdots,\boldsymbol{\epsilon}_n$ 可由 n 维向量组 $\boldsymbol{\alpha}_1,\boldsymbol{\alpha}_2,\cdots,\boldsymbol{\alpha}_n$ 线性表示,由题 15 可得 $\boldsymbol{\alpha}_1,\boldsymbol{\alpha}_2,\cdots,\boldsymbol{\alpha}_n$ 线性无关. 充分性得证.

必要性: 由于 $n+1$ 个 n 维向量必定线性相关,对于任意 n 维向量 $\boldsymbol{\beta}$, $\boldsymbol{\alpha}_1,\boldsymbol{\alpha}_2,\cdots,\boldsymbol{\alpha}_n,\boldsymbol{\beta}$ 必定线性相关,即存在不全为零的常数 $k_1,k_2,\cdots,k_{n+1}$, 使得 $k_1\boldsymbol{\alpha}_1+k_2\boldsymbol{\alpha}_2+\cdots+k_n\boldsymbol{\alpha}_n+k_{n+1}\boldsymbol{\beta}=\mathbf{0}$. 如果 $k_{n+1}=0$, 则 $\boldsymbol{\alpha}_1,\cdots,\boldsymbol{\alpha}_n$ 线性相关. 与题设矛盾,所以 $k_{n+1}\neq 0$. 从而有

$$-\frac{k_1}{k_{n+1}}\boldsymbol{\alpha}_1-\frac{k_2}{k_{n+1}}\boldsymbol{\alpha}_2-\cdots-\frac{k_n}{k_{n+1}}\boldsymbol{\alpha}_n=\boldsymbol{\beta}.$$

即任意一个 n 维向量可由它们线性表示,故必要性得证.

17. 设向量组 $\boldsymbol{\alpha}_1, \boldsymbol{\alpha}_2, \cdots, \boldsymbol{\alpha}_s$ 线性无关,而向量组 $\boldsymbol{\alpha}_1, \boldsymbol{\alpha}_2, \cdots, \boldsymbol{\alpha}_s, \boldsymbol{\beta}, \boldsymbol{\gamma}$ 线性相关,且 $\boldsymbol{\beta}, \boldsymbol{\gamma}$ 都不能由 $\boldsymbol{\alpha}_1, \boldsymbol{\alpha}_2, \cdots, \boldsymbol{\alpha}_s$ 线性表示,试证明: $\boldsymbol{\alpha}_1, \boldsymbol{\alpha}_2, \cdots, \boldsymbol{\alpha}_s, \boldsymbol{\beta}$ 与 $\boldsymbol{\alpha}_1, \boldsymbol{\alpha}_2, \cdots, \boldsymbol{\alpha}_s, \boldsymbol{\gamma}$ 等价.

证明: 因为 $\boldsymbol{\alpha}_1, \boldsymbol{\alpha}_2, \cdots, \boldsymbol{\alpha}_s, \boldsymbol{\beta}, \boldsymbol{\gamma}$ 线性相关,即存在不全为零的数 $a_1, a_2, \cdots, a_s, b, c$,使得

$$\sum_{i=1}^{s} a_i\boldsymbol{\alpha}_i + b\boldsymbol{\beta} + c\boldsymbol{\gamma} = \mathbf{0}.$$

因为 $\boldsymbol{\beta}, \boldsymbol{\gamma}$ 都不能由 $\boldsymbol{\alpha}_1, \boldsymbol{\alpha}_2, \cdots, \boldsymbol{\alpha}_s$ 线性表示,且 $\boldsymbol{\alpha}_1, \cdots, \boldsymbol{\alpha}_s$ 线性无关,故 $b \neq 0, c \neq 0$, 则有

$$\boldsymbol{\beta} = -\sum_{i=1}^{s} \frac{a_i}{b}\boldsymbol{\beta}_i - \frac{c}{b}\boldsymbol{\gamma},$$

$$\boldsymbol{\gamma} = -\sum_{i=1}^{s} \frac{a_i}{c}\boldsymbol{\beta}_i - \frac{b}{c}\boldsymbol{\beta}.$$

又因为 $\boldsymbol{\alpha}_1, \cdots, \boldsymbol{\alpha}_s$ 显然能由自己所在的向量组表示,故 $\boldsymbol{\alpha}_1, \cdots, \boldsymbol{\alpha}_s, \boldsymbol{\beta}$ 与 $\boldsymbol{\alpha}_1, \cdots, \boldsymbol{\alpha}_s, \boldsymbol{\gamma}$ 两向量组等价.

18. 设向量 $\boldsymbol{\alpha}_1, \boldsymbol{\alpha}_2, \cdots, \boldsymbol{\alpha}_m$ 线性相关,但其中任意 $m-1$ 个向量都线性无关,试证明: 必存在 m 个全不为零的数 $k_1, k_2, \cdots, k_m$,使得

$$k_1\boldsymbol{\alpha}_1 + k_2\boldsymbol{\alpha}_2 + \cdots + k_m\boldsymbol{\alpha}_m = \mathbf{0}.$$

证明: 因为 $\boldsymbol{\alpha}_1, \boldsymbol{\alpha}_2, \cdots, \boldsymbol{\alpha}_m$ 线性相关,所以存在不全为零的数 $k_1, \cdots, k_m$, 使得 $k_1\boldsymbol{\alpha}_1 + \cdots + k_m\boldsymbol{\alpha}_m = 0$. 若某个 $k_i = 0$, $1 \leqslant i \leqslant m$, 则对于 $m-1$ 个不全为零的数 $k_1, \cdots, k_{i-1}, k_{i+1}, \cdots, k_m$, 有

$$k_1\boldsymbol{\alpha}_1 + \cdots + k_{i-1}\boldsymbol{\alpha}_{i-1} + k_{i+1}\boldsymbol{\alpha}_{i+1} + \cdots + k_m\boldsymbol{\alpha}_m = \mathbf{0}.$$

即 $\boldsymbol{\alpha}_1, \cdots, \boldsymbol{\alpha}_{i-1}, \boldsymbol{\alpha}_{i+1}, \cdots, \boldsymbol{\alpha}_m$ 线性相关,这与题设矛盾. 即任意的 $k_i \neq 0$, $1 \leqslant i \leqslant m$. 故原命题得证.

19. 求下列向量组的极大线性无关组与秩:

$$(1)\ \boldsymbol{\alpha}_1=\begin{pmatrix}3\\-5\\2\\1\end{pmatrix},\ \boldsymbol{\alpha}_2=\begin{pmatrix}1\\1\\0\\-5\end{pmatrix},\ \boldsymbol{\alpha}_3=\begin{pmatrix}-1\\3\\1\\3\end{pmatrix},\ \boldsymbol{\alpha}_4=\begin{pmatrix}2\\-4\\-1\\-3\end{pmatrix};$$

$$(2)\ \boldsymbol{\alpha}_1=\begin{pmatrix}2\\1\\3\\0\end{pmatrix},\ \boldsymbol{\alpha}_2=\begin{pmatrix}0\\2\\-1\\0\end{pmatrix},\ \boldsymbol{\alpha}_3=\begin{pmatrix}14\\7\\0\\3\end{pmatrix},\ \boldsymbol{\alpha}_4=\begin{pmatrix}-4\\2\\-1\\1\end{pmatrix},\ \boldsymbol{\alpha}_5=\begin{pmatrix}6\\5\\1\\2\end{pmatrix}.$$

解：（1）由向量组的秩与矩阵秩的关系可知，$(\boldsymbol{\alpha}_1,\boldsymbol{\alpha}_2,\boldsymbol{\alpha}_3,\boldsymbol{\alpha}_4)=$

$$\begin{pmatrix}3&1&-1&2\\-5&1&3&-4\\2&0&1&-1\\1&-5&3&-3\end{pmatrix}\xrightarrow{行}\begin{pmatrix}0&16&-10&11\\0&-24&18&-19\\0&10&-5&5\\1&-5&3&-3\end{pmatrix}$$

$$\xrightarrow{行}\begin{pmatrix}0&0&-2&3\\0&0&-6&7\\0&2&-1&1\\1&-5&3&-3\end{pmatrix}\xrightarrow{行}\begin{pmatrix}0&0&-2&3\\0&0&0&-2\\0&2&-1&1\\1&-5&3&-3\end{pmatrix}.$$

所以秩 $r(\boldsymbol{\alpha}_1,\boldsymbol{\alpha}_2,\boldsymbol{\alpha}_3,\boldsymbol{\alpha}_4)=4$，极大线性无关组为 $\boldsymbol{\alpha}_1,\boldsymbol{\alpha}_2,\boldsymbol{\alpha}_3,\boldsymbol{\alpha}_4$.

（2）由向量组的秩与矩阵秩的关系可知，$(\boldsymbol{\alpha}_1,\boldsymbol{\alpha}_2,\boldsymbol{\alpha}_3,\boldsymbol{\alpha}_4,\boldsymbol{\alpha}_5)=$

$$\begin{pmatrix}2&0&14&4&6\\1&2&7&2&5\\3&-1&0&-1&1\\0&0&3&1&2\end{pmatrix}\xrightarrow{行}\begin{pmatrix}0&-4&0&0&-4\\1&2&7&2&5\\0&-7&-21&-7&-14\\0&0&3&1&2\end{pmatrix}$$

$$\xrightarrow{行}\begin{pmatrix}0&1&0&0&1\\1&2&7&2&5\\0&1&3&1&2\\0&0&3&1&2\end{pmatrix}\xrightarrow{行}\begin{pmatrix}0&1&0&0&1\\1&2&7&2&5\\0&1&0&0&0\\0&0&3&1&2\end{pmatrix}\xrightarrow{行}\begin{pmatrix}0&0&0&0&1\\1&2&7&2&5\\0&1&0&0&0\\0&0&3&1&2\end{pmatrix}$$

$$\xrightarrow{行}\begin{pmatrix}0&0&0&0&1\\1&0&1&0&1\\0&1&0&0&0\\0&0&3&1&2\end{pmatrix}\xrightarrow{行}\begin{pmatrix}1&0&1&0&0\\0&1&0&0&0\\0&0&3&1&0\\0&0&0&0&1\end{pmatrix}.$$

所以,秩 $r(\boldsymbol{\alpha}_1, \boldsymbol{\alpha}_2, \boldsymbol{\alpha}_3, \boldsymbol{\alpha}_4, \boldsymbol{\alpha}_5) = 4$, 极大线性无关组可以取 $\begin{cases}\boldsymbol{\alpha}_1, \boldsymbol{\alpha}_2, \boldsymbol{\alpha}_3, \boldsymbol{\alpha}_5\\ \boldsymbol{\alpha}_1, \boldsymbol{\alpha}_2, \boldsymbol{\alpha}_4, \boldsymbol{\alpha}_5\\ \boldsymbol{\alpha}_2, \boldsymbol{\alpha}_3, \boldsymbol{\alpha}_4, \boldsymbol{\alpha}_5\end{cases}$.

20. 求下列向量组的秩及其一个极大线性无关组,并将其余向量用此极大线性无关组线性表示:

(1) $\boldsymbol{\alpha}_1 = \begin{pmatrix}2\\4\\2\end{pmatrix}, \boldsymbol{\alpha}_2 = \begin{pmatrix}1\\1\\0\end{pmatrix}, \boldsymbol{\alpha}_3 = \begin{pmatrix}2\\3\\1\end{pmatrix}, \boldsymbol{\alpha}_4 = \begin{pmatrix}3\\5\\2\end{pmatrix}$;

(2) $\boldsymbol{\alpha}_1 = \begin{pmatrix}6\\4\\1\\-1\\2\end{pmatrix}, \boldsymbol{\alpha}_2 = \begin{pmatrix}1\\0\\2\\3\\-4\end{pmatrix}, \boldsymbol{\alpha}_3 = \begin{pmatrix}1\\4\\-9\\-16\\22\end{pmatrix}, \boldsymbol{\alpha}_4 = \begin{pmatrix}7\\1\\0\\-1\\3\end{pmatrix}$;

解: (1) 由向量组的秩与矩阵秩的关系可知, $(\boldsymbol{\alpha}_1, \boldsymbol{\alpha}_2, \boldsymbol{\alpha}_3, \boldsymbol{\alpha}_4) =$

$$\begin{pmatrix}2&1&2&3\\4&1&3&5\\2&0&1&2\end{pmatrix}\xrightarrow{行}\begin{pmatrix}0&1&1&1\\0&1&1&1\\2&0&1&2\end{pmatrix}\xrightarrow{行}\begin{pmatrix}0&0&0&0\\0&1&1&1\\2&0&1&2\end{pmatrix}\xrightarrow{行}\begin{pmatrix}1&0&\frac{1}{2}&1\\0&1&1&1\\0&0&0&0\end{pmatrix}.$$

所以秩 $r(\boldsymbol{\alpha}_1, \boldsymbol{\alpha}_2, \boldsymbol{\alpha}_3, \boldsymbol{\alpha}_4) = 2$, 取极大线性无关组为 $\boldsymbol{\alpha}_1, \boldsymbol{\alpha}_2$,则

$$\boldsymbol{\alpha}_3 = \frac{1}{2}\boldsymbol{\alpha}_1 + \boldsymbol{\alpha}_2, \boldsymbol{\alpha}_4 = \boldsymbol{\alpha}_1 + \boldsymbol{\alpha}_2.$$

(2) 由向量组的秩与矩阵秩的关系可知, $(\boldsymbol{\alpha}_1, \boldsymbol{\alpha}_2, \boldsymbol{\alpha}_3, \boldsymbol{\alpha}_4) =$

$$
\begin{pmatrix} 6 & 1 & 1 & 7 \\ 4 & 0 & 4 & 1 \\ 1 & 2 & -9 & 0 \\ -1 & 3 & -16 & -1 \\ 2 & -4 & 22 & 3 \end{pmatrix} \xrightarrow{\text{行}} \begin{pmatrix} 0 & -11 & 55 & 7 \\ 0 & -8 & 40 & 1 \\ 1 & 2 & -9 & 0 \\ 0 & 5 & -25 & -1 \\ 0 & -8 & 40 & 3 \end{pmatrix} \xrightarrow{\text{行}}
$$

$$
\begin{pmatrix} 0 & -11 & 55 & 7 \\ 0 & -8 & 40 & 1 \\ 1 & 2 & -9 & 0 \\ 0 & 5 & -25 & -1 \\ 0 & 0 & 0 & 1 \end{pmatrix} \xrightarrow{\text{行}} \begin{pmatrix} 0 & -11 & 55 & 0 \\ 0 & -8 & 40 & 0 \\ 1 & 2 & -9 & 0 \\ 0 & 5 & -25 & 0 \\ 0 & 0 & 0 & 1 \end{pmatrix} \xrightarrow{\text{行}} \begin{pmatrix} 0 & 1 & -5 & 0 \\ 0 & 1 & -5 & 0 \\ 1 & 2 & -9 & 0 \\ 0 & 1 & -5 & 0 \\ 0 & 0 & 0 & 1 \end{pmatrix}
$$

$$
\xrightarrow{\text{行}} \begin{pmatrix} 0 & 1 & -5 & 0 \\ 0 & 0 & 0 & 0 \\ 1 & 0 & 1 & 0 \\ 0 & 0 & 0 & 0 \\ 0 & 0 & 0 & 1 \end{pmatrix} \xrightarrow{\text{行}} \begin{pmatrix} 1 & 0 & 1 & 0 \\ 0 & 1 & -5 & 0 \\ 0 & 0 & 0 & 1 \\ 0 & 0 & 0 & 0 \\ 0 & 0 & 0 & 0 \end{pmatrix}.
$$

所以秩 $r(\boldsymbol{\alpha}_1, \boldsymbol{\alpha}_2, \boldsymbol{\alpha}_3, \boldsymbol{\alpha}_4) = 3$，取极大线性无关组为 $\boldsymbol{\alpha}_1, \boldsymbol{\alpha}_2, \boldsymbol{\alpha}_4$，则 $\boldsymbol{\alpha}_3 = \boldsymbol{\alpha}_1 - 5\boldsymbol{\alpha}_2$.

21. 设向量 $\boldsymbol{\alpha} = 2\boldsymbol{\xi} - \boldsymbol{\eta}$，$\boldsymbol{\beta} = \boldsymbol{\xi} + \boldsymbol{\eta}$，$\boldsymbol{\gamma} = -\boldsymbol{\xi} + 3\boldsymbol{\eta}$，试用不同的方式验证向量 $\boldsymbol{\alpha}, \boldsymbol{\beta}, \boldsymbol{\gamma}$ 线性相关.

解：（方法一）：算向量组的秩. 由 $r(\boldsymbol{\alpha}, \boldsymbol{\beta}, \boldsymbol{\gamma}) = r(2\boldsymbol{\xi} - \boldsymbol{\eta}, \boldsymbol{\xi} + \boldsymbol{\eta}, -\boldsymbol{\xi} + 3\boldsymbol{\eta}) = r(3\boldsymbol{\xi}, \boldsymbol{\xi} + \boldsymbol{\eta}, -\boldsymbol{\xi} + 3\boldsymbol{\eta}) = r(\boldsymbol{\xi}, \boldsymbol{\xi} + \boldsymbol{\eta}, -\boldsymbol{\xi} + 3\boldsymbol{\eta}) = r(\boldsymbol{\xi}, \boldsymbol{\eta}, 3\boldsymbol{\eta}) = r(\boldsymbol{\xi}, \boldsymbol{\eta}, \boldsymbol{0}) \leqslant 2 < 3$，故 $\boldsymbol{\alpha}, \boldsymbol{\beta}, \boldsymbol{\gamma}$ 三个向量线性相关.

（方法二）：向量组 $\boldsymbol{\alpha}, \boldsymbol{\beta}, \boldsymbol{\gamma}$ 能够被向量组 $\boldsymbol{\xi}, \boldsymbol{\eta}$ 表示，有 $(\boldsymbol{\alpha}, \boldsymbol{\beta}, \boldsymbol{\gamma}) = (\boldsymbol{\xi}, \boldsymbol{\eta})\begin{pmatrix} 2 & 1 & -1 \\ -1 & 1 & 3 \end{pmatrix}$，且 $3 > 2$，故向量组 $\boldsymbol{\alpha}, \boldsymbol{\beta}, \boldsymbol{\gamma}$ 线性相关.

22. 设向量组 $\boldsymbol{\alpha}_1, \boldsymbol{\alpha}_2, \cdots, \boldsymbol{\alpha}_s$ 的秩为 r，试证明：其中任意选取 m 个向量所构成的向量组的秩 $\geqslant r + m - s$.

证明:(方法一):设任意选取的 m 个向量为 $\boldsymbol{\alpha}_{i_1}, \boldsymbol{\alpha}_{i_2}, \cdots, \boldsymbol{\alpha}_{i_m}$,取 $\boldsymbol{\alpha}_{i_1}, \boldsymbol{\alpha}_{i_2}, \cdots, \boldsymbol{\alpha}_{i_m}$ 的一个极大线性无关组 $\boldsymbol{\alpha}_{j_1}, \boldsymbol{\alpha}_{j_2}, \cdots, \boldsymbol{\alpha}_{j_t}$,将其扩充为整个向量组 $\boldsymbol{\alpha}_1, \boldsymbol{\alpha}_2, \cdots, \boldsymbol{\alpha}_s$ 的一个极大线性无关组

$$\boldsymbol{\alpha}_{j_1}, \boldsymbol{\alpha}_{j_2}, \cdots, \boldsymbol{\alpha}_{j_t}, \boldsymbol{\alpha}_{j_{t+1}}, \cdots, \boldsymbol{\alpha}_{j_r}.$$

因为秩 $r(\boldsymbol{\alpha}_{j_1}, \boldsymbol{\alpha}_{j_2}, \cdots, \boldsymbol{\alpha}_{j_t}) = r(\boldsymbol{\alpha}_{i_1}, \boldsymbol{\alpha}_{i_2}, \cdots, \boldsymbol{\alpha}_{i_m}) = t$, 则

$\boldsymbol{\alpha}_{j_{t+1}}, \cdots, \boldsymbol{\alpha}_{j_r} \notin \{\boldsymbol{\alpha}_{i_1}, \boldsymbol{\alpha}_{i_2}, \cdots, \boldsymbol{\alpha}_{i_m}\}$,

所以 $\boldsymbol{\alpha}_{j_{t+1}}, \cdots, \boldsymbol{\alpha}_{j_r} \in \{\boldsymbol{\alpha}_1, \cdots, \boldsymbol{\alpha}_s\} \setminus \{\boldsymbol{\alpha}_{i_1}, \cdots, \boldsymbol{\alpha}_{i_m}\}$. 从而 $r - t \leqslant s - m$, 即有 $r(\boldsymbol{\alpha}_{i_1}, \boldsymbol{\alpha}_{i_2}, \cdots, \boldsymbol{\alpha}_{i_m}) \geqslant r + m - s$.

(方法二):记向量组 $\boldsymbol{\alpha}_1, \cdots, \boldsymbol{\alpha}_s$ 为 $\boldsymbol{I}$. 选取 m 个向量构成的向量组为 $\boldsymbol{II}$,剩下的 $s - m$ 个向量构成的向量组为 $\boldsymbol{III}$,它们的极大无关组分别记为 $\boldsymbol{II}_0$, $\boldsymbol{III}_0$. 则有任意 $\boldsymbol{\alpha} \in \{\boldsymbol{\alpha}_1, \cdots, \boldsymbol{\alpha}_s\}$,如果 $\boldsymbol{\alpha} \in \boldsymbol{II}$,则 $\boldsymbol{\alpha}$ 可由 $\boldsymbol{II}_0$ 线性表示;如果 $\boldsymbol{\alpha} \in \boldsymbol{III}$,则 $\boldsymbol{\alpha}$ 可由 $\boldsymbol{III}_0$ 线性表示. 所以向量组 $\boldsymbol{I}$ 可由向量组($\boldsymbol{II}_0$, $\boldsymbol{III}_0$)线性表示. 从而 $r = r(\boldsymbol{I}) \leqslant r(\boldsymbol{II}_0, \boldsymbol{III}_0) \leqslant |\boldsymbol{II}_0| + |\boldsymbol{III}_0| \leqslant r(\boldsymbol{II}) + s - m$. 故 $r(\boldsymbol{II}) \geqslant r + m - s$.

23. 设 $\boldsymbol{A}$, $\boldsymbol{B}$ 均为 $m \times n$ 矩阵, $\boldsymbol{C} = (\boldsymbol{A}, \boldsymbol{B})$ 为 $m \times 2n$ 矩阵,试证明:

$$\max\{r(\boldsymbol{A}), r(\boldsymbol{B})\} \leqslant r(\boldsymbol{C}) \leqslant r(\boldsymbol{A}) + r(\boldsymbol{B}).$$

证明:对于左侧不等式,因为 $\boldsymbol{A}$ 的最高阶非零子式总是 $\boldsymbol{C}$ 的非零子式,故 $r(\boldsymbol{A}) \leqslant r(\boldsymbol{C})$, 同理可得 $r(\boldsymbol{A}) \leqslant r(\boldsymbol{C})$, 故 $\max\{r(\boldsymbol{A}), r(\boldsymbol{B})\} \leqslant r(\boldsymbol{C})$.

对于右侧不等式,不妨设 $\boldsymbol{A}$, $\boldsymbol{B}$ 的列向量组的极大无关组分别为 $\boldsymbol{A}_0$, $\boldsymbol{B}_0$, 有 $r(\boldsymbol{A}) = r(\boldsymbol{A}$列向量$)$, $r(\boldsymbol{B}) = r(\boldsymbol{B}$列向量$)$, 所以向量组($\boldsymbol{A}$ 列向量,$\boldsymbol{B}$ 列向量)可由向量组($\boldsymbol{A}_0$, $\boldsymbol{B}_0$)线性表示,所以

$$r(\boldsymbol{A}, \boldsymbol{B}) \leqslant r(\boldsymbol{A}_0, \boldsymbol{B}_0) \leqslant |\boldsymbol{A}_0| + |\boldsymbol{B}_0| \text{ (个数和) } = r(\boldsymbol{A}) + r(\boldsymbol{B}).$$

24. 用基础解系表示出下列方程组的全部解:

(1) $\begin{cases} 2x - y + 3z = 0 \\ x + 3y + 2z = 0 \\ 3x - 5y + 4z = 0 \\ x + 17y + 4z = 0 \end{cases}$;

(2) $\begin{cases} x_1+x_2+x_3+x_4+x_5=0 \\ 3x_1+2x_2+x_3+x_4-3x_5=0 \\ x_2+2x_3+2x_4+6x_5=0 \\ 5x_1+4x_2+3x_3+3x_4-x_5=0 \end{cases}$;

(3) $\begin{cases} 2x+y-z=1 \\ 3x-2y+z=4 \\ x+4y-3z=7 \\ x+2y+z=4 \end{cases}$;

(4) $\begin{cases} x_1+2x_2+4x_3-3x_4=1 \\ 3x_1+5x_2+6x_3-4x_4=2 \\ 4x_2+5x_2-2x_3+3x_3=1 \\ 3x_1+8x_2+24x_3-19x_4=5 \end{cases}$;

(5) $\begin{cases} x_1+3x_2+5x_3-4x_4=1 \\ x_1+3x_2+2x_3-2x_4+x_5=-1 \\ x_1-2x_2+x_3-x_4-x_5=3 \\ x_1-4x_2+x_3+x_4-x_5=3 \\ x_1+2x_2+x_3-x_4+x_5=-1 \end{cases}$.

解: (1) 系数矩阵 $\boldsymbol{A}=\begin{pmatrix} 2 & -1 & 3 \\ 1 & 3 & 2 \\ 3 & -5 & 4 \\ 1 & 17 & 4 \end{pmatrix} \xrightarrow{\text{行}} \begin{pmatrix} 0 & -7 & -1 \\ 1 & 3 & 2 \\ 0 & 0 & 0 \\ 0 & 0 & 0 \end{pmatrix} \rightarrow \begin{pmatrix} 1 & 0 & \frac{11}{7} \\ 0 & 1 & \frac{1}{7} \\ 0 & 0 & 0 \\ 0 & 0 & 0 \end{pmatrix}$.

故得到的通解为 $\boldsymbol{x}=c(11,1,-7)^{\mathrm{T}}$, $c\in\mathbb{F}$(数域).

(2) 系数矩阵 $\boldsymbol{A}=\begin{pmatrix} 1 & 1 & 1 & 1 & 1 \\ 3 & 2 & 1 & 1 & -3 \\ 0 & 1 & 2 & 2 & 6 \\ 5 & 4 & 3 & 3 & -1 \end{pmatrix} \xrightarrow{\text{行}} \begin{pmatrix} 1 & 0 & -1 & -1 & -5 \\ 0 & 1 & 2 & 2 & 6 \\ 0 & 0 & 0 & 0 & 0 \\ 0 & 0 & 0 & 0 & 0 \end{pmatrix}$.

故得到的通解为

$$x = c_1(1, -2, 1, 0, 0)^T + c_2(1, -2, 0, 1, 0)^T + c_3(5, -6, 0, 0, 1)^T,$$

其中, $c_1, c_2, c_3 \in \mathbb{F}$.

(3) 增广矩阵$(A \vdots b) = \begin{pmatrix} 2 & 1 & -1 & 1 \\ 3 & -2 & 1 & 4 \\ 1 & 4 & -3 & 7 \\ 1 & 2 & 1 & 4 \end{pmatrix} \xrightarrow{\text{行}} \begin{pmatrix} 1 & 2 & 1 & 4 \\ 0 & 6 & -12 & 9 \\ 0 & 0 & -18 & 4 \\ 0 & 0 & 0 & -9 \end{pmatrix}$.

系数矩阵和增广矩阵的秩不相同,原方程组无解.

(4) 增广矩阵$(A \vdots b) = \begin{pmatrix} 1 & 2 & 4 & -3 & 1 \\ 3 & 5 & 6 & -4 & 2 \\ 4 & 5 & -2 & 3 & 1 \\ 3 & 8 & 24 & -19 & 5 \end{pmatrix} \xrightarrow{\text{行}}$

$$\begin{pmatrix} 1 & 0 & -8 & 7 & -1 \\ 0 & 1 & 6 & -5 & 1 \\ 0 & 0 & 0 & 0 & 0 \\ 0 & 0 & 0 & 0 & 0 \end{pmatrix}.$$

非齐次方程的一个特解为$(-1, 1, 0, 0)^T$,通解为

$$x = (-1, 1, 0, 0)^T + c_1(8, -6, 1, 0)^T + c_2(-7, 5, 0, 1)^T, \ c_1, c_2 \in \mathbb{F}.$$

(5) 增广矩阵$(A \vdots b) = \begin{pmatrix} 1 & 3 & 5 & -4 & 0 & 1 \\ 1 & 3 & 2 & -2 & 1 & -1 \\ 1 & -2 & 1 & -1 & -1 & 3 \\ 1 & -4 & 1 & 1 & -1 & 3 \\ 1 & 2 & 1 & -1 & 1 & -1 \end{pmatrix} \xrightarrow{\text{行}}$

$$\begin{pmatrix} 1 & 0 & 0 & 0 & \frac{1}{2} & 0 \\ 0 & 1 & 0 & 0 & \frac{1}{2} & -1 \\ 0 & 0 & 1 & 0 & 0 & 0 \\ 0 & 0 & 0 & 1 & \frac{1}{2} & -1 \\ 0 & 0 & 0 & 0 & 0 & 0 \end{pmatrix}.$$

非齐次方程的一个特解为$(0, -1, 0, -1, 0)^T$,通解为

$$x = (0, -1, 0, -1, 0)^T + c(-1, -1, 0, -1, 2)^T, \ c \in \mathbb{F}.$$

25. 已知矩阵$\begin{pmatrix} 1 & -11 & 3 & 7 \\ -2 & 16 & -4 & -10 \\ 1 & -2 & 0 & 1 \\ 0 & -3 & 1 & 2 \\ 0 & 0 & 0 & 0 \end{pmatrix}$的各个列向量都是齐次线性方程组

$$\begin{cases} 4x_1 + 3x_2 + 2x_3 + 2x_5 = 0 \\ x_1 + x_2 + x_3 + x_4 + x_5 = 0 \\ 2x_1 + x_2 - 2x_4 = 0 \\ 3x_1 + 2x_2 + x_3 - x_4 + x_5 = 0 \end{cases}$$

的解向量,这四个列向量能否构成方程组的基础解系?是多了还是少了?多了如何去掉?少了如何补充?

解: 设方程的系数矩阵为$\boldsymbol{A}$,题设中已知矩阵为$\boldsymbol{B}$,有

$$\boldsymbol{A} = \begin{pmatrix} 4 & 3 & 2 & 0 & 2 \\ 1 & 1 & 1 & 1 & 1 \\ 2 & 1 & 0 & -2 & 0 \\ 3 & 2 & 1 & -1 & 1 \end{pmatrix} \xrightarrow{\text{行}} \begin{pmatrix} 1 & 0 & -1 & -3 & -1 \\ 0 & 1 & 2 & 4 & 2 \\ 0 & 0 & 0 & 0 & 0 \\ 0 & 0 & 0 & 0 & 0 \end{pmatrix}.$$

所以$r(\boldsymbol{A}) = 2$. 基础解系含$5 - 2 = 3$个解向量,而$r(\boldsymbol{B}) = 2$,所以$\boldsymbol{B}$的列向量不能构成方程组的基础解系.线性无关的解向量少了.由通解为

$$c_1(1, -2, 1, 0, 0)^T + c_2(3, -4, 0, 1, 0)^T \\ + c_3(1, -2, 0, 0, 1)^T, \ c_1, c_2, c_3 \in \mathbb{F}.$$

可去掉$\boldsymbol{B}$中第二列和第四列,补充$(1, -2, 0, 0, 1)^T$.

26. 已知齐次线性方程组

$$(\mathrm{I})\begin{cases}x_1+x_2=0\\x_2-x_4=0\end{cases},$$

又已知齐次线性方程组(Ⅱ)的通解

$$\boldsymbol{\eta}=c_1\begin{pmatrix}0\\1\\1\\0\end{pmatrix}+c_2\begin{pmatrix}-1\\2\\2\\1\end{pmatrix},\ c_1,\ c_2\ \text{为任意常数}.$$

(1) 求齐次线性方程组(Ⅰ)的基础解系;

(2) 线性方程组(Ⅰ)与方程组(Ⅱ)是否有公共非零解? 若有,求出所有公共非零解;若没有,则说明理由.

解:(1) 系数矩阵为

$$\boldsymbol{A}=\begin{pmatrix}1&1&0&0\\0&1&0&-1\end{pmatrix}\xrightarrow{\text{行}}\begin{pmatrix}1&0&0&1\\0&1&0&-1\end{pmatrix},$$

所以齐次线性方程组(Ⅰ)的基础解系为$(0,0,1,0)^{\mathrm{T}}$, $(-1,1,0,1)^{\mathrm{T}}$.

(2) 设

$$c_1\begin{pmatrix}0\\1\\1\\0\end{pmatrix}+c_2\begin{pmatrix}-1\\2\\2\\1\end{pmatrix}=c_3\begin{pmatrix}0\\0\\1\\0\end{pmatrix}+c_4\begin{pmatrix}-1\\1\\0\\1\end{pmatrix}.$$

得方程组为

$$\begin{cases}-c_2+c_4=0\\c_1+2c_2-c_4=0\\c_1+2c_2-c_3=0\\c_2-c_4=0\end{cases}\Rightarrow c_1=-c_2=c_3=-c_4.$$

故(Ⅰ)与(Ⅱ)有公共的非零解,公共的非零解为$c\begin{pmatrix}-1\\1\\1\\1\end{pmatrix}, c \in \mathbb{F}\setminus\{0\}$.

27. k 取何值时,下列方程组无解?有唯一解?或有无穷多解?在有无穷多解时,求出其全部解.

$$(1)\begin{cases}kx+y+z=1\\x+ky+z=k\\x+y+kz=k^2\end{cases};(2)\begin{cases}2x-y-z=2\\x-2y+z=k\\x+y-2z=k^2\end{cases}.$$

解:(1)设增广矩阵为$(\boldsymbol{A}\mid\boldsymbol{b})$,有

$$(\boldsymbol{A}\mid\boldsymbol{b})=\begin{pmatrix}k&1&1&1\\1&k&1&k\\1&1&k&k^2\end{pmatrix}\xrightarrow{\text{行}}\begin{pmatrix}1&1&k&k^2\\0&k-1&1-k&k-k^2\\0&0&(k+2)(k-1)&(k-1)(k+1)^2\end{pmatrix}.$$

当 $k=-2$ 时,$r(\boldsymbol{A})=2\neq r(\boldsymbol{A}\mid\boldsymbol{b})=3$, 所以方程组无解;

当 $k\neq1$ 且 $k\neq-2$ 时,$r(\boldsymbol{A})=r(\boldsymbol{A}\mid\boldsymbol{b})=3$, 所以方程组有唯一解.

当 $k=1$ 时,$r(\boldsymbol{A})=r(\boldsymbol{A}\mid\boldsymbol{b})=1<3$, 方程组有无穷多解,通解为

$$\boldsymbol{x}=\begin{pmatrix}1\\0\\0\end{pmatrix}+c_1\begin{pmatrix}-1\\1\\0\end{pmatrix}+c_2\begin{pmatrix}-1\\0\\1\end{pmatrix}, c_1, c_2\in\mathbb{F}.$$

(2)增广矩阵

$$(\boldsymbol{A}\mid\boldsymbol{b})=\begin{pmatrix}2&-1&-1&2\\1&-2&1&k\\1&1&-2&k^2\end{pmatrix}\xrightarrow{\text{行}}\begin{pmatrix}1&0&-1&\frac{2}{3}k^2+\frac{1}{3}k\\0&1&-1&\frac{1}{3}(k^2-k)\\0&0&0&(k+2)(k-1)\end{pmatrix}.$$

当 $k \neq 1$, $k \neq -2$ 时, $r(\boldsymbol{A}) = 2 \neq 3 = r(\boldsymbol{A} \vdots \boldsymbol{b})$, 所以方程组无解,
当 $k = 1$ 时, $r(\boldsymbol{A}) = r(\boldsymbol{A} \vdots \boldsymbol{b}) = 2 < 3$, 方程组有无穷多解,通解为

$$\boldsymbol{x} = \begin{pmatrix} 1 \\ 0 \\ 0 \end{pmatrix} + c_1 \begin{pmatrix} 1 \\ 1 \\ 1 \end{pmatrix}, \ c_1 \in \mathbb{F}.$$

当 $k = -2$ 时, $r(\boldsymbol{A}) = r(\boldsymbol{A} \vdots \boldsymbol{b}) = 2 < 3$, 方程组有无穷多解,通解为

$$\boldsymbol{x} = \begin{pmatrix} 2 \\ 2 \\ 0 \end{pmatrix} + c_1 \begin{pmatrix} 1 \\ 1 \\ 1 \end{pmatrix}, \ c_1 \in \mathbb{F}.$$

28. 当 a, b 取何值时,下列线性方程组无解? 有唯一解? 或有无穷多解? 在有解时,求出其所有解.

$$(1)\begin{cases} ax + y + z = 4 \\ x + by + z = 3 \\ x + 2by + z = 4 \end{cases};\ (2)\begin{cases} x_1 + x_2 + x_3 + x_4 = 0 \\ x_2 + 2x_3 + 2x_4 = 1 \\ -x_2 + (a-3)x_3 - 2x_4 = b \\ 3x_1 + 2x_2 + x_3 + ax_4 = -1 \end{cases}.$$

解: (1) 增广矩阵

$$(\boldsymbol{A} \vdots \boldsymbol{b}) = \begin{pmatrix} a & 1 & 1 & 4 \\ 1 & b & 1 & 3 \\ 1 & 2b & 1 & 4 \end{pmatrix} \xrightarrow{\text{行}} \begin{pmatrix} 1 & b & 1 & 3 \\ 0 & 1 & 1-a & 2(2-a) \\ 0 & 0 & -b(1-a) & 1-2b(2-a) \end{pmatrix}.$$

显然,当 $b = 0$ 或 $a = 1$, $b \neq \dfrac{1}{2}$ 时,方程组无解.

当 $a \neq 1$, $b \neq 0$ 时,方程组有唯一解,

$$(\boldsymbol{A} \vdots \boldsymbol{b}) \xrightarrow{\text{行}} \begin{pmatrix} 1 & b & 1 & 3 \\ 0 & 1 & 1-a & 2(2-a) \\ 0 & 0 & 1-a & \dfrac{2b(2-a)-1}{b} \end{pmatrix}.$$

解为

$$x=\frac{1-2b}{(1-a)b},\ y=\frac{1}{b},\ z=\frac{4b-2ab-1}{(1-a)b}.$$

若 $a=1,\ b=\frac{1}{2}$ 时,$r(\boldsymbol{A})=r(\boldsymbol{A}\vdots\boldsymbol{b})=2<3$. 方程组有无穷多解,增广矩阵进一步化为

$$(\boldsymbol{A}\vdots\boldsymbol{b})=\begin{pmatrix}1&0&1&2\\0&1&0&2\\0&0&0&0\end{pmatrix}.$$

通解为 $\boldsymbol{x}=\begin{pmatrix}2\\2\\0\end{pmatrix}+c\begin{pmatrix}-1\\0\\1\end{pmatrix},\ c\in\mathbb{F}$.

(2) 增广矩阵

$$(\boldsymbol{A}\vdots\boldsymbol{b})=\begin{pmatrix}1&1&1&1&0\\0&1&2&2&1\\0&-1&a-3&-2&b\\3&2&1&a&-1\end{pmatrix}\xrightarrow{\text{行}}\begin{pmatrix}1&1&1&1&0\\0&1&2&2&1\\0&0&a-1&0&b+1\\0&0&0&a-1&0\end{pmatrix}.$$

当 $a=1$ 时,此时秩最多为3,增广矩阵为

$$\begin{pmatrix}1&1&1&1&0\\0&1&2&2&1\\0&0&a-1&0&b+1\\0&0&0&a-1&0\end{pmatrix}\to\begin{pmatrix}1&1&1&1&0\\0&1&2&2&1\\0&0&0&0&b+1\\0&0&0&0&0\end{pmatrix}$$

$$\to\begin{pmatrix}1&0&-1&-1&-1\\0&1&2&2&1\\0&0&0&0&b+1\\0&0&0&0&0\end{pmatrix}.$$

当 $a=1,\ b\neq-1$ 时, $r(\boldsymbol{A})=2\neq3=r(\boldsymbol{A}\vdots\boldsymbol{b})$, 方程组无解;

当 $a=1$, $b=-1$ 时, $r(\boldsymbol{A})=r(\boldsymbol{A}\,\vdots\,\boldsymbol{b})=2<4$, 方程组有无穷多解,通解为

$$\boldsymbol{x}=\begin{pmatrix}-1\\1\\0\\0\end{pmatrix}+c_1\begin{pmatrix}1\\-2\\1\\0\end{pmatrix}+c_2\begin{pmatrix}1\\-2\\0\\1\end{pmatrix},\ c_1,\ c_2\in\mathbb{F}.$$

当 $a\neq-1$ 时, $r(\boldsymbol{A})=r(\boldsymbol{A}\,\vdots\,\boldsymbol{b})=4$, 方程组有唯一解, 解为 $\left(\frac{b-a+2}{a-1},\ \frac{a-2b-3}{a-1},\ \frac{b+1}{a-1},\ 0\right)^{\mathrm{T}}$.

29. 设线性方程组

$$\begin{cases}x_1+a_1x_2+a_1^2x_3=a_1^3\\x_1+a_2x_2+a_2^2x_3=a_2^3\\x_1+a_3x_2+a_2^2x_3=a_3^3\\x_1+a_4x_2+a_2^2x_3=a_4^3\end{cases}.$$

(1) 试证明: 若常数 a_1, a_2, a_3, a_4 互不相等,则此线性方程组无解.

(2) 若 $a_1=a_3=a$, $a_2=a_4=-a(a\neq0)$, 且

$$\boldsymbol{\eta}_1=c_1\begin{pmatrix}-1\\1\\1\end{pmatrix},\ \boldsymbol{\eta}_2=c_1\begin{pmatrix}1\\1\\-1\end{pmatrix}$$

是该线性方程组的两个解,试写出此线性方程组的通解.

(1) **证明:** 增广矩阵$\tilde{\boldsymbol{A}}$的行列式为 $|\tilde{\boldsymbol{A}}|=\prod\limits_{1\leqslant i<j\leqslant4}(a_i-a_j)$. 若常数 a_i 互不相等,此时行列式不为零,所以增广矩阵的秩为 4. 而系数矩阵 $\boldsymbol{A}$ 的任意三阶子式都是范德蒙德行列式,且都不为零,故系数矩阵的秩为 3. 即 $r(\boldsymbol{A})=3\neq4=r(\tilde{\boldsymbol{A}})$, 故方程组无解.

(2) **解:** 增广矩阵

$$\tilde{\boldsymbol{A}}=\begin{pmatrix}1&a&a^2&a^3\\1&-a&a^2&-a^3\\1&a&a^2&a^3\\1&-a&a^2&-a^3\end{pmatrix}\xrightarrow{\text{行}}\begin{pmatrix}1&0&a^2&0\\0&1&0&a^2\\0&0&0&0\\0&0&0&0\end{pmatrix},$$

所以 $r(\boldsymbol{A})=2$. 基础解系含 1 个解向量,取为 $\boldsymbol{\eta}_1-\boldsymbol{\eta}_2=(-2c_1,0,2c_1)^{\mathrm{T}}$. 由 $\tilde{\boldsymbol{A}}$ 的阶梯形可知 $c_1=a^2=1$, 所以 $(-1,1,1)^{\mathrm{T}}$ 为特解.

故通解为 $\boldsymbol{x}=\begin{pmatrix}-1\\1\\1\end{pmatrix}+c\begin{pmatrix}-1\\0\\1\end{pmatrix}$, $c\in\mathbb{F}$.

30. 判断以下命题是否正确:

(1) 若 $\boldsymbol{\eta}_1,\boldsymbol{\eta}_2,\boldsymbol{\eta}_3$ 是方程组 $\boldsymbol{Ax}=\mathbf{0}$ 的基础解系,则与 $\boldsymbol{\eta}_1,\boldsymbol{\eta}_2,\boldsymbol{\eta}_3$ 等价的向量组也为此方程组的基础解系;

(2) 若 $\boldsymbol{A}$ 是 $m\times n$ 矩阵,当 $m<n$ 时,方程组 $\boldsymbol{Ax}=\boldsymbol{\beta}(\boldsymbol{\beta}\neq\mathbf{0})$ 必有无穷多解;

(3) 若 $\boldsymbol{A}$ 是 $m\times n$ 矩阵,$r(\boldsymbol{A})=n$,方程组 $\boldsymbol{Ax}=\boldsymbol{\beta}(\boldsymbol{\beta}\neq\mathbf{0})$ 必有唯一解;

(4) 若 $\boldsymbol{A}$ 是 $m\times n$ 矩阵,$r(\boldsymbol{A})=m$,方程组 $\boldsymbol{Ax}=\boldsymbol{\beta}$ 必有解;

(5) 若 $\boldsymbol{A}$ 是 $m\times n$ 矩阵,则方程组 $(\boldsymbol{A}^{\mathrm{T}}\boldsymbol{A})\boldsymbol{x}=\boldsymbol{A}^{\mathrm{T}}\boldsymbol{\beta}$ 必有解;

(6) 若方程组 $\boldsymbol{Ax}=\mathbf{0}$ 只有零解,则方程组 $\boldsymbol{Ax}=\boldsymbol{\beta}(\boldsymbol{\beta}\neq\mathbf{0})$ 必有唯一解.

解: (1) 错误. 基础解系的一个等价向量组虽然也都是其解,但它所含的向量个数可以大于基础解系含向量的个数,所以与基础解系等价的向量组不一定是解向量组的极大无关组.

(2) 错误. 反例: 取 $\boldsymbol{A}=\begin{pmatrix}1&0&0\\0&0&0\end{pmatrix}$, $\boldsymbol{\beta}=(1,1)^{\mathrm{T}}$,方程组 $\boldsymbol{Ax}=\boldsymbol{\beta}$ 无解.

(3) 错误. 反例: 取 $\boldsymbol{A}=\begin{pmatrix}1&0\\0&1\\1&1\end{pmatrix}$, $\boldsymbol{\beta}=(1,1,3)^{\mathrm{T}}$,方程组 $\boldsymbol{Ax}=\boldsymbol{\beta}$ 无解.

(4) 正确. 因为 $m=r(\boldsymbol{A})\leqslant r(\boldsymbol{A}\,\vdots\,\boldsymbol{\beta})\leqslant m$,所以 $r(\boldsymbol{A})=r(\boldsymbol{A}\,\vdots\,\boldsymbol{\beta})=m$. 从而行满秩方程组必有解.

(5) 正确. 注意到 $r=(\boldsymbol{A}^{\mathrm{T}}\boldsymbol{A})=r(\boldsymbol{A})=r(\boldsymbol{A}^{\mathrm{T}})$,有

$$r(\boldsymbol{A}^{\mathrm{T}}\boldsymbol{A})\leqslant r(\boldsymbol{A}^{\mathrm{T}}\boldsymbol{A},\boldsymbol{A}^{\mathrm{T}}\boldsymbol{\beta})=r(\boldsymbol{A}^{\mathrm{T}}(\boldsymbol{A},\boldsymbol{A}^{\mathrm{T}}\boldsymbol{\beta}))\leqslant r(\boldsymbol{A}^{\mathrm{T}})=r((\boldsymbol{A}^{\mathrm{T}}\boldsymbol{A})).$$

所以 $r(\boldsymbol{A}^{\mathrm{T}}\boldsymbol{A})=r(\boldsymbol{A}^{\mathrm{T}}\boldsymbol{A},\boldsymbol{A}^{\mathrm{T}}\boldsymbol{\beta})$. 故 $(\boldsymbol{A}^{\mathrm{T}}\boldsymbol{A})\boldsymbol{x}=\boldsymbol{A}^{\mathrm{T}}\boldsymbol{\beta}$ 必有解.

(6) 错误. 反例：取 $\boldsymbol{A}=\begin{pmatrix}1&0\\0&1\\1&1\end{pmatrix}$, $\boldsymbol{\beta}=(1,1,3)^{\mathrm{T}}$. 显然 $\boldsymbol{Ax}=\boldsymbol{0}$ 只有零解，但方程组 $\boldsymbol{Ax}=\boldsymbol{\beta}$ 无解.

31. 设 $\boldsymbol{A}$ 是 n 阶方阵,试证明：若对于任意一个 n 维向量 $\boldsymbol{x}=(x_1, x_2, \cdots, x_n)^{\mathrm{T}}$,都有 $\boldsymbol{Ax}=\boldsymbol{0}$,则 $\boldsymbol{A}=\boldsymbol{O}$.

证明：因为任意一个 n 维向量都有线性方程组 $\boldsymbol{Ax}=\boldsymbol{0}$ 的解向量,取 $\boldsymbol{x}=\boldsymbol{\epsilon}_i$, $i=1, \cdots, n$. $\boldsymbol{\epsilon}_i$ 为单位向量. 有 $\boldsymbol{AE}=\boldsymbol{O}$. 故 $\boldsymbol{A}=\boldsymbol{O}$.

32. 设齐次线性方程组

$$\sum_{j=1}^{n} a_{ij}x_j=0,\ i=1, 2, \cdots, n$$

的行列式 $|\boldsymbol{A}|=0$,其中 $\boldsymbol{A}=(a_{ij})_{n\times n}$, 而 $\boldsymbol{A}$ 中某元素 a_{ij}的代数余子式 $A_{ij}\neq 0$.

试证明：$(A_{i1}, A_{i2}, \cdots, A_{in})^{\mathrm{T}}$ 是该齐次线性方程组的一个基础解系.

证明：因为 $|\boldsymbol{A}|=0$, $A_{ij}\neq 0$, 即 $\boldsymbol{A}$ 存在一个 $n-1$ 阶的非零子式,故 $r(\boldsymbol{A})=n-1$. 因此基础解系只包含 1 个解向量.

将 $\boldsymbol{A}^*$ 按列分块, $\boldsymbol{A}^*=(\boldsymbol{\alpha}_1, \boldsymbol{\alpha}_2, \cdots, \boldsymbol{\alpha}_n)$,其中 $\boldsymbol{\alpha}_i=(A_{i1}, A_{i2}, \cdots, A_{in})^{\mathrm{T}}$. 因为行列式 $|\boldsymbol{A}|=0$, 故 $\boldsymbol{AA}^*=|\boldsymbol{A}|\boldsymbol{E}=0$, 因此 $\boldsymbol{A\alpha}_i=\boldsymbol{0}$ 且 $\boldsymbol{\alpha}_i\neq\boldsymbol{0}$, 即 $\boldsymbol{\alpha}_i$ 是齐次线性方程组的非零解,可作为基础解系. 命题得证.

33. 试证明：非齐次线性方程组

$$\sum_{j=1}^{n} a_{ij}x_j=b_i,\ i=1, 2, \cdots, n$$

对任意常数 $b_1, b_2, \cdots, b_n$ 都有解的充分必要条件是其系数矩阵 $\boldsymbol{A}=(a_{ij})_{n\times n}$ 的行列式不为零.

证明：充分性：由已知,方程组的系数行列式不等于 0,由克莱姆法则可知,对任意常数 $b_1, b_2, \cdots, b_n$ 都有解.

必要性：由已知,n 维基本向量组 $\boldsymbol{\epsilon}_1, \boldsymbol{\epsilon}_2, \cdots, \boldsymbol{\epsilon}_n$ 可由 $\boldsymbol{A}$ 的列向量组线性表示,故 $r(\boldsymbol{A})=n$. 因此 $\det(\boldsymbol{A})\neq 0$.

34. 设 $\boldsymbol{\xi}$ 是非齐次线性方程组 $\boldsymbol{Ax}=\boldsymbol{\beta}(\boldsymbol{\beta}\neq\mathbf{0})$ 的一个解，$\boldsymbol{\eta}_1,\boldsymbol{\eta}_2,\cdots,\boldsymbol{\eta}_r$ 是其对应的齐次线性方程组 $\boldsymbol{Ax}=\mathbf{0}$ 的一个基础解系，试证明：

(1) $\boldsymbol{\eta}_1,\boldsymbol{\eta}_2,\cdots,\boldsymbol{\eta}_r,\boldsymbol{\xi}$ 线性无关；

(2) $\boldsymbol{\xi},\boldsymbol{\eta}_1+\boldsymbol{\xi},\boldsymbol{\eta}_2+\boldsymbol{\xi},\cdots,\boldsymbol{\eta}_r+\boldsymbol{\xi}$ 线性无关；

(3) 方程组 $\boldsymbol{Ax}=\boldsymbol{\beta}$ 的任何一个解 $\boldsymbol{\gamma}$ 都可以表示为

$$\boldsymbol{\gamma}=c_0\boldsymbol{\xi}+c_1(\boldsymbol{\eta}_1+\boldsymbol{\xi})+c_2(\boldsymbol{\eta}_2+\boldsymbol{\xi})+\cdots+c_r(\boldsymbol{\eta}_r+\boldsymbol{\xi}),$$

其中，$c_0+c_1+\cdots+c_r=1$.

证明：(1) 反证法. 若 $\boldsymbol{\eta}_1,\boldsymbol{\eta}_2,\cdots,\boldsymbol{\eta}_r,\boldsymbol{\xi}$ 线性相关，由 $\boldsymbol{\eta}_1,\boldsymbol{\eta}_2,\cdots,\boldsymbol{\eta}_r$ 线性无关，则必存在常数 $k_1,k_2,\cdots,k_r$，使得 $k_1\boldsymbol{\eta}_1+\cdots+k_r\boldsymbol{\eta}_r=\boldsymbol{\xi}$，等式两边同时左乘矩阵 $\boldsymbol{A}$，得到 $\boldsymbol{\beta}=\mathbf{0}$，矛盾. 故 $\boldsymbol{\eta}_1,\boldsymbol{\eta}_2,\cdots,\boldsymbol{\eta}_r,\boldsymbol{\xi}$ 线性无关.

(2) 明显地，$\boldsymbol{\xi},\boldsymbol{\eta}_1+\boldsymbol{\xi},\boldsymbol{\eta}_2+\boldsymbol{\xi},\cdots,\boldsymbol{\eta}_r+\boldsymbol{\xi}$ 可由 $\boldsymbol{\eta}_1,\boldsymbol{\eta}_2,\cdots,\boldsymbol{\eta}_r,\boldsymbol{\xi}$ 线性表示，由 $\boldsymbol{\eta}_i=\boldsymbol{\eta}_i+\boldsymbol{\xi}-\boldsymbol{\xi}$ 知 $\boldsymbol{\eta}_1,\boldsymbol{\eta}_2,\cdots,\boldsymbol{\eta}_r,\boldsymbol{\xi}$ 也可由 $\boldsymbol{\xi},\boldsymbol{\eta}_1+\boldsymbol{\xi},\boldsymbol{\eta}_2+\boldsymbol{\xi},\cdots,\boldsymbol{\eta}_r+\boldsymbol{\xi}$ 线性表示. 所以向量组 $\boldsymbol{\eta}_1,\boldsymbol{\eta}_2,\cdots,\boldsymbol{\eta}_r,\boldsymbol{\xi}$ 与 $\boldsymbol{\xi},\boldsymbol{\eta}_1+\boldsymbol{\xi},\boldsymbol{\eta}_2+\boldsymbol{\xi},\cdots,\boldsymbol{\eta}_r+\boldsymbol{\xi}$ 等价，则秩相同. 又因为 $\boldsymbol{\eta}_1,\boldsymbol{\eta}_2,\cdots,\boldsymbol{\eta}_r,\boldsymbol{\xi}$ 线性无关，所以 $\boldsymbol{\xi},\boldsymbol{\eta}_1+\boldsymbol{\xi},\boldsymbol{\eta}_2+\boldsymbol{\xi},\cdots,\boldsymbol{\eta}_r+\boldsymbol{\xi}$ 线性无关.

(3) 因为 $\boldsymbol{\xi}$ 是非齐次线性方程组 $\boldsymbol{Ax}=\boldsymbol{\beta}(\boldsymbol{\beta}\neq\mathbf{0})$ 的一个解，可以得到 $\boldsymbol{A}(\boldsymbol{\gamma}-\boldsymbol{\xi})=\mathbf{0}$. 由于 $\boldsymbol{\eta}_1,\boldsymbol{\eta}_2,\cdots,\boldsymbol{\eta}_r$ 是齐次线性方程组 $\boldsymbol{Ax}=\mathbf{0}$ 的一个基础解系，因此有

$$\begin{aligned}&\boldsymbol{\gamma}-\boldsymbol{\xi}=c_1\boldsymbol{\eta}_1+c_2\boldsymbol{\eta}_2+\cdots+c_r\boldsymbol{\eta}_r,\ c_i\in\mathbb{F}\\ \Rightarrow\ &\boldsymbol{\gamma}=\boldsymbol{\xi}+c_1\boldsymbol{\eta}_1+c_2\boldsymbol{\eta}_2+\cdots+c_r\boldsymbol{\eta}_r\\ &\quad=c_0\boldsymbol{\xi}+c_1(\boldsymbol{\eta}_1+\boldsymbol{\xi})+c_2(\boldsymbol{\eta}_2+\boldsymbol{\xi})+\cdots+c_r(\boldsymbol{\eta}_r+\boldsymbol{\xi}),\end{aligned}$$

其中 $c_0=1-(c_1+\cdots+c_r)$.

35. 设 $\boldsymbol{A}$ 为 n 阶方阵，$\boldsymbol{b}$ 是 n 维非零列向量，$\boldsymbol{\xi}_1,\boldsymbol{\xi}_2$ 是非齐次线性方程组 $\boldsymbol{Ax}=\boldsymbol{b}$ 的解，$\boldsymbol{\eta}$ 是对应的齐次线性方程组 $\boldsymbol{Ax}=\mathbf{0}$ 的解.

(1) 若 $\boldsymbol{\xi}_1\neq\boldsymbol{\xi}_2$，试证明：$\boldsymbol{\xi}_1,\boldsymbol{\xi}_2$ 线性无关.

(2) 若 $\boldsymbol{A}$ 的秩 $r(\boldsymbol{A})=n-1$，试证明：$\boldsymbol{\eta},\boldsymbol{\xi}_1,\boldsymbol{\xi}_2$ 线性相关.

证明：(1) 反证法. 若 $\boldsymbol{\xi}_1,\boldsymbol{\xi}_2$ 线性相关，则存在非零常数 c 满足 $\boldsymbol{\xi}_1=c\boldsymbol{\xi}_2$.

等式两端左乘 $\boldsymbol{A}$，得到 $\boldsymbol{b} = c\boldsymbol{b}$. 又因为 $\boldsymbol{b} \neq \boldsymbol{0}$，则 $c = 1$，这与 $\boldsymbol{\xi}_1 \neq \boldsymbol{\xi}_2$ 矛盾. 故 $\boldsymbol{\xi}_1$，$\boldsymbol{\xi}_2$ 线性无关.

(2) 若 $\boldsymbol{\xi}_1 = \boldsymbol{\xi}_2$，则显然线性相关. 若 $\boldsymbol{\xi}_1 \neq \boldsymbol{\xi}_2$，则 $\boldsymbol{A}(\boldsymbol{\xi}_1 - \boldsymbol{\xi}_2) = \boldsymbol{0}$，$\boldsymbol{\xi}_1 - \boldsymbol{\xi}_2 \neq \boldsymbol{0}$. 故 $\boldsymbol{\xi}_1 - \boldsymbol{\xi}_2$ 也是方程 $\boldsymbol{Ax} = \boldsymbol{0}$ 的解. 又因为 $r(\boldsymbol{A}) = n - 1$，齐次线性方程组的基础解系为 $\boldsymbol{\eta}$，从而 $\boldsymbol{\xi}_1 - \boldsymbol{\xi}_2$ 与 $\boldsymbol{\eta}$ 线性相关，故存在常数 k 使得 $\boldsymbol{\xi}_1 - \boldsymbol{\xi}_2 = k\boldsymbol{\eta}$，即

$$-k\boldsymbol{\eta} + \boldsymbol{\xi}_1 - \boldsymbol{\xi}_2 = \boldsymbol{0}.$$

故 $\boldsymbol{\eta}$，$\boldsymbol{\xi}_1$，$\boldsymbol{\xi}_2$ 线性相关.

(二)

36. 设 $a_1, a_2, \cdots, a_s$ 是 s 个互不相同的数，且 $s < t$. 试证明：向量组 $\boldsymbol{\beta}_1, \boldsymbol{\beta}_2, \cdots, \boldsymbol{\beta}_s$ 线性无关，其中

$$\boldsymbol{\beta}_1 = \begin{pmatrix} 1 \\ a_1 \\ a_1^2 \\ \vdots \\ a_1^{t-1} \end{pmatrix}, \boldsymbol{\beta}_2 = \begin{pmatrix} 1 \\ a_2 \\ a_2^2 \\ \vdots \\ a_2^{t-1} \end{pmatrix}, \cdots, \boldsymbol{\beta}_s = \begin{pmatrix} 1 \\ a_s \\ a_s^2 \\ \vdots \\ a_s^{t-1} \end{pmatrix}.$$

证明： 将每个 $\boldsymbol{\beta}_i$ 的前 s 个分量形成新的向量组

$$\boldsymbol{\beta}'_1 = \begin{pmatrix} 1 \\ a_1 \\ a_1^2 \\ \vdots \\ a_1^{s-1} \end{pmatrix}, \boldsymbol{\beta}'_2 = \begin{pmatrix} 1 \\ a_2 \\ a_2^2 \\ \vdots \\ a_2^{s-1} \end{pmatrix}, \cdots, \boldsymbol{\beta}'_s = \begin{pmatrix} 1 \\ a_s \\ a_s^2 \\ \vdots \\ a_s^{s-1} \end{pmatrix},$$

故 $\det(\boldsymbol{\beta}'_1, \boldsymbol{\beta}'_2, \cdots, \boldsymbol{\beta}'_s) = \prod\limits_{1 \leqslant i < j \leqslant s} (a_j - a_i) \neq 0$. 故 $\boldsymbol{\beta}'_1, \boldsymbol{\beta}'_2, \cdots, \boldsymbol{\beta}'_s$ 线性无关. 而 $\boldsymbol{\beta}'_1, \boldsymbol{\beta}'_2, \cdots, \boldsymbol{\beta}'_s$ 是 $\boldsymbol{\beta}_1, \boldsymbol{\beta}_2, \cdots, \boldsymbol{\beta}_s$ 的截短向量组，故接长向量组 $\boldsymbol{\beta}_1, \boldsymbol{\beta}_2, \cdots, \boldsymbol{\beta}_s$ 也线性无关.

37. 试证明,若向量组 $\boldsymbol{\alpha}_1, \boldsymbol{\alpha}_2, \cdots, \boldsymbol{\alpha}_s$ 线性相关,$\boldsymbol{\alpha}_1 \neq 0$,则必存在自然数 $k(2 \leqslant k \leqslant s)$ 使 $\boldsymbol{\alpha}_k$ 是 $\boldsymbol{\alpha}_1, \boldsymbol{\alpha}_2, \cdots, \boldsymbol{\alpha}_{k-1}$ 的线性组合.

证明: 因为向量组 $\boldsymbol{\alpha}_1, \boldsymbol{\alpha}_2, \cdots, \boldsymbol{\alpha}_s$ 线性相关,所以存在不全为零的数 λ_i $(1 \leqslant i \leqslant s)$ 满足

$$\lambda_1\boldsymbol{\alpha}_1 + \lambda_2\boldsymbol{\alpha}_2 + \cdots + \lambda_s\boldsymbol{\alpha}_s = \mathbf{0}.$$

而且 $\lambda_2, \lambda_3, \cdots, \lambda_s$ 不全为零. 若不然,则有 $\lambda_1\boldsymbol{\alpha}_1 = \mathbf{0}$,而 $\boldsymbol{\alpha}_1 \neq \mathbf{0}$, 此时 $\lambda_1 = 0$, 这与 $\lambda_1, \cdots, \lambda_s$ 不全为零矛盾. 因此存在 k $(2 \leqslant k \leqslant s)$ 使得

$$\lambda_k \neq 0,\ \lambda_{k+1} = \lambda_{k+2} = \cdots = \lambda_s = 0.$$

于是由 $\lambda_1\boldsymbol{\alpha}_1 + \lambda_2\boldsymbol{\alpha}_2 + \cdots + \lambda_s\boldsymbol{\alpha}_s = \mathbf{0}$ 得 $\lambda_1\boldsymbol{\alpha}_1 + \lambda_2\boldsymbol{\alpha}_2 + \cdots + \lambda_k\boldsymbol{\alpha}_k = \mathbf{0}$. 从而

$$\boldsymbol{\alpha}_k = -\frac{\lambda_1}{\lambda_k}\boldsymbol{\alpha}_1 - \frac{\lambda_2}{\lambda_k}\boldsymbol{\alpha}_2 - \cdots - \frac{\lambda_{k-1}}{\lambda_k}\boldsymbol{\alpha}_{k-1}.$$

故 $\boldsymbol{\alpha}_k$ 是 $\boldsymbol{\alpha}_1, \boldsymbol{\alpha}_2, \cdots, \boldsymbol{\alpha}_{k-1}$ 的线性组合.

38. 试证明, 设 $r(\boldsymbol{\alpha}_1, \boldsymbol{\alpha}_2, \cdots, \boldsymbol{\alpha}_s) = r(\boldsymbol{\beta}_1, \boldsymbol{\beta}_2, \cdots, \boldsymbol{\beta}_r)$, 且 $\boldsymbol{\alpha}_1, \boldsymbol{\alpha}_2, \cdots, \boldsymbol{\alpha}_s$ 可由 $\boldsymbol{\beta}_1, \boldsymbol{\beta}_2, \cdots, \boldsymbol{\beta}_r$ 线性表示,则向量组 $\boldsymbol{\alpha}_1, \boldsymbol{\alpha}_2, \cdots, \boldsymbol{\alpha}_s$ 与向量组 $\boldsymbol{\beta}_1, \boldsymbol{\beta}_2, \cdots, \boldsymbol{\beta}_r$ 等价.

证明: 因为 $r(\boldsymbol{\alpha}_1, \boldsymbol{\alpha}_2, \cdots, \boldsymbol{\alpha}_s) = r(\boldsymbol{\beta}_1, \boldsymbol{\beta}_2, \cdots, \boldsymbol{\beta}_r)$, 所以两个向量组的极大线性无关组含向量个数相同. 设 $\boldsymbol{a}_1, \boldsymbol{a}_2, \cdots, \boldsymbol{a}_m$ 是 $\boldsymbol{\alpha}_1, \boldsymbol{\alpha}_2, \cdots, \boldsymbol{\alpha}_s$ 的极大线性无关组,$\boldsymbol{b}_1, \boldsymbol{b}_2, \cdots, \boldsymbol{b}_m$ 是 $\boldsymbol{\beta}_1, \boldsymbol{\beta}_2, \cdots, \boldsymbol{\beta}_r$ 的极大线性无关组. 由 $\boldsymbol{\alpha}_1, \cdots, \boldsymbol{\alpha}_s$ 可由 $\boldsymbol{\beta}_1, \cdots, \boldsymbol{\beta}_r$ 线性表示知,$\boldsymbol{a}_1, \cdots, \boldsymbol{a}_m$ 可由 $\boldsymbol{b}_1, \cdots, \boldsymbol{b}_m$ 线性表示,即 $(\boldsymbol{a}_1, \cdots, \boldsymbol{a}_m) = (\boldsymbol{b}_1, \cdots, \boldsymbol{b}_m)\boldsymbol{A}_{m\times m}$. 其中 $\boldsymbol{A}$ 为表示的系数矩阵,为 m 阶方阵. 因为它们是极大无关组,线性无关,所以方阵 $\boldsymbol{A}$ 可逆. 有 $(\boldsymbol{b}_1, \cdots, \boldsymbol{b}_m) = (\boldsymbol{a}_1, \cdots, \boldsymbol{a}_m)\boldsymbol{A}^{-1}$. 即 $\boldsymbol{b}_1, \boldsymbol{b}_2, \cdots, \boldsymbol{b}_m$ 可由 $\boldsymbol{a}_1, \boldsymbol{a}_2, \cdots, \boldsymbol{a}_m$ 线性表示,也即 $\boldsymbol{\beta}_1, \boldsymbol{\beta}_2, \cdots, \boldsymbol{\beta}_r$ 可由 $\boldsymbol{\alpha}_1, \boldsymbol{\alpha}_2, \cdots, \boldsymbol{\alpha}_s$ 线性表示. 因此向量组 $\boldsymbol{\alpha}_1, \boldsymbol{\alpha}_2, \cdots, \boldsymbol{\alpha}_s$ 与向量组 $\boldsymbol{\beta}_1, \boldsymbol{\beta}_2, \cdots, \boldsymbol{\beta}_r$ 等价.

39. 设向量组 $\boldsymbol{\alpha}_1, \boldsymbol{\alpha}_2, \cdots, \boldsymbol{\alpha}_m$ 线性无关,向量组 $\boldsymbol{\alpha}_1, \boldsymbol{\alpha}_2, \cdots, \boldsymbol{\alpha}_m, \boldsymbol{\beta}(\boldsymbol{\beta} \neq \mathbf{0})$ 线性相关,试证明 $\boldsymbol{\alpha}_1, \boldsymbol{\alpha}_2, \cdots, \boldsymbol{\alpha}_m$ 中至少有一个向量 $\boldsymbol{\alpha}_i$ $(1 \leqslant i \leqslant m)$ 可由

向量

$$\boldsymbol{\alpha}_1, \cdots, \boldsymbol{\alpha}_{i-1}, \boldsymbol{\alpha}_{i+1}, \cdots, \boldsymbol{\alpha}_m, \boldsymbol{\beta}$$

线性表示.

证明: 因为向量组 $\boldsymbol{\alpha}_1, \boldsymbol{\alpha}_2, \cdots, \boldsymbol{\alpha}_m$ 线性无关,向量组 $\boldsymbol{\alpha}_1, \boldsymbol{\alpha}_2, \cdots, \boldsymbol{\alpha}_m, \boldsymbol{\beta}\ (\boldsymbol{\beta} \neq \mathbf{0})$ 线性相关,则存在不全为零的 $k_i\ (1 \leqslant i \leqslant m)$, 使得 $\boldsymbol{\beta} + k_1\boldsymbol{\alpha}_1 + \cdots + k_m\boldsymbol{\alpha}_m = \mathbf{0}$, 不妨设 $k_1 \neq 0$, 则有

$$\boldsymbol{\alpha}_1 = -\frac{1}{k_1}\boldsymbol{\beta} - \frac{k_2}{k_1}\boldsymbol{\alpha}_2 - \cdots - \frac{k_m}{k_1}\boldsymbol{\alpha}_m.$$

结论得证.

40. 试证明 $m \times n$ 的矩阵 $\boldsymbol{A}$ 的列向量组线性无关的充分必要条件是当 $\boldsymbol{AB} = \boldsymbol{O}$ 时,则必有 $\boldsymbol{B} = \boldsymbol{O}$, 这里 $\boldsymbol{B}$ 是 $n \times s$ 矩阵.

证明: 必要性: 因为 $\boldsymbol{A}$ 的列向量组线性无关,所以矩阵 $\boldsymbol{A}$ 的秩 $r(A) = n$. 从而齐次线性方程组 $\boldsymbol{Ax} = \mathbf{0}$ 只有零解. 而由 $\boldsymbol{AB} = \boldsymbol{O}$ 知,$\boldsymbol{B}$ 的每个列向量都是 $\boldsymbol{Ax} = \mathbf{0}$ 的解,所以 $\boldsymbol{B} = \boldsymbol{O}$.

充分性: 因为当 $\boldsymbol{AB} = \boldsymbol{O}$ 时,必有 $\boldsymbol{B} = \boldsymbol{O}$, 所以以 $\boldsymbol{A}$ 为系数的齐次线性方程组 $\boldsymbol{Ax} = \mathbf{0}$ 只有零解. 从而 $r(\boldsymbol{A}) = n$. 故矩阵 $\boldsymbol{A}$ 的 n 个列向量线性无关. 结论得证.

41. 设 $m \times n$ 的矩阵 $\boldsymbol{A}$ 的秩为 r,试证明: 存在秩为 $n - r$ 的 n 阶矩阵 $\boldsymbol{B}$, 使得

$$\boldsymbol{AB} = \boldsymbol{O}$$

证明: 根据题设容易知道,方程 $\boldsymbol{Ax} = \mathbf{0}$ 有 $n - r$ 个线性无关的解向量构成的基础解系. 再补上 r 个零向量即可构成 n 阶矩阵 $\boldsymbol{B}$,则有 $\boldsymbol{AB} = \boldsymbol{O}$, 同时容易知道 $r(\boldsymbol{B}) = n - r$.

42. 设 $m \times n$ 的矩阵 $\boldsymbol{A}$ 的秩为 r, $r < n$, 试证明: 齐次线性方程组 $\boldsymbol{Ax} = \mathbf{0}$ 的任意 $n - r$ 个线性无关的解向量都是它的一个基础解系.

证明：(方法一)：反证法. 若有 $n-r$ 个线性无关的解向量 $\boldsymbol{a}_1, \boldsymbol{a}_2, \cdots, \boldsymbol{a}_{n-r}$ 不是 $\boldsymbol{Ax}=\boldsymbol{0}$ 的基础解系，由基础解系的定义知，至少有一个解向量 $\boldsymbol{b}$ 不能由 $\boldsymbol{a}_1, \boldsymbol{a}_2, \cdots, \boldsymbol{a}_{n-r}$ 线性表示，因此 $\boldsymbol{a}_1, \boldsymbol{a}_2, \cdots, \boldsymbol{a}_{n-r}, \boldsymbol{b}$ 线性无关. 若需要表示这些线性无关的解，至少需要所含数目大于等于 $n-r+1$ 的向量组(基础解系)，这与 $\boldsymbol{Ax}=\boldsymbol{0}$ 的基础解系含 $n-r$ 个向量矛盾. 故原命题得证.

(方法二)：因为 $r(\boldsymbol{A})=r<n$，所以方程组 $\boldsymbol{Ax}=\boldsymbol{0}$ 的基础解系含 $n-r$ 个解向量，设 $\boldsymbol{\xi}_1, \cdots, \boldsymbol{\xi}_{n-r}$ 为任意 $n-r$ 个线性无关的解向量，$\boldsymbol{\eta}$ 为 $\boldsymbol{Ax}=\boldsymbol{0}$ 的任一解，则有 $\boldsymbol{A}(\boldsymbol{\xi}_1, \cdots, \boldsymbol{\xi}_{n-r}, \boldsymbol{\eta})=\boldsymbol{0}$. 有 $r(\boldsymbol{A})+r(\boldsymbol{\xi}_1, \cdots, \boldsymbol{\xi}_{n-r}, \boldsymbol{\eta})\leqslant n$，所以 $r(\boldsymbol{\xi}_1, \cdots, \boldsymbol{\xi}_{n-r}, \boldsymbol{\eta})\leqslant n-r<n-r+1$. 从而 $\boldsymbol{\xi}_1, \cdots, \boldsymbol{\xi}_{n-r}, \boldsymbol{\eta}$ 线性相关，$\boldsymbol{\eta}$ 可由 $\boldsymbol{\xi}_1, \cdots, \boldsymbol{\xi}_{n-r}$ 唯一线性表示. 故 $\boldsymbol{\xi}_1, \cdots, \boldsymbol{\xi}_{n-r}$ 为 $\boldsymbol{Ax}=\boldsymbol{0}$ 的一个基础解系.

43. 设 $\boldsymbol{A}$ 是 $m\times n$ 实矩阵，试证明：

(1) $\boldsymbol{Ax}=\boldsymbol{0}$ 与 $\boldsymbol{A}^{\mathrm{T}}\boldsymbol{Ax}=\boldsymbol{0}$ 是同解方程组；

(2) $r(\boldsymbol{A})=r(\boldsymbol{A}^{\mathrm{T}}\boldsymbol{A})=r(\boldsymbol{A}^{\mathrm{T}})=r(\boldsymbol{AA}^{\mathrm{T}})$.

证明：(1) 若 $\boldsymbol{x}_0$ 是 $\boldsymbol{Ax}=\boldsymbol{0}$，显然有 $\boldsymbol{A}^{\mathrm{T}}\boldsymbol{Ax}_0=\boldsymbol{0}$. 反之，若 $\boldsymbol{x}_0$ 是 $\boldsymbol{A}^{\mathrm{T}}\boldsymbol{Ax}=\boldsymbol{0}$，即 $\boldsymbol{A}^{\mathrm{T}}\boldsymbol{Ax}_0=\boldsymbol{0}$. 左乘 $\boldsymbol{x}_0^{\mathrm{T}}$ 得到 $\boldsymbol{x}_0^{\mathrm{T}}\boldsymbol{A}^{\mathrm{T}}\boldsymbol{Ax}_0=\boldsymbol{0}$，则 $(\boldsymbol{Ax}_0)^{\mathrm{T}}\boldsymbol{Ax}_0=\boldsymbol{0}$，从而

$$|\boldsymbol{Ax}_0|^2=(\boldsymbol{Ax}_0, \boldsymbol{Ax}_0)=(\boldsymbol{Ax}_0)^{\mathrm{T}}\boldsymbol{Ax}_0=\boldsymbol{0}.$$

于是 $\boldsymbol{Ax}_0=\boldsymbol{0}$. 故 $\boldsymbol{Ax}=\boldsymbol{0}$ 与 $\boldsymbol{A}^{\mathrm{T}}\boldsymbol{Ax}=\boldsymbol{0}$ 是同解方程组.

(2) 由(1)可知，两者解空间维数相同，则系数矩阵的秩相同，即 $r(\boldsymbol{A})=r(\boldsymbol{A}^{\mathrm{T}}\boldsymbol{A})$. 同理 $\boldsymbol{A}^{\mathrm{T}}\boldsymbol{x}=\boldsymbol{0}$ 与 $\boldsymbol{AA}^{\mathrm{T}}\boldsymbol{x}=\boldsymbol{0}$ 同解，又因为 $r(\boldsymbol{A})=r(\boldsymbol{A}^{\mathrm{T}})$，所以 $r(\boldsymbol{A})=r(\boldsymbol{A}^{\mathrm{T}}\boldsymbol{A})=r(\boldsymbol{A}^{\mathrm{T}})=r(\boldsymbol{AA}^{\mathrm{T}})$.

44. 设 $\boldsymbol{A}$ 是 $m\times n$ 矩阵，$\boldsymbol{B}$ 是 $n\times s$ 矩阵. 试证明：方程组 $\boldsymbol{ABx}=\boldsymbol{0}$ 与 $\boldsymbol{Bx}=\boldsymbol{0}$ 同解的充分必要条件是 $r(\boldsymbol{AB})=r(\boldsymbol{B})$.

证明：必要性：若方程组 $\boldsymbol{ABx}=\boldsymbol{0}$ 与 $\boldsymbol{Bx}=\boldsymbol{0}$ 同解，则各自基础解系中向量个数相等，进而 $s-r(\boldsymbol{AB})=s-r(\boldsymbol{B})$，于是 $r(\boldsymbol{AB})=r(\boldsymbol{B})$.

充分性：若 $r(\boldsymbol{AB})=r(\boldsymbol{B})$，则线性方程组 $\boldsymbol{ABx}=\boldsymbol{0}$ 与 $\boldsymbol{Bx}=\boldsymbol{0}$ 的基础解系所包含的解向量个数相同. 又因为 $\boldsymbol{Bx}=\boldsymbol{0}$ 的所有解都是 $\boldsymbol{ABx}=\boldsymbol{0}$ 的解，所以 $\boldsymbol{Bx}=\boldsymbol{0}$ 的一个基础解系也是 $\boldsymbol{ABx}=\boldsymbol{0}$ 的一个基础解系，即 $\boldsymbol{ABx}=\boldsymbol{0}$ 与

$\boldsymbol{Bx}=\mathbf{0}$同解.

45. 设$\boldsymbol{A}$为n阶方阵,且$\boldsymbol{A}^2=\boldsymbol{A}$(称$\boldsymbol{A}$为幂等矩阵). 试证明: $r(\boldsymbol{A})+r(\boldsymbol{A}-\boldsymbol{E})=n$.

证明: $\boldsymbol{A}^2=\boldsymbol{A}\Rightarrow\boldsymbol{A}(\boldsymbol{A}-\boldsymbol{E})=\boldsymbol{O}$. 故$\boldsymbol{A}-\boldsymbol{E}$的每一列都是方程组$\boldsymbol{Ax}=\mathbf{0}$的解向量. 所以

$$r(\boldsymbol{A})+r(\boldsymbol{A}-\boldsymbol{E})\leqslant n,$$

又由$r(\boldsymbol{A})+r(\boldsymbol{B})\geqslant r(\boldsymbol{A}+\boldsymbol{B})$, 从而有

$$r(\boldsymbol{A})+r(\boldsymbol{A}-\boldsymbol{E})=r(\boldsymbol{A})+r(\boldsymbol{E}-\boldsymbol{A})\geqslant r(\boldsymbol{E})=n,$$

故有$r(\boldsymbol{A})+r(\boldsymbol{A}-\boldsymbol{E})=n$.

46. 设$\boldsymbol{A}$为n阶方阵,且$\boldsymbol{A}^2=\boldsymbol{E}$(称$\boldsymbol{A}$为对合矩阵). 试证明: $r(\boldsymbol{A}+\boldsymbol{E})+r(\boldsymbol{A}-\boldsymbol{E})=n$.

证明: 由$\boldsymbol{A}^2=\boldsymbol{E}$得$(\boldsymbol{A}+\boldsymbol{E})(\boldsymbol{A}-\boldsymbol{E})=\boldsymbol{O}$. 故$\boldsymbol{A}-\boldsymbol{E}$的每一列都是方程组$(\boldsymbol{A}+\boldsymbol{E})\boldsymbol{x}=\mathbf{0}$的解向量. 所以

$$r(\boldsymbol{A}+\boldsymbol{E})+r(\boldsymbol{A}-\boldsymbol{E})\leqslant n.$$

又由$r(\boldsymbol{A})+r(\boldsymbol{B})\geqslant r(\boldsymbol{A}+\boldsymbol{B})$, 从而有

$$r(\boldsymbol{A}+\boldsymbol{E})+r(\boldsymbol{A}-\boldsymbol{E})=r(\boldsymbol{A}+\boldsymbol{E})+r(\boldsymbol{E}-\boldsymbol{A})\geqslant r(2\boldsymbol{E})=n.$$

故有$r(\boldsymbol{A}+\boldsymbol{E})+r(\boldsymbol{A}-\boldsymbol{E})=n$.

47. 设$\boldsymbol{A}$为$m\times n$矩阵,$\boldsymbol{B}$为$m\times 1$矩阵,试证明: 方程组$\boldsymbol{Ax}=\boldsymbol{B}$有解的充分必要条件是$\boldsymbol{A}^{\mathrm{T}}\boldsymbol{y}=\mathbf{0}$的任一解向量$\boldsymbol{y}_0$都是$\boldsymbol{B}^{\mathrm{T}}\boldsymbol{y}=\mathbf{0}$的解向量.

证明: 必要性: 设$\boldsymbol{x}_0$是$\boldsymbol{Ax}=\boldsymbol{B}$的解,则此时有$\boldsymbol{Ax}_0=\boldsymbol{B}$, 从而对于$\boldsymbol{A}^{\mathrm{T}}\boldsymbol{y}=\mathbf{0}$的解向量$\boldsymbol{y}_0$,有

$$\boldsymbol{B}^{\mathrm{T}}\boldsymbol{y}_0=\boldsymbol{x}_0^{\mathrm{T}}\boldsymbol{A}^{\mathrm{T}}\boldsymbol{y}_0=\mathbf{0}.$$

必要性得证.

充分性: $\boldsymbol{A}^{\mathrm{T}}\boldsymbol{y}=\mathbf{0}$的任一解向量$\boldsymbol{y}_0$都是$\boldsymbol{B}^{\mathrm{T}}\boldsymbol{y}=\mathbf{0}$的解向量,故方程组

$A^T x=0$ 与方程组 $\begin{pmatrix} A^T \\ B^T \end{pmatrix} x = 0$ 同解. 故 $r(A^T) = r\begin{pmatrix} A^T \\ B^T \end{pmatrix}$, 从而有 $r(A) = r(A, B)$, 即增广矩阵与系数矩阵的秩相同,所以方程组 $Ax = B$ 有解. 故结论得证.

48. 设 A 为 n 阶矩阵,且 $n > 2$, 试证明:

$$(A^*)^* = |A|^{n-2}A.$$

证明: 当 A 可逆时,有 $AA^* = |A|E$, $A^*(A^*)^* = |A^*|E$, 从而得到

$$|A|(A^*)^* = AA^*(A^*)^* = |A^*|A,$$

因此 $(A^*)^* = \dfrac{|A^*|}{|A|}A = \dfrac{|A|^{n-1}}{|A|}A = |A^{n-2}|A$.

当 A 不可逆时,显然有 $r(A^*) \leqslant 1$,故 $r((A^*)^*) = 0$,即 $(A^*)^* = 0$ 为零矩阵. 故 $(A^*)^* = |A|^{n-2}A$ 显然成立.

(注:其中用到了结论 $r(A^*) = \begin{cases} n, & r(A) = n \\ 1, & r(A) = n-1 \\ 0, & r(A) < n-1 \end{cases}$)

49. 设 A 为 n 阶矩阵,试证明: $r(A^n) = r(A^{n+1})$.

证明: 证明 $A^n x = 0$ 与 $A^{n+1}x = 0$ 同解即可. 显然 $A^n x = 0$ 的解都是 $A^{n+1}x = 0$ 的解. 反之,若 $A^{n+1}x = 0$ 的解不是 $A^n x = 0$ 的解,则存在 $x_1 \neq 0$ 满足 $A^{n+1}x_1 = 0$ 而 $A^n x_1 \neq 0$,从而 $n+1$ 个 n 维向量

$$A^n x_1, A^{n-1}x_1, \cdots, Ax_1, x_1$$

线性无关. 因为设 $k_0 A^n x_1 + k_1 A^{n-1} x_1 + \cdots + k_{n-1} A x_1 + k_n x_1 = 0$,依次乘以 A^n, A^{n-1}, $\cdots$, A,容易得到 $k_0 = k_1 = \cdots = k_n = 0$, 而这是不可能的,因为 n 维向量最多只能有 n 个向量线性无关,故矛盾. 原假设不成立,必须有 $A^n x_1 = 0$,从而证明了 $A^{n+1}x = 0$ 的解都是 $A^n x = 0$ 的解,故 $A^n x = 0$ 与 $A^{n+1}x = 0$ 同解,从而 $r(A^n) = r(A^{n+1})$.

第4章　线性空间与线性变换
习题精解

（一）

1. 试判断下列集合对所指定的运算是否构成实数域$\mathbb{R}$上的线性空间。

（1）实数域$\mathbb{R}$上的全体n阶实对称矩阵的集合，对矩阵的加法和数乘；

（2）平面上不平行于某一向量的全体向量集合，依照二维向量的加法和数乘；

（3）平面上全体向量对于通常的向量加法和数乘$k\boldsymbol{\alpha}=\mathbf{0}$，$k\in\mathbb{R}$；

（4）全体复数集合依照数的加法及数的乘法作数乘.

解：（1）构成. 由矩阵的加法和数乘运算法则可知满足线性空间的定义，故构成.

（2）不构成. 因为取$\boldsymbol{\alpha}_0=(1,0)$，$\boldsymbol{\alpha}=(2,-2)$，$\boldsymbol{\beta}=(3,2)$，有$\boldsymbol{\alpha}$，$\boldsymbol{\beta}$均不平行于$\boldsymbol{\alpha}$，但$\boldsymbol{\alpha}+\boldsymbol{\beta}=(5,0)$平行于$\boldsymbol{\alpha}_0$. 所以加法运算不封闭.

（3）不构成. 因为$1\cdot\boldsymbol{\alpha}=\mathbf{0}\neq\boldsymbol{\alpha}$，八条运算律中的第五条不满足.

（4）构成. 由复数的加法与实数的乘法显然满足八条运算律，故构成.

2. 设$C(\mathbb{R})$是实数域$\mathbb{R}$上所有实函数的集合，对任意$f,g\in C(\mathbb{R})$，$\lambda\in\mathbb{R}$，定义$(f+g)(x)=f(x)+g(x)$，$(\lambda f)(x)=\lambda f(x)$，$x\in\mathbb{R}$. 对于这两种运算，$C(\mathbb{R})$构成$\mathbb{R}$上的线性空间. 问下列子集是否是$C(\mathbb{R})$的子空间？为什么？

（1）所有连续函数的集合W_1；

（2）所有可微函数的集合W_2；

（3）所有偶函数的集合W_3；

（4）所有奇函数的集合W_4；

（5）$W_5=\{f\in C(\mathbb{R})\mid f(0)=f(1)\}$；

(6) $W_6=\{f\in C(\mathbb{R})\mid f(1)=1+f(0)\}$.

解: (1) 任意$f, g\in W_1$, $\lambda\in\mathbb{R}$, 则$f(x)$, $g(x)$连续,从而$f(x)+g(x)=(f+g)(x)$连续, $\lambda f(x)=(\lambda f)(x)$连续. 即$f+g\in W_1$, $\lambda f\in W_1$, 故W_1为$C(\mathbb{R})$的子空间.

(2) 由可微函数的和与数乘仍可微,所以W_2为$C(\mathbb{R})$的子空间.

(3) 任意$f, g\in W_3$, $\lambda\in\mathbb{R}$, 有$f(-x)=f(x)$, $g(-x)=g(x)$, 从而

$$(f+g)(-x)=f(-x)+g(-x)=f(x)+g(x)=(f+g)(x),$$
$$(\lambda f)(-x)=\lambda f(-x)=\lambda f(x)=(\lambda f)(x).$$

所以$f+g$, $\lambda f\in W_3$. 故W_3为$C(\mathbb{R})$的子空间.

(4) 任意$f, g\in W_4$, $\lambda\in\mathbb{R}$, 有$f(-x)=-f(x)$, $g(-x)=-g(x)$, 从而

$$(f+g)(-x)=f(-x)+g(-x)=-f(x)+[-g(x)]=-(f+g)(x),$$
$$(\lambda f)(-x)=\lambda f(-x)=-\lambda f(x)=-(\lambda f)(x).$$

所以$f+g$, $\lambda f\in W_4$. 故W_4为$C(\mathbb{R})$的子空间.

(5) 任意$f, g\in W_5$, $\lambda\in\mathbb{R}$, 有$f(0)=f(1)$, $g(0)=g(1)$, 从而

$$(f+g)(0)=f(0)+g(0)=f(1)+g(1)=(f+g)(1),$$
$$(\lambda f)(0)=\lambda f(0)=\lambda f(1)=(\lambda f)(1).$$

所以$f+g$, $\lambda f\in W_5$. 故W_5为$C(\mathbb{R})$的子空间.

(6) 任意$f, g\in W_6$, $\lambda\in\mathbb{R}$, 有$f(1)=1+f(0)$, $g(1)=1+g(0)$, 但

$$\begin{aligned}(f+g)(1)&=f(1)+g(1)=1+f(0)+1+g(0)\\&=2+(f+g)(0)\neq 1+(f+g)(0).\end{aligned}$$

所以$f+g\notin W_6$. 故W_6不是$C(\mathbb{R})$的子空间.

3. 在线性空间$\mathbb{R}^{n\times n}$中,取一个固定矩阵$\boldsymbol{A}$,试证明:与$\boldsymbol{A}$可交换的全体矩阵构成$\mathbb{R}$的一个子空间.

证明: 记$W=\{\boldsymbol{B}\in\mathbb{R}^{n\times n}\mid \boldsymbol{AB}=\boldsymbol{BA}\}$,因为$\boldsymbol{E}\in W$,所以$W\neq\emptyset$. 又任意$\boldsymbol{B}$, $\boldsymbol{C}\in W$, $k\in\mathbb{R}$, 有

$$(\boldsymbol{B}+\boldsymbol{C})\boldsymbol{A}=\boldsymbol{B}\boldsymbol{A}+\boldsymbol{C}\boldsymbol{A}=\boldsymbol{A}\boldsymbol{B}+\boldsymbol{A}\boldsymbol{C}=\boldsymbol{A}(\boldsymbol{B}+\boldsymbol{C}),$$
$$(k\boldsymbol{B})\boldsymbol{A}=k\boldsymbol{B}\boldsymbol{A}=k\boldsymbol{A}\boldsymbol{B}=\boldsymbol{A}(k\boldsymbol{B}).$$

所以 $(\boldsymbol{B}+\boldsymbol{C}),\ k\boldsymbol{B}\in W$. 故 W 为$\mathbb{R}^{n\times n}$ 的一个子空间.

4. 设 W_1 与 W_2 都是 V 的子空间,试证明:$W_1\cup W_2$ 为 V 的子空间的充分必要条件是 $W_1\subseteq W_2$ 或 $W_2\subseteq W_1$.

证明: 充分性:因为 $W_1\subseteq W_2$ 或 $W_2\subseteq W_1$,所以 $W_1\cup W_2=W_2$ 或 W_1 为 V 的子空间.

必要性:反证法. 假设 $W_1\nsubseteq W_2$ 且 $W_2\nsubseteq W_1$,则 $\exists x_2\in W_2,\ x_2\notin W_1,\ \exists x_1\in W_1,\ x_1\notin W_2$. 有 $x_2\in W_2\subseteq W_1\cup W_2,\ x_1\in W_1\subseteq W_1\cup W_2$,因为 $W_1\cup W_2$ 为 V 的子空间,所以 $x_1+x_2\in W_1\cup W_2$.

若 $x_1+x_2\in W_1$,则有 $x_2\in W_1$,这与 $x_2\notin W_1$ 矛盾,若 $x_1+x_2\in W_2$,则有 $x_1\in W_2$,这与 $x_1\notin W_2$ 矛盾. 故假设错误,原结论成立. 即 $W_1\subseteq W_2$ 或 $W_2\subseteq W_1$.

5. 试证明 $W=\left\{\begin{pmatrix}a & b\\ -b & a\end{pmatrix}\middle|\, a,\ b\in\mathbb{R}\right\}$ 是$\mathbb{R}^{2\times 2}$ 的一个子空间,确定它的维数,并且求出它的一个基.

证明: 任意 $\boldsymbol{A},\ \boldsymbol{B}\in W,\ k\in\mathbb{R}$,令 $\boldsymbol{A}=\begin{pmatrix}a_1 & b_1\\ -b_1 & a_1\end{pmatrix},\ \boldsymbol{B}=\begin{pmatrix}a_2 & b_2\\ -b_2 & a_2\end{pmatrix}$.

有 $\boldsymbol{A}+\boldsymbol{B}=\begin{pmatrix}a_1+a_2 & b_1+b_2\\ -(b_1+b_2) & a_1+a_2\end{pmatrix},\ k\boldsymbol{A}=\begin{pmatrix}ka_1 & kb_1\\ -kb_1 & ka_1\end{pmatrix}\in W$. 所以 W 为$\mathbb{R}^{2\times 2}$ 的一个子空间.

由 $\begin{pmatrix}a & b\\ -b & a\end{pmatrix}=a\begin{pmatrix}1 & 0\\ 0 & 1\end{pmatrix}+b\begin{pmatrix}0 & 1\\ -1 & 0\end{pmatrix}$, 显然$\begin{pmatrix}1 & 0\\ 0 & 1\end{pmatrix},\ \begin{pmatrix}0 & 1\\ -1 & 0\end{pmatrix}$线性无关.

所以 $\dim W=2,\ \begin{pmatrix}1 & 0\\ 0 & 1\end{pmatrix},\ \begin{pmatrix}0 & 1\\ -1 & 0\end{pmatrix}$ 是它的一组基.

6. 试求齐次线性方程组 $\begin{cases}2x_1+x_2-x_3+x_4-3x_5=0\\ x_1+x_2-x_3+x_5=0\end{cases}$ 的解空间的维数

和一组基.

解:

$$A=\begin{pmatrix}2&1&-1&1&-3\\1&1&-1&0&1\end{pmatrix}\xrightarrow{\text{行}}\begin{pmatrix}1&0&0&1&-4\\0&1&-1&-1&5\end{pmatrix}.$$

因为 $r(A)=2$,所以解空间的维数为 $5-2=3$. 一个基础解系

$$\eta_1=(0,1,1,0,0)^{\mathrm{T}},$$
$$\eta_2=(-1,1,0,1,0)^{\mathrm{T}},$$
$$\eta_3=(4,-5,0,0,1)^{\mathrm{T}}$$

为解空间的一组基.

7. 令 $\omega=\dfrac{-1+\sqrt{3}}{2}$, $Q(x)=\{a+b\omega \mid a,b\in\mathbb{Q}\}$ 其中 $\mathbb{Q}$ 为有理数域, $Q(\omega)$ 中元素的加法及数乘运算分别是通常数的加法及乘法. 求证: $Q(\omega)$ 关于这两种运算构成 $\mathbb{Q}$ 上的线性空间,并求 $Q(\omega)$ 的维数和一组基.

证明: 显然 $Q(\omega)$ 加法及数乘封闭,由数的运算,8 条运算律满足. 故 $Q(\omega)$ 构成 $\mathbb{Q}$ 上的线性空间. 若 $a+b\omega=0$,则有 $a=b=0$. 所以 $1,\omega$ 线性无关,从而为 $Q(\omega)$ 的一组基,且 $\dim Q(\omega)=2$.

8. 验证集合 $\left\{\begin{pmatrix}a_{11}&a_{12}\\a_{21}&a_{22}\end{pmatrix}\in M^{2\times2}\,\middle|\,a_{11}+a_{12}+a_{21}+a_{22}=0\right\}$ 是 $M^{2\times2}$ 的子空间,并且求出它的维数和一组基.

解: 任意 $A,B\in W$, $k\in\mathbb{R}$, 有

$$A=\begin{pmatrix}a_{11}&a_{12}\\a_{21}&a_{22}\end{pmatrix},\ B=\begin{pmatrix}b_{11}&b_{12}\\b_{21}&b_{22}\end{pmatrix},\ \sum_{i,j=1,2}a_{ij}=0,\ \sum_{i,j=1,2}b_{ij}=0.$$

从而

$$A+B=\begin{pmatrix}a_{11}+b_{11}&a_{12}+b_{12}\\a_{21}+a_{21}&a_{22}+b_{22}\end{pmatrix},\ \sum_{i,j=1,2}(a_{ij}+b_{ij})=0,\ \sum_{i,j=1,2}ka_{ij}=0.$$

所以 $\boldsymbol{A}+\boldsymbol{B},\ k\boldsymbol{A}\in W$. 故 W 是 $\mathbb{R}^{2\times 2}$ 的子空间.

由 $\sum\limits_{i,j=1,2} a_{ij}=0$, 一个基础解系为

$$\boldsymbol{\eta}_1=(-1,1,0,0)^{\mathrm{T}},$$
$$\boldsymbol{\eta}_2=(-1,0,1,0)^{\mathrm{T}},$$
$$\boldsymbol{\eta}_3=(-1,0,0,1)^{\mathrm{T}}.$$

对任意 $\boldsymbol{A}\in W$, 有

$$\begin{pmatrix} a_{11} & a_{12} \\ a_{21} & a_{22} \end{pmatrix}=a_{12}\begin{pmatrix} -1 & 1 \\ 0 & 0 \end{pmatrix}+a_{21}\begin{pmatrix} -1 & 0 \\ 1 & 0 \end{pmatrix}+a_{22}\begin{pmatrix} -1 & 0 \\ 0 & 1 \end{pmatrix}.$$

显然 $\begin{pmatrix} -1 & 1 \\ 0 & 0 \end{pmatrix}$, $\begin{pmatrix} -1 & 0 \\ 1 & 0 \end{pmatrix}$, $\begin{pmatrix} -1 & 0 \\ 0 & 1 \end{pmatrix}$ 线性无关.

故 $\dim W=3$, 一组基为 $\begin{pmatrix} -1 & 1 \\ 0 & 0 \end{pmatrix}$, $\begin{pmatrix} -1 & 0 \\ 1 & 0 \end{pmatrix}$, $\begin{pmatrix} -1 & 0 \\ 0 & 1 \end{pmatrix}$.

9. 在 $\mathbb{R}^4$ 中,令

$$\boldsymbol{\alpha}_1=(1,1,-1,-1)^{\mathrm{T}},\ \boldsymbol{\alpha}_2=(4,5,-2,-7)^{\mathrm{T}},\ \boldsymbol{\alpha}_3=(0,1,0,-1)^{\mathrm{T}},$$
$$\boldsymbol{\alpha}_4=(3,2,-1,-4)^{\mathrm{T}},\ \boldsymbol{\alpha}_5=(-1,0,0,1)^{\mathrm{T}}.$$

求由 $\boldsymbol{\alpha}_1,\boldsymbol{\alpha}_2,\boldsymbol{\alpha}_3,\boldsymbol{\alpha}_4,\boldsymbol{\alpha}_5$ 生成的子空间 $L(\boldsymbol{\alpha}_1,\boldsymbol{\alpha}_2,\boldsymbol{\alpha}_3,\boldsymbol{\alpha}_4,\boldsymbol{\alpha}_5)$ 的维数和一组基.

解:

$$\boldsymbol{A}=(\boldsymbol{\alpha}_1,\boldsymbol{\alpha}_2,\boldsymbol{\alpha}_3,\boldsymbol{\alpha}_4,\boldsymbol{\alpha}_5)\xrightarrow{\text{行}}\begin{pmatrix} 1 & 4 & 0 & 3 & -1 \\ 0 & 1 & 1 & -1 & 1 \\ 0 & 0 & -2 & 4 & -3 \\ 0 & 0 & 0 & 0 & 0 \end{pmatrix}.$$

所以 $r(\boldsymbol{A})=3$, 故 $\dim L(\boldsymbol{\alpha}_1,\boldsymbol{\alpha}_2,\boldsymbol{\alpha}_3,\boldsymbol{\alpha}_4,\boldsymbol{\alpha}_5)=3$, 一组基为 $\boldsymbol{\alpha}_1,\boldsymbol{\alpha}_2,\boldsymbol{\alpha}_3$.

10. 设 U 是线性空间 V 的子空间,并且 U 与 V 的维数相等,试证明 $U=V$.

证明: 首先 $U \subseteq V$. 因为 $\dim U = \dim V$,设 $\boldsymbol{\alpha}_1, \boldsymbol{\alpha}_2, \cdots, \boldsymbol{\alpha}_m$ 为 U 的一组基,所以 $\boldsymbol{\alpha}_1, \boldsymbol{\alpha}_2, \cdots, \boldsymbol{\alpha}_m$ 也是 V 的一组基,任意 $\boldsymbol{\alpha} \in V$,有 $\boldsymbol{\alpha} = k_1\boldsymbol{\alpha}_1 + \cdots + k_m\boldsymbol{\alpha}_m \in U$. 即 $V \subseteq U$,故 $U = V$.

11. 试求实数域上关于矩阵 $\boldsymbol{A}$ 的全体实系数多项式构成的线性空间 V 的一组基及维数,其中

$$\boldsymbol{A} = \begin{pmatrix} 1 & 0 & 0 \\ 0 & \omega & 0 \\ 0 & 0 & \omega^2 \end{pmatrix}, \omega = \frac{-1 + \sqrt{3}\mathrm{i}}{2}.$$

解: 因为

$$\boldsymbol{A}^2 = \begin{pmatrix} 1 & & \\ & \omega^2 & \\ & & \omega^4 \end{pmatrix} = \begin{pmatrix} 1 & & \\ & \omega^2 & \\ & & \omega \end{pmatrix}, \boldsymbol{A}^3 = \begin{pmatrix} 1 & & \\ & 1 & \\ & & 1 \end{pmatrix}, \boldsymbol{A}^4 = \boldsymbol{A}, \cdots$$

所以任意 $f(\boldsymbol{A}) \in V$, 设 $f(\boldsymbol{A}) = \sum_{i=0}^{n} a_i\boldsymbol{A}^i$, $f(A) = b_0\boldsymbol{E} + b_1\boldsymbol{A} + b_2\boldsymbol{A}^2$ (均能写成 $\boldsymbol{E}, \boldsymbol{A}, \boldsymbol{A}^2$ 的线性组合),其中 b_i 为实数,由 $f(A)$ 中的 a_i 合并同类项得到. 又因为 $\boldsymbol{E}, \boldsymbol{A}, \boldsymbol{A}^2$ 线性无关,所以 $\boldsymbol{E}, \boldsymbol{A}, \boldsymbol{A}^2$ 为 V 的一组基, $\dim V = 3$.

12. 求证: $\boldsymbol{\alpha}_1 = (1, -1, 0)$, $\boldsymbol{\alpha}_2 = (2, 1, 3)$, $\boldsymbol{\alpha}_3 = (3, 1, 2)$ 为 $\mathbb{R}^3$ 的一组基,并求 $\boldsymbol{\beta}_1 = (5, 0, 7)$, $\boldsymbol{\beta}_2 = (-9, -8, -13)$ 在这组基下的坐标.

证明: 因为

$$|\boldsymbol{\alpha}_1^{\mathrm{T}}, \boldsymbol{\alpha}_2^{\mathrm{T}}, \boldsymbol{\alpha}_3^{\mathrm{T}}| = \begin{vmatrix} 1 & 2 & 3 \\ -1 & 1 & 1 \\ 0 & 3 & 2 \end{vmatrix} = -6 \neq 0.$$

所以 $\boldsymbol{\alpha}_1, \boldsymbol{\alpha}_2, \boldsymbol{\alpha}_3$ 线性无关. 又因为 $\dim \mathbb{R}^3 = 3$, 故 $\boldsymbol{\alpha}_1, \boldsymbol{\alpha}_2, \boldsymbol{\alpha}_3$ 为 $\mathbb{R}^3$ 的一组基. 由

$$(\boldsymbol{\alpha}_1^{\mathrm{T}}, \boldsymbol{\alpha}_2^{\mathrm{T}}, \boldsymbol{\alpha}_3^{\mathrm{T}}, \boldsymbol{\beta}_1^{\mathrm{T}}, \boldsymbol{\beta}_2^{\mathrm{T}}) \to \begin{pmatrix} 1 & 0 & 0 & 2 & 3 \\ 0 & 1 & 0 & 3 & -3 \\ 0 & 0 & 1 & -1 & -2 \end{pmatrix}.$$

所以，$\boldsymbol{\beta}_1$ 在这组基下的坐标为 $(2, 3, -1)^{\mathrm{T}}$，$\boldsymbol{\beta}_2$ 在这组基下的坐标为 $(3, -3, -2)^{\mathrm{T}}$.

13. 验证 $f_1(x)=2, f_2(x)=x-1, f_3(x)=(x+1)^2, f_4(x)=x^3$ 是线性空间 $\mathbb{R}\{x\}_4$ 的一组基，求 $g(x)=2x^3-x^2+6x+5$ 在该基下的坐标.

解： 因为 $\dim R[x]_4=4$，所以只需证明 $f_1(x), f_2(x), f_3(x), f_4(x)$ 线性无关.

设 $k_1f_1(x)+k_2f_2(x)+k_3f_3(x)+k_4f_4(x)=0$，有 $2k_1-k_2+k_3+(k_2+2k_3)x+k_3x^2+k_4x^3=0$. 因为 $1, x, x^2, x^3$ 线性无关，所以 $2k_1-k_2+k_3=0$，$k_2+2k_3=0$，$k_3=0$，$k_4=0$. 有 $k_1=k_2=k_3=k_4=0$，故 $f_1(x), f_2(x), f_3(x), f_4(x)$ 是 $R[x]_4$ 的一组基.

设 $g(x)=l_1f_1(x)+l_2f_2(x)+l_3f_3(x)+l_4f_4(x)$，代入得

$$\begin{cases}5=2l_1-l_2+l_3\\6=l_2+2l_3\\-1=l_3\\2=l_4\end{cases}.$$

所以，$l_1=7$，$l_2=8$，$l_3=-1$，$l_4=2$. 故 $g(x)$ 在该基下的坐标为 $(7, 8, -1, 2)^{\mathrm{T}}$.

14. 在三维线性空间的基 $\boldsymbol{\alpha}_1, \boldsymbol{\alpha}_2, \boldsymbol{\alpha}_3$ 下，非零向量 $\boldsymbol{\alpha}$ 的坐标为 $(a_1, a_2, a_3)^{\mathrm{T}}$，试选取一组基，使得 $\boldsymbol{\alpha}$ 在这组基下的坐标为 $(1, 0, 0)^{\mathrm{T}}$.

解： 设 $\boldsymbol{\beta}_1, \boldsymbol{\beta}_2, \boldsymbol{\beta}_3$ 为所求基，则有 $\boldsymbol{\alpha}=(\boldsymbol{\alpha}_1, \boldsymbol{\alpha}_2, \boldsymbol{\alpha}_3)\begin{pmatrix}a_1\\a_2\\a_3\end{pmatrix}=(\boldsymbol{\beta}_1, \boldsymbol{\beta}_2, \boldsymbol{\beta}_3)\begin{pmatrix}1\\0\\0\end{pmatrix}$.

有$\boldsymbol{\beta}_1 = a_1\boldsymbol{\alpha}_1 + a_2\boldsymbol{\alpha}_2 + a_3\boldsymbol{\alpha}_3$,因为$\boldsymbol{\alpha} \neq 0$,所以$a_1, a_2, a_3$不全为0;不妨设$a_1 \neq 0$. 取$\boldsymbol{\beta}_2 = \boldsymbol{\alpha}_2, \boldsymbol{\beta}_3 = \boldsymbol{\alpha}_3$, 则$\boldsymbol{\beta}_1, \boldsymbol{\beta}_2, \boldsymbol{\beta}_3$线性无关,为所求基.

15. $K[x]_4$是数域K上次数不超过3的多项式和零多项式按通常多项式加法与数乘构成的向量空间. 现有两组基:

$$\sum\nolimits_1: p_1 = 1, p_2 = 1 + x, p_3 = 2x^2, p_4 = x^3;$$

$$\sum\nolimits_2: \beta_1 = 2x^3 + x^2 + 1, \beta_2 = x^2 + 2x + 2,$$

$$\beta_3 = -2x^3 + x^2 + x + 2, \beta_4 = x^3 + 3x^2 + x + 2,$$

求基变换公式.

解: 取自然基$1, x, x^2, x^3$,有

$$(p_1, p_2, p_3, p_4) = (1, x, x^2, x^3)\begin{pmatrix} 1 & 1 & 0 & 0 \\ 0 & 1 & 0 & 0 \\ 0 & 0 & 2 & 0 \\ 0 & 0 & 0 & 1 \end{pmatrix} =: (1, x, x^2, x^3)\boldsymbol{A};$$

$$(\beta_1, \beta_2, \beta_3, \beta_4) = (1, x, x^2, x^3)\begin{pmatrix} 1 & 2 & 2 & 2 \\ 0 & 2 & 1 & 1 \\ 1 & 2 & 1 & 3 \\ 2 & 0 & -2 & 1 \end{pmatrix} =: (1, x, x^2, x^3)\boldsymbol{B},$$

有

$$(\beta_1, \beta_2, \beta_3, \beta_4) = (p_1, p_2, p_3, p_4)\boldsymbol{A}^{-1}\boldsymbol{B} = (p_1, p_2, p_3, p_4)\begin{pmatrix} 1 & 0 & 1 & 1 \\ 0 & 2 & 1 & 1 \\ \frac{1}{2} & 1 & \frac{1}{2} & \frac{3}{2} \\ 2 & 0 & -2 & 1 \end{pmatrix}.$$

故此为基变换公式.

16. 实线性空间的两组基分别是

$$\boldsymbol{\epsilon}_1=\begin{pmatrix}1&0\\0&0\end{pmatrix},\ \boldsymbol{\epsilon}_2=\begin{pmatrix}0&1\\0&0\end{pmatrix},\ \boldsymbol{\epsilon}_3=\begin{pmatrix}0&0\\1&0\end{pmatrix},\ \boldsymbol{\epsilon}_4=\begin{pmatrix}0&0\\0&1\end{pmatrix};$$

$$\boldsymbol{\eta}_1=\begin{pmatrix}0&1\\1&1\end{pmatrix},\ \boldsymbol{\eta}_2=\begin{pmatrix}1&0\\1&1\end{pmatrix},\ \boldsymbol{\eta}_3=\begin{pmatrix}1&1\\0&1\end{pmatrix},\ \boldsymbol{\eta}_4=\begin{pmatrix}1&1\\1&0\end{pmatrix}.$$

试求从基 $\boldsymbol{\epsilon}_1, \boldsymbol{\epsilon}_2, \boldsymbol{\epsilon}_3, \boldsymbol{\epsilon}_4$ 到基 $\boldsymbol{\eta}_1, \boldsymbol{\eta}_2, \boldsymbol{\eta}_3, \boldsymbol{\eta}_4$ 的过渡矩阵,并求矩阵 $\boldsymbol{\delta}=\begin{pmatrix}0&1\\2&3\end{pmatrix}$ 在这两组基下的坐标.

解: $(\boldsymbol{\eta}_1, \boldsymbol{\eta}_2, \boldsymbol{\eta}_3, \boldsymbol{\eta}_4)=(\boldsymbol{\epsilon}_1, \boldsymbol{\epsilon}_2, \boldsymbol{\epsilon}_3, \boldsymbol{\epsilon}_4)\begin{pmatrix}0&1&1&1\\1&0&1&1\\1&1&0&1\\1&1&1&0\end{pmatrix}$,故过渡矩阵为

$$\begin{pmatrix}0&1&1&1\\1&0&1&1\\1&1&0&1\\1&1&1&0\end{pmatrix}.$$

$$\boldsymbol{\delta}=0\boldsymbol{\epsilon}_1+1\boldsymbol{\epsilon}_2+2\boldsymbol{\epsilon}_3+3\boldsymbol{\epsilon}_4=(\boldsymbol{\epsilon}_1, \boldsymbol{\epsilon}_2, \boldsymbol{\epsilon}_3, \boldsymbol{\epsilon}_4)\begin{pmatrix}0\\1\\2\\3\end{pmatrix}$$

$$=(\boldsymbol{\eta}_1, \boldsymbol{\eta}_2, \boldsymbol{\eta}_3, \boldsymbol{\eta}_4)\boldsymbol{C}^{-1}\begin{pmatrix}0\\1\\2\\3\end{pmatrix}=(\boldsymbol{\eta}_1, \boldsymbol{\eta}_2, \boldsymbol{\eta}_3, \boldsymbol{\eta}_4)\begin{pmatrix}2\\1\\0\\-1\end{pmatrix}.$$

故 $\boldsymbol{\delta}$ 在基 $\boldsymbol{\eta}_1, \boldsymbol{\eta}_2, \boldsymbol{\eta}_3, \boldsymbol{\eta}_4$ 下的坐标为 $(0, 1, 2, 3)^{\mathrm{T}}$,在基 $\boldsymbol{\epsilon}_1, \boldsymbol{\epsilon}_2, \boldsymbol{\epsilon}_3, \boldsymbol{\epsilon}_4$ 下的坐标为 $(2, 1, 0, -1)^{\mathrm{T}}$.

17. 在 $\mathbb{R}^4$ 中,设

$$\boldsymbol{\alpha}_1=(1, 1, 1, 2)^{\mathrm{T}},\ \boldsymbol{\alpha}_2=(2, 1, 3, 2)^{\mathrm{T}},$$

$$\boldsymbol{\beta}_1=(3,1,-1,0)^{\mathrm{T}},\boldsymbol{\beta}_2=(1,2,-2,1)^{\mathrm{T}}.$$

试求：

(1) $(\boldsymbol{\alpha}_1,\boldsymbol{\beta}_1)$，$(\boldsymbol{\alpha}_2,\boldsymbol{\beta}_2)$；

(2) $|\boldsymbol{\alpha}_1|$，$|\boldsymbol{\beta}_1|$，$|\boldsymbol{\alpha}_1-\boldsymbol{\beta}_1|$，$|\boldsymbol{\alpha}_2-\boldsymbol{\beta}_2|$；

(3) $\langle\boldsymbol{\alpha}_1,\boldsymbol{\beta}_1\rangle$，$\langle\boldsymbol{\alpha}_2,\boldsymbol{\beta}_2\rangle$.

解： (1) $(\boldsymbol{\alpha}_1,\boldsymbol{\beta}_1)=\boldsymbol{\beta}^{\mathrm{T}}\boldsymbol{\alpha}=3$，$(\boldsymbol{\alpha}_2,\boldsymbol{\beta}_2)=\boldsymbol{\beta}^{\mathrm{T}}\boldsymbol{\alpha}=0$；

(2) $|\boldsymbol{\alpha}_1|=\sqrt{(\boldsymbol{\alpha}_1,\boldsymbol{\alpha}_1)}=\sqrt{7}$，$|\boldsymbol{\beta}_1|=\sqrt{(\boldsymbol{\beta}_1,\boldsymbol{\beta}_1)}=\sqrt{11}$，$|\boldsymbol{\alpha}_1-\boldsymbol{\beta}_1|=\sqrt{12}=2\sqrt{3}$，$|\boldsymbol{\alpha}_2-\boldsymbol{\beta}_2|=\sqrt{28}=2\sqrt{7}$；

(3) $\langle\boldsymbol{\alpha}_1,\boldsymbol{\beta}_1\rangle=\arccos\dfrac{(\boldsymbol{\alpha}_1,\boldsymbol{\beta}_1)}{|\boldsymbol{\alpha}_1|\cdot|\boldsymbol{\beta}|}=\arccos\dfrac{3}{\sqrt{7}\sqrt{11}}=\arccos\dfrac{3}{\sqrt{77}}$，$\langle\boldsymbol{\alpha}_2,\boldsymbol{\beta}_2\rangle=\dfrac{\pi}{2}$.

18. 在$\mathbb{R}^2$中，求一个单位向量，使之与下列向量构成正交向量组：

$$\boldsymbol{\alpha}_1=(1,1,1,-1)^{\mathrm{T}},\boldsymbol{\alpha}_2=(1,-1,1,-1)^{\mathrm{T}},\boldsymbol{\alpha}_3=(2,1,3,1)^{\mathrm{T}}.$$

解： 设向量$(x_1,x_2,x_3,x_4)^{\mathrm{T}}$与$\boldsymbol{\alpha}_1$，$\boldsymbol{\alpha}_2$，$\boldsymbol{\alpha}_3$正交，有

$$\begin{cases}x_1+x_2+x_3-x_4=0\\x_1-x_2+x_3-x_4=0\\2x_1+x_2+3x_3+x_4=0\end{cases}.$$

取$(x_1,x_2,x_3,x_4)^{\mathrm{T}}=(4,0,-3,1)^{\mathrm{T}}$，单位化得$\left(\dfrac{4}{\sqrt{26}},0,-\dfrac{3}{\sqrt{26}},\dfrac{1}{\sqrt{26}}\right)$. 故取单位向量为$\dfrac{1}{\sqrt{26}}(4,0,-3,1)^{\mathrm{T}}$满足条件.

19. 由以下$\mathbb{R}^3$的基，利用施密特正交化构造$\mathbb{R}^3$的标准正交基：

(1) $\boldsymbol{\alpha}_1=(2,-1,-3)^{\mathrm{T}}$，$\boldsymbol{\alpha}_2=(-1,5,1)^{\mathrm{T}}$，$\boldsymbol{\alpha}_3=(14,1,9)^{\mathrm{T}}$；

(2) $\boldsymbol{\alpha}_1=(2,0,0)^{\mathrm{T}}$，$\boldsymbol{\alpha}_2=(0,1,-1)^{\mathrm{T}}$，$\boldsymbol{\alpha}_3=(5,6,0)^{\mathrm{T}}$.

解:（1）正交化：令 $\boldsymbol{\beta}_1=\boldsymbol{\alpha}_1$，$\boldsymbol{\beta}_2=\boldsymbol{\alpha}_2-\dfrac{(\boldsymbol{\alpha}_2,\boldsymbol{\alpha}_1)}{(\boldsymbol{\alpha}_1,\boldsymbol{\alpha}_1)}\boldsymbol{\alpha}_1=\boldsymbol{\alpha}_2-\dfrac{-10}{14}\boldsymbol{\alpha}_1=$ $\dfrac{1}{7}(3,30,-8)^{\mathrm{T}}$，$\boldsymbol{\beta}_3=\boldsymbol{\alpha}_3$.

单位化得

$$\boldsymbol{\eta}_1=\frac{1}{\sqrt{14}}(2,-1,-3)^{\mathrm{T}},\ \boldsymbol{\eta}_2=\frac{1}{\sqrt{973}}(3,30,-8)^{\mathrm{T}},$$

$$\boldsymbol{\eta}_3=\frac{1}{\sqrt{278}}(14,1,9)^{\mathrm{T}}.$$

即为标准正交基.

（2）正交化：令 $\boldsymbol{\beta}_1=\boldsymbol{\alpha}_1$，$\boldsymbol{\beta}_2=\boldsymbol{\alpha}_2$，$\boldsymbol{\beta}_3=\boldsymbol{\alpha}_3-\dfrac{(\boldsymbol{\alpha}_3,\boldsymbol{\beta}_1)}{(\boldsymbol{\beta}_1,\boldsymbol{\beta}_1)}\boldsymbol{\beta}_1-\dfrac{(\boldsymbol{\alpha}_3,\boldsymbol{\beta}_2)}{(\boldsymbol{\beta}_2,\boldsymbol{\beta}_2)}\boldsymbol{\beta}_2=$ $(0,3,3)^{\mathrm{T}}$.

单位化得

$$\boldsymbol{\eta}_1=(1,0,0)^{\mathrm{T}},\ \boldsymbol{\eta}_2=\frac{1}{\sqrt{2}}(0,1,-1)^{\mathrm{T}},\ \boldsymbol{\eta}_3=\frac{1}{\sqrt{2}}(0,1,1)^{\mathrm{T}}.$$

即为标准正交基.

20. 设 $\boldsymbol{\epsilon}_1,\boldsymbol{\epsilon}_2,\boldsymbol{\epsilon}_3$ 是 $\mathbb{R}^3$ 中的一个标准正交基，且

$$\boldsymbol{\alpha}=3\boldsymbol{\epsilon}_1-2\boldsymbol{\epsilon}_2+\boldsymbol{\epsilon}_3,\ \boldsymbol{\beta}=\boldsymbol{\epsilon}_1+\boldsymbol{\epsilon}_2+2\boldsymbol{\epsilon}_3,$$

试求：$(\boldsymbol{\alpha},\boldsymbol{\beta})$，$|\boldsymbol{\alpha}|$，$|\boldsymbol{\beta}|$，$\langle\boldsymbol{\alpha},\boldsymbol{\beta}\rangle$.

解:

$$(\boldsymbol{\alpha},\boldsymbol{\beta})=3-2+2=3,$$

$$|\boldsymbol{\alpha}|=\sqrt{(\boldsymbol{\alpha},\boldsymbol{\alpha})}=\sqrt{(3\boldsymbol{\epsilon}_1-2\boldsymbol{\epsilon}_2+\boldsymbol{\epsilon}_3,3\boldsymbol{\epsilon}_1-2\boldsymbol{\epsilon}_2+\boldsymbol{\epsilon}_3)}=\sqrt{9+4+1}=\sqrt{14},$$

$$|\boldsymbol{\beta}|=\sqrt{(\boldsymbol{\epsilon}_1+\boldsymbol{\epsilon}_2+2\boldsymbol{\epsilon}_3,\boldsymbol{\epsilon}_1+\boldsymbol{\epsilon}_2+2\boldsymbol{\epsilon}_3)}=\sqrt{1+1+4}=\sqrt{6},$$

$$\langle\boldsymbol{\alpha},\boldsymbol{\beta}\rangle=\arccos\frac{(\boldsymbol{\alpha},\boldsymbol{\beta})}{|\boldsymbol{\alpha}|\cdot|\boldsymbol{\beta}|}=\arccos\frac{3}{\sqrt{14}\sqrt{6}}=\arccos\frac{3}{\sqrt{84}}.$$

21. 设 $\boldsymbol{\alpha}_1, \boldsymbol{\alpha}_2, \cdots, \boldsymbol{\alpha}_n$ 是$\mathbb{R}^n$的基,试证明:

(1) 设$\boldsymbol{\beta} \in \mathbb{R}^n$,有$(\boldsymbol{\alpha}_i, \boldsymbol{\beta}) = 0(i = 1, 2, \cdots, n)$,则$\boldsymbol{\beta} = \mathbf{0}$;

(2) 若$\boldsymbol{\alpha}, \boldsymbol{\beta} \in \mathbb{R}^n$, 对任意$\boldsymbol{\gamma} \in \mathbb{R}^n$,有$(\boldsymbol{\alpha}, \boldsymbol{\gamma}) = (\boldsymbol{\beta}, \boldsymbol{\gamma})$,则$\boldsymbol{\alpha} = \boldsymbol{\beta}$.

证明: (1) 设$\boldsymbol{\beta} = \sum_{i=1}^{n} k_i \boldsymbol{\alpha}_i$. 因为$(\boldsymbol{\alpha}_i, \boldsymbol{\beta}) = 0(i = 1, 2, \cdots, n)$,所以$(\boldsymbol{\beta}, \boldsymbol{\beta}) = (\sum_{i=1}^{n} k_i \boldsymbol{\alpha}_i, \boldsymbol{\beta}) = \sum_{i=1}^{n} k_k (\boldsymbol{\alpha}_i, \boldsymbol{\beta}) = 0$,从而$\boldsymbol{\beta} = 0$.

(2) 因为任意$\boldsymbol{\gamma} \in \mathbb{R}^n$,有$(\boldsymbol{\alpha}, \boldsymbol{\gamma}) = (\boldsymbol{\beta}, \boldsymbol{\gamma})$,即$(\boldsymbol{\alpha} - \boldsymbol{\beta}, \boldsymbol{\gamma}) = 0$,取$\boldsymbol{\gamma} = \boldsymbol{\alpha} - \boldsymbol{\beta}$,有$(\boldsymbol{\alpha} - \boldsymbol{\beta}, \boldsymbol{\alpha} - \boldsymbol{\beta}) = 0$. 所以$\boldsymbol{\alpha} - \boldsymbol{\beta} = 0$. 故$\boldsymbol{\alpha} = \boldsymbol{\beta}$.

22. 设 $\boldsymbol{\epsilon}_1, \boldsymbol{\epsilon}_2, \boldsymbol{\epsilon}_3$ 是数域 K 上三维欧氏空间 V 的一组标准正交基,

$$\boldsymbol{\alpha} = 3\boldsymbol{\epsilon}_1 + 2\boldsymbol{\epsilon}_2 + 4\boldsymbol{\epsilon}_3, \boldsymbol{\beta} = \boldsymbol{\epsilon}_1 - 2\boldsymbol{\epsilon}_2.$$

(1) 求与 $\boldsymbol{\alpha}, \boldsymbol{\beta}$ 都正交的全部向量;

(2) 求与 $\boldsymbol{\alpha}, \boldsymbol{\beta}$ 都正交的全部单位向量.

解: (1) 设 $\boldsymbol{\gamma} = x_1\boldsymbol{\epsilon}_1 + x_2\boldsymbol{\epsilon}_2 + x_3\boldsymbol{\epsilon}_3$ 且与 $\boldsymbol{\alpha}, \boldsymbol{\beta}$ 正交,则有

$$\begin{cases} 3x_1 + 2x_2 + 4x_3 = 0 \\ x_1 - 1 - 2x_2 = 0 \end{cases},$$

得 $(x_1, x_2, x_3) = k(-2, -1, 2)^{\mathrm{T}}$, $k \in \mathbb{R}$. 故与 $\boldsymbol{\alpha}, \boldsymbol{\beta}$ 都正交的全部向量为 $\boldsymbol{\gamma} = -2k\boldsymbol{\epsilon}_1 - k\boldsymbol{\epsilon}_2 + 2k\boldsymbol{\epsilon}_3$,任意 $k \in \mathbb{R}$.

(2) 把 $k \neq 0$ 的 $\boldsymbol{\gamma}$ 单位化得 $\boldsymbol{\gamma}_0 = \frac{1}{3|k|}(-2k\boldsymbol{\epsilon}_1 - k\boldsymbol{\epsilon}_2 + 2k\boldsymbol{\epsilon}_3) = \pm\frac{1}{3}(-2\boldsymbol{\epsilon}_1 - \boldsymbol{\epsilon}_2 + 2\boldsymbol{\epsilon}_3)$, $k \in \mathbb{R} \setminus \{0\}$, 故 $\boldsymbol{\gamma}_0$ 为与 $\boldsymbol{\alpha}, \boldsymbol{\beta}$ 都正交的全部单位向量.

23. 求齐次线性方程组

$$\begin{cases} 3x_1 - x_2 - x_3 + x_4 = 0 \\ x_1 + 2x_2 - x_3 - x_4 = 0 \end{cases}$$

解空间的一个标准正交基.

解: 系数矩阵 $A=\begin{pmatrix}1 & 2 & -1 & -1\\ 3 & -1 & -1 & 1\end{pmatrix}\to\begin{pmatrix}1 & 0 & -\frac{3}{7} & \frac{1}{7}\\ 0 & 1 & -\frac{2}{7} & -\frac{4}{7}\end{pmatrix}$.

取基础解系 $\boldsymbol{\eta}_1=(3,2,7,0)^{\mathrm{T}}$, $\boldsymbol{\eta}_2=(-1,4,0,7)^{\mathrm{T}}$.

正交化: 令 $\boldsymbol{\beta}_1=\boldsymbol{\eta}_1$, $\boldsymbol{\beta}_2=\boldsymbol{\eta}_2-\dfrac{(\boldsymbol{\eta}_2,\boldsymbol{\eta}_1)}{(\boldsymbol{\eta}_1,\boldsymbol{\eta}_1)}\boldsymbol{\eta}_1=-\dfrac{1}{\sqrt{62}}(77,-238,35,-434)^{\mathrm{T}}=\dfrac{7}{62}(-11,34,-5,62)^{\mathrm{T}}$;

单位化: $\boldsymbol{\xi}_1=\dfrac{1}{\sqrt{62}}(3,2,7,0)^{\mathrm{T}}$, $\boldsymbol{\xi}_2=\dfrac{1}{\sqrt{5\,146}}(-11,34,-5,62)^{\mathrm{T}}$;

故 $\boldsymbol{\xi}_1$, $\boldsymbol{\xi}_2$ 为解空间的一个标准正交基.

24. 在$\mathbb{R}^4$中,设

$$\boldsymbol{\alpha}_1=(1,1,1,1)^{\mathrm{T}},\ \boldsymbol{\alpha}_2=(1,-2,0,0)^{\mathrm{T}}.$$

令 $S=\{\boldsymbol{\alpha}\in\mathbb{R}^4\mid(\boldsymbol{\alpha},\boldsymbol{\alpha}_1)=0,(\boldsymbol{\alpha},\boldsymbol{\alpha}_2)=0\}$.

(1) 求 S 的一个标准正交基;

(2) 将(1)中求得的 S 的标准正交基扩充为$\mathbb{R}^4$的标准正交基.

解: (1) 设 $\boldsymbol{\alpha}=(x_1,x_2,x_3,x_4)^{\mathrm{T}}$, 有

$$\begin{cases}x_1+x_2+x_3+x_4=0\\ x_1-2x_2=0\end{cases}.$$

取 $\boldsymbol{\beta}_1=(-2,-1,0,3)^{\mathrm{T}}$, $\boldsymbol{\beta}_2=(2,1,3,0)^{\mathrm{T}}$,

将其正交化: 令 $\boldsymbol{\gamma}_1=\boldsymbol{\beta}_1$, $\boldsymbol{\gamma}_2=\boldsymbol{\beta}_2-\dfrac{(\boldsymbol{\beta}_2,\boldsymbol{\beta}_1)}{(\boldsymbol{\beta}_1,\boldsymbol{\beta}_1)}\boldsymbol{\beta}_1=\dfrac{3}{14}(6,3,14,15)^{\mathrm{T}}$;

将其单位化得 $\boldsymbol{\eta}_1=\dfrac{1}{\sqrt{14}}(-2,-1,0,3)^{\mathrm{T}}$, $\boldsymbol{\eta}_2=\dfrac{1}{\sqrt{466}}(6,3,14,5)^{\mathrm{T}}$,

故 $\boldsymbol{\eta}_1$, $\boldsymbol{\eta}_2$ 为 S 的一个标准正交基.

(2) 取 $\boldsymbol{\eta}_3=\dfrac{1}{2}(1,1,1,1)^{\mathrm{T}}$, $\boldsymbol{\eta}_4=\dfrac{1}{\sqrt{76}}(5,-7,1,1)^{\mathrm{T}}$. 故 $\boldsymbol{\eta}_1$, $\boldsymbol{\eta}_2$,

$\boldsymbol{\eta}_3$, $\boldsymbol{\eta}_4$ 为$\mathbb{R}^4$的一个标准正交基.

25. 设 $\boldsymbol{\alpha}_1, \boldsymbol{\alpha}_2, \cdots, \boldsymbol{\alpha}_s$ 是$\mathbb{R}^n$中的向量,L 是由 $\boldsymbol{\alpha}_1, \boldsymbol{\alpha}_2, \cdots, \boldsymbol{\alpha}_s$ 生成的子空间. 若有 $\boldsymbol{\beta} \in \mathbb{R}^n$, $(\boldsymbol{\beta}, \boldsymbol{\alpha}_j) = 0(j = 1, 2, \cdots, s)$. 试证明:$\boldsymbol{\beta}$ 与 L 中的每一个向量都正交.

证明: 任意 $\boldsymbol{\alpha} \in L$, 则 $\boldsymbol{\alpha} = \sum_{i=1}^{s} k_i, \boldsymbol{\alpha}_i, k_i \in \mathbb{R}$. 有 $(\boldsymbol{\beta}, \boldsymbol{\alpha}) = (\boldsymbol{\beta}, \sum_{i=1}^{s} k_i\boldsymbol{\alpha}_i) = \sum_{i=1}^{s} k_i(\boldsymbol{\beta}, \boldsymbol{\alpha}_j) = 0$, 故 $\boldsymbol{\beta}$ 与 L 中每一个向量都正交.

26. 判断下列矩阵是否为正交矩阵.

(1) $\frac{1}{6}\begin{pmatrix} 6 & -3 & 2 \\ -3 & 6 & 3 \\ 2 & 3 & -6 \end{pmatrix}$;

(2) $\frac{1}{9}\begin{pmatrix} 1 & -8 & -4 \\ -8 & 1 & -4 \\ -4 & -4 & 7 \end{pmatrix}$.

解: (1) 不是正交矩阵,因为 1, 2 列不正交;

(2) 是正交矩阵,因为任意两列正交且均为单位向量.

27. 求实数 a, b, c,使 $\boldsymbol{A}$ 为正交矩阵,其中 $\boldsymbol{A} = \begin{pmatrix} 0 & 1 & 0 \\ a & 0 & c \\ b & 0 & \frac{1}{2} \end{pmatrix}$.

解: 因为 $\boldsymbol{A}$ 为正交矩阵,所以满足

$$\begin{cases} ac + \dfrac{b}{2} = 0 \\ a^2 + b^2 = 1 \\ c^2 + \dfrac{1}{4} = 1 \end{cases} \Rightarrow \begin{cases} a = \dfrac{1}{2} \\ b = \pm \dfrac{\sqrt{3}}{2} \\ c = \mp \dfrac{\sqrt{3}}{2} \end{cases} \text{或} \begin{cases} a = -\dfrac{1}{2} \\ b = \pm \dfrac{\sqrt{3}}{2} \\ c = \pm \dfrac{\sqrt{3}}{2} \end{cases}.$$

故实数 a, b, c 满足

$$(a, b, c)=\left(\frac{1}{2}, \frac{\sqrt{3}}{2}, -\frac{\sqrt{3}}{2}\right), \left(\frac{1}{2}, -\frac{\sqrt{3}}{2}, \frac{\sqrt{3}}{2}\right),$$

$$\left(-\frac{1}{2}, \frac{\sqrt{3}}{2}, \frac{\sqrt{3}}{2}\right), \left(-\frac{1}{2}, -\frac{\sqrt{3}}{2}, -\frac{\sqrt{3}}{2}\right).$$

28. 设实矩阵 $\boldsymbol{A}$ 为正交矩阵,试证明 $\boldsymbol{A}^{-1}$ 和 $\boldsymbol{A}^{*}$ 都是正交矩阵.

证明: 因为 $\boldsymbol{A}$ 为正交矩阵,所以 $\boldsymbol{A}^{\mathrm{T}}\boldsymbol{A}=\boldsymbol{E}=\boldsymbol{A}\boldsymbol{A}^{\mathrm{T}}$ 且 $|\boldsymbol{A}|^{2}=1$, 有

$$(\boldsymbol{A}^{-1})^{\mathrm{T}}\boldsymbol{A}^{-1}=(\boldsymbol{A}^{\mathrm{T}})^{-1}\boldsymbol{A}^{-1}=(\boldsymbol{A}\boldsymbol{A}^{\mathrm{T}})^{-1}=\boldsymbol{E},$$

$$(\boldsymbol{A}^{*})^{\mathrm{T}}\boldsymbol{A}^{*}=(|\boldsymbol{A}|\boldsymbol{A}^{-1})^{\mathrm{T}}|\boldsymbol{A}|\boldsymbol{A}^{-1}=|\boldsymbol{A}|^{2}(\boldsymbol{A}^{-1})^{\mathrm{T}}\boldsymbol{A}^{-1}=\boldsymbol{E},$$

故 $\boldsymbol{A}^{-1}$ 和 $\boldsymbol{A}^{*}$ 都是正交矩阵.

29. 设 $\boldsymbol{A}$ 和 $\boldsymbol{B}$ 都是 n 阶正交矩阵,试证明 $\boldsymbol{AB}$ 也是正交矩阵.

证明: 因为 $\boldsymbol{A}, \boldsymbol{B}$ 均为正交矩阵,所以 $\boldsymbol{A}^{\mathrm{T}}\boldsymbol{A}=\boldsymbol{E}=\boldsymbol{A}\boldsymbol{A}^{\mathrm{T}}$, $\boldsymbol{B}^{\mathrm{T}}\boldsymbol{B}=\boldsymbol{E}=\boldsymbol{B}\boldsymbol{B}^{\mathrm{T}}$. 有

$$(\boldsymbol{AB})^{\mathrm{T}}\boldsymbol{AB}=\boldsymbol{B}^{\mathrm{T}}\boldsymbol{A}^{\mathrm{T}}\boldsymbol{AB}=\boldsymbol{B}^{\mathrm{T}}\boldsymbol{B}=\boldsymbol{E}.$$

故 $\boldsymbol{AB}$ 也是正交矩阵.

30. 设 $\boldsymbol{A}$ 为实对称矩阵,且 $\boldsymbol{A}^{2}+6\boldsymbol{A}+8\boldsymbol{E}=\boldsymbol{O}$. 试证明: 矩阵 $\boldsymbol{A}+3\boldsymbol{E}$ 是正交矩阵.

证明: 因为 $(\boldsymbol{A}+3\boldsymbol{E})^{\mathrm{T}}(\boldsymbol{A}+3\boldsymbol{E})=(\boldsymbol{A}^{\mathrm{T}}+3\boldsymbol{E})(\boldsymbol{A}+3\boldsymbol{E})=\boldsymbol{A}^{\mathrm{T}}\boldsymbol{A}+3\boldsymbol{A}^{\mathrm{T}}+3\boldsymbol{A}+9\boldsymbol{E}$. 又因为 $\boldsymbol{A}$ 实对称,所以 $\boldsymbol{A}^{\mathrm{T}}=\boldsymbol{A}$. 从而上式为 $\boldsymbol{A}^{2}+6\boldsymbol{A}+9\boldsymbol{E}$. 又因为 $\boldsymbol{A}^{2}+6\boldsymbol{A}+9\boldsymbol{E}=\boldsymbol{O}$, 所以

$$(\boldsymbol{A}+3\boldsymbol{E})^{\mathrm{T}}(\boldsymbol{A}+3\boldsymbol{E})=(\boldsymbol{A}^{\mathrm{T}}+3\boldsymbol{E})(\boldsymbol{A}+3\boldsymbol{E})=\boldsymbol{A}^{\mathrm{T}}\boldsymbol{A}+3\boldsymbol{A}^{\mathrm{T}}+3\boldsymbol{A}+8\boldsymbol{E}+\boldsymbol{E}=\boldsymbol{E},$$

故 $\boldsymbol{A}+3\boldsymbol{E}$ 是正交矩阵.

31. 设 $\boldsymbol{A}$ 和 $\boldsymbol{B}$ 都是正交矩阵,试证明 $\begin{pmatrix}\boldsymbol{A} & \boldsymbol{O}\\ \boldsymbol{O} & \boldsymbol{B}\end{pmatrix}$ 也是正交矩阵.

证明： 因为 $\begin{pmatrix} \boldsymbol{A} & \boldsymbol{O} \\ \boldsymbol{O} & \boldsymbol{B} \end{pmatrix}^{\mathrm{T}} \begin{pmatrix} \boldsymbol{A} & \boldsymbol{O} \\ \boldsymbol{O} & \boldsymbol{B} \end{pmatrix} = \begin{pmatrix} \boldsymbol{A}^{\mathrm{T}}\boldsymbol{A} & \boldsymbol{O} \\ \boldsymbol{O} & \boldsymbol{B}^{\mathrm{T}}\boldsymbol{B} \end{pmatrix} = \begin{pmatrix} \boldsymbol{E} & \boldsymbol{O} \\ \boldsymbol{O} & \boldsymbol{E} \end{pmatrix}$，

所以 $\begin{pmatrix} \boldsymbol{A} & \boldsymbol{O} \\ \boldsymbol{O} & \boldsymbol{B} \end{pmatrix}$ 也是正交矩阵.

32. 已知向量 $\boldsymbol{\beta}$ 与 $\boldsymbol{\alpha}_1, \boldsymbol{\alpha}_2, \cdots, \boldsymbol{\alpha}_m$ 均正交，试证明 $\boldsymbol{\beta}$ 与 $\boldsymbol{\alpha}_1, \boldsymbol{\alpha}_2, \cdots, \boldsymbol{\alpha}_m$ 的任一线性组合都正交.

证明： 由已知得，$(\boldsymbol{\beta}, \boldsymbol{\alpha}_i) = 0$，$i = 1, \cdots, m$. 从而有 $(\boldsymbol{\beta}, \sum_{i=1}^{m} k_i \boldsymbol{\alpha}_i) = \sum_{i=1}^{m} k_i (\boldsymbol{\beta}, \boldsymbol{\alpha}_i) = 0$，所以 $\boldsymbol{\beta}$ 与 $\boldsymbol{\alpha}_1, \boldsymbol{\alpha}_2, \cdots, \boldsymbol{\alpha}_m$ 的任一线性组合都正交.

33. 设 $\boldsymbol{\alpha}_1, \boldsymbol{\alpha}_2, \cdots, \boldsymbol{\alpha}_{n-1}$ 是 $\mathbb{R}^n$ 中线性无关的向量组，向量 $\boldsymbol{\beta}_1, \boldsymbol{\beta}_2$ 都与 $\boldsymbol{\alpha}_1, \boldsymbol{\alpha}_2, \cdots, \boldsymbol{\alpha}_{n-1}$ 正交，试证明：向量 $\boldsymbol{\beta}_1, \boldsymbol{\beta}_2$ 线性相关.

证明： 因为 $\boldsymbol{\beta}_1, \boldsymbol{\beta}_2, \boldsymbol{\alpha}_1, \cdots, \boldsymbol{\alpha}_{n-1}$ 是 $\mathbb{R}^n$ 中的 $n+1$ 个向量，所以它们线性相关，从而存在不全为零的数 $l_1, l_2, k_1, \cdots, k_{n-1}$ 使得

$$l_1\boldsymbol{\beta}_1 + l_2\boldsymbol{\beta}_2 + k_1\boldsymbol{\alpha}_1 + \cdots + k_{n-1}\boldsymbol{\alpha}_{n-1} = \mathbf{0}. \tag{1}$$

如果 $l_1 = l_2 = 0$，则有 $k_1\boldsymbol{\alpha}_1 + \cdots + k_{n-1}\boldsymbol{\alpha}_{n-1} = \mathbf{0}$. 又因为 $\boldsymbol{\alpha}_1, \boldsymbol{\alpha}_2, \cdots, \boldsymbol{\alpha}_{n-1}$ 是 $\mathbb{R}^n$ 中线性无关的向量组，所以 $k_1 = k_2 = \cdots = k_{n-1} = 0$. 这与 $l_1, l_2, k_1, \cdots, k_{n-1}$ 不全为零矛盾，所以 l_1, l_2 不全为零. 由 $\boldsymbol{\beta}_1, \boldsymbol{\beta}_2$ 均与 $\boldsymbol{\alpha}_1, \cdots, \boldsymbol{\alpha}_{n-1}$ 正交，在式(1)的两边分别用 $\boldsymbol{\beta}_1, \boldsymbol{\beta}_2$ 与其内积，有

$$\begin{cases} l_1(\boldsymbol{\beta}_1, \boldsymbol{\beta}_1) + l_2(\boldsymbol{\beta}_1, \boldsymbol{\beta}_2) = 0 \\ l_1(\boldsymbol{\beta}_1, \boldsymbol{\beta}_2) + l_2(\boldsymbol{\beta}_2, \boldsymbol{\beta}_2) = 0 \end{cases}.$$

由上知 l_1, l_2 不全为零，所以齐次线性方程组有非零解，从而系数行列式等于零，即

$$\begin{vmatrix} (\boldsymbol{\beta}_1, \boldsymbol{\beta}_1) & (\boldsymbol{\beta}_1, \boldsymbol{\beta}_2) \\ (\boldsymbol{\beta}_1, \boldsymbol{\beta}_2) & (\boldsymbol{\beta}_2, \boldsymbol{\beta}_2) \end{vmatrix} = |\boldsymbol{\beta}_1|^2 \cdot |\boldsymbol{\beta}_2|^2 - (\boldsymbol{\beta}_1, \boldsymbol{\beta}_2)^2 = 0.$$

由内积的柯西-施瓦茨不等式等号成立条件，故$\boldsymbol{\beta}_1$，$\boldsymbol{\beta}_2$线性相关.

34. 设$\boldsymbol{A}$为n阶实矩阵，$\boldsymbol{\alpha}$，$\boldsymbol{\beta}$为n维实列向量，试证明：$(\boldsymbol{A\alpha}, \boldsymbol{\beta}) = (\boldsymbol{\alpha}, \boldsymbol{A}^{\mathrm{T}}\boldsymbol{\beta})$.

证明：$(\boldsymbol{A\alpha}, \boldsymbol{\beta}) = \boldsymbol{\beta}^{\mathrm{T}}\boldsymbol{A\alpha} = \boldsymbol{\beta}^{\mathrm{T}}(\boldsymbol{A}^{\mathrm{T}})^{\mathrm{T}}\boldsymbol{\alpha} = (\boldsymbol{A}^{\mathrm{T}}\boldsymbol{\beta})^{\mathrm{T}}\boldsymbol{\alpha} = (\boldsymbol{\alpha}, \boldsymbol{A}^{\mathrm{T}}\boldsymbol{\beta})$. 结论成立.

35. 设$\boldsymbol{A}$为实反对称矩阵，$\boldsymbol{\alpha}$是n维实列向量，且$\boldsymbol{A\alpha} = \boldsymbol{\beta}$，试证明：$\boldsymbol{\alpha}$与$\boldsymbol{\beta}$正交.

证明：因为$\boldsymbol{A}$为实反对称矩阵，所以$\boldsymbol{A}^{\mathrm{T}} = -\boldsymbol{A}$. 有

$$(\boldsymbol{\alpha}, \boldsymbol{\beta}) = (\boldsymbol{\alpha}, \boldsymbol{A\alpha}) = \boldsymbol{\alpha}^{\mathrm{T}}\boldsymbol{A\alpha} = -\boldsymbol{\alpha}^{\mathrm{T}}\boldsymbol{A}^{\mathrm{T}}\boldsymbol{\alpha} = -(\boldsymbol{A\alpha})^{\mathrm{T}}\boldsymbol{\alpha} = -(\boldsymbol{\alpha}, \boldsymbol{A\alpha}).$$

所以$(\boldsymbol{\alpha}, \boldsymbol{A\alpha}) = 0$，即$(\boldsymbol{\alpha}, \boldsymbol{\beta}) = 0$. 故$\boldsymbol{\alpha}$与$\boldsymbol{\beta}$正交.

36. 设$\mathbb{R}^{n\times n}$表示全体n阶实矩阵所构成的线性空间，在$\mathbb{R}^{n\times n}$上定义一个二元实函数(,)：

$$(\boldsymbol{A}, \boldsymbol{B}) = \operatorname{tr}(\boldsymbol{AB}^{\mathrm{T}}),\ \boldsymbol{A}, \boldsymbol{B} \in \mathbb{R}^{n\times n}.$$

(1) 试证明(,)满足内积的条件，从而$\mathbb{R}^{n\times n}$作成一个欧氏空间；

(2) 求这个欧式空间的一组标准正交基.

(1) **证明：**因为$(\boldsymbol{A}, \boldsymbol{B}) = \operatorname{tr}(\boldsymbol{AB}^{\mathrm{T}}) = \operatorname{tr}((\boldsymbol{AB}^{\mathrm{T}})^{\mathrm{T}}) = \operatorname{tr}(\boldsymbol{BA}^{\mathrm{T}}) = (\boldsymbol{B}, \boldsymbol{A})$，对称性满足；

$(k_1\boldsymbol{A} + k_2\boldsymbol{B}, \boldsymbol{C}) = \operatorname{tr}((k_1\boldsymbol{A} + k_2\boldsymbol{B})\boldsymbol{C}^{\mathrm{T}}) = k_1\operatorname{tr}(\boldsymbol{AC}^{\mathrm{T}}) + k_2\operatorname{tr}(\boldsymbol{BC}^{\mathrm{T}}) = k_1(\boldsymbol{A}, \boldsymbol{C}) + k_2(\boldsymbol{B}, \boldsymbol{C})$，任意$\boldsymbol{C} \in \mathbb{R}^{n\times n}$，线性满足；

$(\boldsymbol{A}, \boldsymbol{A}) = \operatorname{tr}(\boldsymbol{AA}^{\mathrm{T}}) = \sum\limits_{i=1}^{n}\sum\limits_{k=1}^{n} a_{ik}^2$，其中$\boldsymbol{A} = (a_{ij})_{n\times n}$. 得$(\boldsymbol{A}, \boldsymbol{A}) \geqslant 0$且

$$(\boldsymbol{A}, \boldsymbol{A}) = 0 \Leftrightarrow a_{ik} = 0,\ k, i = 1, \cdots, n.$$

正定性满足. 故(,)满足内积的条件，从而$\mathbb{R}^{n\times n}$作成一个欧氏空间.

(2) **解：**因为$\boldsymbol{E}_{ij}$，$i, j = 1, \cdots, n$为$\mathbb{R}^{n\times n}$的一组自然基，且有

$$(\boldsymbol{E}_{ij}, \boldsymbol{E}_{ij}) = \operatorname{tr}(\boldsymbol{E}_{ij}\boldsymbol{E}_{ij}^{\mathrm{T}}) = \operatorname{tr}(\boldsymbol{E}_{ij}\boldsymbol{E}_{ji}) = \operatorname{tr}(\boldsymbol{E}_{ii}) = 1.$$

对 $(i, j) \neq (k, l)$，有

$$(\boldsymbol{E}_{ij}, \boldsymbol{E}_{kl}) = \operatorname{tr}(\boldsymbol{E}_{ij}\boldsymbol{E}_{kl}^{\mathrm{T}}) = \operatorname{tr}(\boldsymbol{E}_{ij}\boldsymbol{E}_{lk}) = \begin{cases} 0, & j \neq l \\ \operatorname{tr}(\boldsymbol{E}_{ik}) = 0, & j = l,\ i \neq k \end{cases}.$$

故 $\boldsymbol{E}_{ij}$, $i, j = 1, \cdots, n$ 即为$\mathbb{R}^{n\times n}$的一组标准正交基.

37. 试考察下列线性空间所定义的变换是否是线性变换：

(1) V 是一线性空间,$\boldsymbol{\alpha}_0$ 是 V 中非零向量,定义

$$\mathscr{A}(\boldsymbol{\alpha}) = \boldsymbol{\alpha} + \boldsymbol{\alpha}_0,\ \boldsymbol{\alpha} \in V;$$

(2) V 是一线性空间,$\boldsymbol{\alpha}_0$ 是 V 中非零向量,定义

$$\mathscr{A}(\boldsymbol{\alpha}) = (\boldsymbol{\alpha}, \boldsymbol{\alpha}_0)\boldsymbol{\alpha}_0,\ \boldsymbol{\alpha} \in V;$$

(3) $F[x]$中,定义

$$\mathscr{A}(p(x)) = p(x+1),\ p(x) \in F[x];$$

(4) $F[x]$中,定义

$$\mathscr{A}(p(x)) = p(x_0),\ p(x) \in F[x],$$

其中 x_0 是固定的数;

(5) $K[x]$中,定义

$$\mathscr{A}(p(x)) = xp(x),\ p(x) \in K[x];$$

(6) $M^{m\times n}$ 中,定义

$$\mathscr{A}(\boldsymbol{A}) = \boldsymbol{A}^2,\ \boldsymbol{A} \in M^{m\times n};$$

(7) $\mathbb{R}^3$中,投影变换$\mathscr{P}$的定义为

$$\mathscr{P}\left(\begin{pmatrix} x_1 \\ x_2 \\ x_3 \end{pmatrix}\right) = \begin{pmatrix} x_1 \\ x_2 \\ 0 \end{pmatrix},\ \begin{pmatrix} x_1 \\ x_2 \\ x_3 \end{pmatrix} \in \mathbb{R}^3.$$

解：(1) 任意 $\boldsymbol{\alpha}, \boldsymbol{\beta} \in V$,因为 $\boldsymbol{\alpha}_0 \neq \mathbf{0}$, 有

$$\mathscr{A}(\boldsymbol{A}+\boldsymbol{B}) = \boldsymbol{\alpha}+\boldsymbol{\beta}+\boldsymbol{\alpha}_0 \neq \mathscr{A}(\boldsymbol{\alpha})+\mathscr{A}(\boldsymbol{\beta}) = \boldsymbol{\alpha}+\boldsymbol{\alpha}_0+\boldsymbol{\beta}+\boldsymbol{\alpha},$$

所以,$\mathscr{A}$ 不是 V 中的线性变换.

（2）任意 $\boldsymbol{\alpha}, \boldsymbol{\beta}, k \in F$,有

$$\mathscr{A}(\boldsymbol{\alpha}+\boldsymbol{\beta}) = (\boldsymbol{\alpha}+\boldsymbol{\beta}, \boldsymbol{\alpha}_0)\boldsymbol{\alpha}_0 = (\boldsymbol{\alpha}, \boldsymbol{\alpha}_0)\boldsymbol{\alpha}_0 + (\boldsymbol{\beta}, \boldsymbol{\alpha}_0)\boldsymbol{\alpha}_0 = \mathscr{A}\boldsymbol{\alpha}+\mathscr{A}\boldsymbol{\beta},$$
$$\boldsymbol{\alpha} = (k\boldsymbol{\alpha}, \boldsymbol{\alpha}_0)\boldsymbol{\alpha}_0 = k(\boldsymbol{\alpha}, \boldsymbol{\alpha}_0)\boldsymbol{\alpha}_0 = k\mathscr{A}(\boldsymbol{\alpha}).$$

所以,此定义的变换 $\mathscr{A}$ 是 V 中的线性变换.

（3）任意 $p(x), f(x) \in F[x], k \in F$, 有

$$\begin{aligned}\mathscr{A}(p(x)+f(x)) &= \mathscr{A}((f+g)(x)) = (p+f)(x+1)\\ &= p(x+1)+f(x+1) = \mathscr{A}(p(x))+\mathscr{A}(f(x)),\end{aligned}$$
$$\mathscr{A}(kp(x)) = (kp)(x+1) = kp(x+1) = k\mathscr{A}(p(x)).$$

所以,$\mathscr{A}$ 为 $F[x]$ 中的线性变换.

（4）任意 $p(x), f(x) \in F[x], k \in F$, 有

$$\begin{aligned}\mathscr{A}(p(x)+f(x)) &= \mathscr{A}((f+g)(x)) = (p+f)(x_0)\\ &= p(x_0)+f(x_0) = \mathscr{A}(p(x))+\mathscr{A}(f(x)),\end{aligned}$$
$$\mathscr{A}(kp(x)) = (kp)(x_0) = kp(x_0) = k\mathscr{A}(p(x)).$$

所以,$\mathscr{A}$ 为 $F[x]$ 中的线性变换.

（5）任意 $p(x), f(x) \in F[x], k \in F$, 有

$$\begin{aligned}\mathscr{A}(p(x)+f(x)) &= \mathscr{A}((f+g)(x)) = x(p+f)(x)\\ &= xp(x)+xf(x) = \mathscr{A}(p(x))+\mathscr{A}(f(x)),\end{aligned}$$
$$\mathscr{A}(kp(x)) = x(kp)(x) = kxp(x) = k\mathscr{A}(p(x)).$$

所以,$\mathscr{A}$ 为 $F[x]$ 中的线性变换.

（6）任意 $\boldsymbol{A}, \boldsymbol{B} \in \mathbb{R}^{n\times n}$, 有

$$\begin{aligned}\mathscr{A}(\boldsymbol{A}+\boldsymbol{B}) &= (\boldsymbol{A}+\boldsymbol{B}^2)^2 = \boldsymbol{A}^2+\boldsymbol{B}^2+\boldsymbol{AB}+\boldsymbol{BA} \neq \boldsymbol{A}^2+\boldsymbol{B}^2\\ &\neq \mathscr{A}\boldsymbol{A}+\mathscr{A}\boldsymbol{B}, \boldsymbol{AB}+\boldsymbol{BA} = 0.\end{aligned}$$

所以,$\mathscr{A}$ 不为线性变换.

（7）任意 $\boldsymbol{\alpha} = (x_1, x_2, x_3)^{\mathrm{T}}, \boldsymbol{\beta} = (y_1, y_2, y_3)^{\mathrm{T}} \in \mathbb{R}^3, k \in \mathbb{R}$, 有

$$\mathscr{P}(\boldsymbol{\alpha}+\boldsymbol{\beta})=\mathscr{P}\begin{pmatrix}x_1+y_1\\x_2+y_2\\x_3+y_3\end{pmatrix}=\begin{pmatrix}x_1+y_1\\x_2+y_2\\0\end{pmatrix}=\begin{pmatrix}x_1\\x_2\\0\end{pmatrix}+\begin{pmatrix}y_1\\y_2\\0\end{pmatrix}=\mathscr{P}(\boldsymbol{\alpha})+\mathscr{P}(\boldsymbol{\beta}),$$

$$\mathscr{P}(k\boldsymbol{\alpha})=\begin{pmatrix}kx_1\\kx_2\\0\end{pmatrix}=k\begin{pmatrix}x_1\\x_2\\0\end{pmatrix}=k\mathscr{P}(\boldsymbol{\alpha}).$$

所以，$\mathscr{P}$为线性变换.

38. V 是实线性空间 $C[a, b]$ 中由函数 $f_1=\mathrm{e}^{2x}\cos 3x$，$f_2=\mathrm{e}^{2x}\sin 3x$，$f_3=x\mathrm{e}^{2x}\cos 3x$，$f_4=x\mathrm{e}^{2x}\sin 3x$ 所生成的子空间.

（1）试证明 f_1, f_2, f_3, f_4 为 V 的一组基.

（2）求微分变换 D 在这组基下的矩阵.

（1）**证明：** $C[a, b]$ 是一个欧氏空间，通常内积 $(f(x), g(x))=\int_a^b f(x)g(x)\mathrm{d}x$，$f(x), g(x)\in C[a, b]$. 有 $\int_{-\pi}^{\pi}\sin 3x\cos 3x\mathrm{d}x=0$，即 $\sin 3x$，$\cos 3x$ 正交，$\int_{-\pi}^{\pi}x\cos^2 3x\mathrm{d}x=\int_{-\pi}^{\pi}x\sin 3x\cos 3x=\int_{-\pi}^{\pi}x\sin 6x=0$.

设 $k_1f_1+k_2f_2+k_3f_3+k_4f_4=0$，因为 $\mathrm{e}^{2x}\neq 0$，任意 $x\in\mathbb{R}$，所以有

$$k_1\cos 3x+k_2\sin 3x+k_3x\cos 3x+k_4x\sin 3x=0.$$

用 $\cos 3x$ 在上式两端内积，得 $\int_{-\pi}^{\pi}k_1\cos^2 3x\mathrm{d}x=0$，有 $k_1\pi=0$，所以 $k_1=0$. 从而有

$$k_2\sin 3x+k_3x\cos 3x+k_4x\sin 3x=0.$$

用 $\sin 3x$ 两端内积，有 $k_2\int_{-\pi}^{\pi}\sin^2 3x\mathrm{d}x=0$，有 $k_2\pi=0$，所以 $k_2=0$. 从而有

$$k_3x\cos 3x+k_4x\sin 3x=0.$$

用 $x\cos 3x$ 两端内积，有 $k_3\int_{-\pi}^{\pi}x^2\cos^2 3x\mathrm{d}x=0$，所以 $k_3\pi=0$，从而 $k_4=0$. 所以

f_1, f_2, f_3, f_4 线性无关,f_1, f_2, f_3, f_4 为 V 的一组基.

（2）**解:**

$$\mathscr{D}(f_1) = 2e^{2x}\cos 3x - 3e^{2x}\sin 3x,$$
$$\mathscr{D}(f_2) = 2e^{2x}\sin 3x + 3e^{2x}\cos 3x,$$
$$\mathscr{D}(f_3) = e^{2x}\cos 3x + x(2e^{2x}\cos 3x - 3e^{2x}\sin 3x),$$
$$\mathscr{D}(f_4) = e^{2x}\sin 3x + x(2e^{2x}\sin 3x + 3e^{2x}\cos 3x).$$

所以

$$\mathscr{D}(f_1, f_2, f_3, f_4) = (f_1, f_2, f_3, f_4)\begin{pmatrix} 2 & 3 & 1 & 0 \\ -3 & 2 & 0 & 1 \\ 0 & 0 & 2 & 3 \\ 0 & 0 & -3 & 2 \end{pmatrix}.$$

故 $\mathscr{D}$ 在这组基下的矩阵为$\begin{pmatrix} 2 & 3 & 1 & 0 \\ -3 & 2 & 0 & 1 \\ 0 & 0 & 2 & 3 \\ 0 & 0 & -3 & 2 \end{pmatrix}$.

39. $\mathbb{R}^3$中,线性变化 $\mathscr{A}$ 将一组基 $\boldsymbol{\alpha}_1, \boldsymbol{\alpha}_2, \boldsymbol{\alpha}_3$ 变到 $\mathscr{A}\boldsymbol{\alpha}_1, \mathscr{A}\boldsymbol{\alpha}_2, \mathscr{A}\boldsymbol{\alpha}_3$,这些向量分别是

$$\boldsymbol{\alpha}_1 = (-1, 0, 2)^{\mathrm{T}}, \boldsymbol{\alpha}_2 = (0, 1, 1)^{\mathrm{T}}, \boldsymbol{\alpha}_3 = (-3, -1, 0)^{\mathrm{T}};$$
$$\mathscr{A}\boldsymbol{\alpha}_1 = (-5, 0, 3)^{\mathrm{T}}, \mathscr{A}\boldsymbol{\alpha}_2 = (0, -1, 6)^{T}, \mathscr{A}\boldsymbol{\alpha}_3 = (-5, -1, 9)^{\mathrm{T}}.$$

（1）求 $\mathscr{A}$ 在基 $\boldsymbol{\alpha}_1, \boldsymbol{\alpha}_2, \boldsymbol{\alpha}_3$ 下的矩阵;

（2）求 $\mathscr{A}$ 在基 $\boldsymbol{e}_1, \boldsymbol{e}_2, \boldsymbol{e}_3$ 下的矩阵,此处

$$\boldsymbol{e}_1 = (1, 0, 0)^{\mathrm{T}}, \boldsymbol{e}_2 = (0, 1, 0)^{\mathrm{T}}, \boldsymbol{e}_3 = (0, 0, 1)^{\mathrm{T}}.$$

（3）求 $\mathscr{A}(\boldsymbol{x})$的表达式,这里 $\boldsymbol{x} = (x_1, x_2, x_3)^{\mathrm{T}}$.

解:（1）

$$(\boldsymbol{\alpha}_1, \boldsymbol{\alpha}_2, \boldsymbol{\alpha}_3, \mathscr{A}\boldsymbol{\alpha}_1, \mathscr{A}\boldsymbol{\alpha}_2, \mathscr{A}\boldsymbol{\alpha}_3) = \begin{pmatrix} -1 & 0 & -3 & -5 & 0 & -5 \\ 0 & 1 & -1 & 0 & -1 & -1 \\ 2 & 1 & 0 & 3 & 6 & 9 \end{pmatrix}$$

$$\xrightarrow{\text{行}}\begin{pmatrix}1&0&0&\frac{4}{5}&\frac{21}{5}&5\\0&1&0&\frac{7}{5}&-\frac{12}{5}&-1\\0&0&1&\frac{7}{5}&-\frac{7}{5}&0\end{pmatrix}.$$

所以，$\mathscr{A}$ 在基 $\boldsymbol{\alpha}_1,\boldsymbol{\alpha}_2,\boldsymbol{\alpha}_3$ 下的矩阵 $\boldsymbol{A}=\begin{pmatrix}\frac{4}{5}&\frac{21}{5}&5\\\frac{7}{5}&-\frac{12}{5}&-1\\\frac{7}{5}&-\frac{7}{5}&0\end{pmatrix}$.

（2）

$$(\boldsymbol{\alpha}_1,\boldsymbol{\alpha}_2,\boldsymbol{\alpha}_3)=(\boldsymbol{e}_1,\boldsymbol{e}_2,\boldsymbol{e}_3)\boldsymbol{C}=(\boldsymbol{e}_1,\boldsymbol{e}_2,\boldsymbol{e}_3)\begin{pmatrix}-1&0&-3\\0&1&-1\\2&1&0\end{pmatrix}.$$

有

$$\begin{aligned}\mathscr{A}(\boldsymbol{e}_1,\boldsymbol{e}_2,\boldsymbol{e}_3)&=\mathscr{A}(\boldsymbol{\alpha}_1,\boldsymbol{\alpha}_2,\boldsymbol{\alpha}_3)\boldsymbol{C}^{-1}=(\boldsymbol{\alpha}_1,\boldsymbol{\alpha}_2,\boldsymbol{\alpha}_3)\boldsymbol{A}\boldsymbol{C}^{-1}\\&=(\boldsymbol{e}_1,\boldsymbol{e}_2,\boldsymbol{e}_3)\boldsymbol{C}\boldsymbol{A}\boldsymbol{C}^{-1}=(\boldsymbol{e}_1,\boldsymbol{e}_2,\boldsymbol{e}_3)\begin{pmatrix}1&2&-2\\\frac{4}{5}&-\frac{7}{5}&\frac{2}{5}\\-\frac{27}{5}&-\frac{36}{5}&-\frac{6}{5}\end{pmatrix}.\end{aligned}$$

所以，$\mathscr{A}$ 在基 $\boldsymbol{e}_1,\boldsymbol{e}_2,\boldsymbol{e}_3$ 下的矩阵 $\boldsymbol{C}\boldsymbol{A}\boldsymbol{C}^{-1}=\begin{pmatrix}1&2&-2\\\frac{4}{5}&-\frac{7}{5}&\frac{2}{5}\\-\frac{27}{5}&-\frac{36}{5}&-\frac{6}{5}\end{pmatrix}$.

（3）$\mathscr{A}(\boldsymbol{x})=\mathscr{A}(\boldsymbol{e}_1,\boldsymbol{e}_2,\boldsymbol{e}_2)\begin{pmatrix}x_1\\x_2\\x_3\end{pmatrix}=(\boldsymbol{e}_1,\boldsymbol{e}_2,\boldsymbol{e}_3)\boldsymbol{C}\boldsymbol{A}\boldsymbol{C}^{-1}\begin{pmatrix}x_1\\x_2\\x_3\end{pmatrix}$

$$= (\boldsymbol{e}_1, \boldsymbol{e}_2, \boldsymbol{e}_3)\begin{pmatrix} x_1 + 2x_2 - 2x_3 \\ \frac{4}{5}x_1 - \frac{7}{5}x_2 + \frac{2}{5}x_3 \\ -\frac{27}{5}x_1 + \frac{36}{5}x_2 - \frac{6}{5}x_3 \end{pmatrix}.$$

40. 在 $M^{2\times2}$ 中,定义线性变换:

$$\mathscr{A}_1(\boldsymbol{P}) = \boldsymbol{P}\boldsymbol{M}_0,\ \mathscr{A}_2(\boldsymbol{P}) = \boldsymbol{M}_0\boldsymbol{P},\ \boldsymbol{P} \in \boldsymbol{M}^{2\times2},$$

其中,$\boldsymbol{M}_0$ 是一个固定的矩阵,且 $\boldsymbol{M}_0 = \begin{pmatrix} a & b \\ c & d \end{pmatrix}$.

(1) 分别求 $\mathscr{A}_1$, $\mathscr{A}_2$ 在基

$$\boldsymbol{\epsilon}_1 = \begin{pmatrix} 1 & 0 \\ 0 & 0 \end{pmatrix},\ \boldsymbol{\epsilon}_2 = \begin{pmatrix} 0 & 1 \\ 0 & 0 \end{pmatrix},\ \boldsymbol{\epsilon}_3 = \begin{pmatrix} 0 & 0 \\ 1 & 0 \end{pmatrix},\ \boldsymbol{\epsilon}_4 = \begin{pmatrix} 0 & 0 \\ 0 & 1 \end{pmatrix}$$

下的矩阵.

(2) 分别求 $\mathscr{A}_1$, $\mathscr{A}_2$ 在基

$$\boldsymbol{\xi}_1 = \begin{pmatrix} 1 & 1 \\ 1 & 1 \end{pmatrix},\ \boldsymbol{\xi}_2 = \begin{pmatrix} 1 & -1 \\ 1 & -1 \end{pmatrix},\ \boldsymbol{\xi}_3 = \begin{pmatrix} 1 & 1 \\ -1 & -1 \end{pmatrix},\ \boldsymbol{\xi}_4 = \begin{pmatrix} -1 & 1 \\ 1 & -1 \end{pmatrix}$$

下的矩阵.

解: (1) 因为

$$\mathscr{A}_1(\boldsymbol{\epsilon}_1) = \begin{pmatrix} a & b \\ 0 & 0 \end{pmatrix},\ \mathscr{A}_1(\boldsymbol{\epsilon}_2) = \begin{pmatrix} c & d \\ 0 & 0 \end{pmatrix},\ \mathscr{A}_1(\boldsymbol{\epsilon}_3) = \begin{pmatrix} 0 & 0 \\ a & b \end{pmatrix},\ \mathscr{A}_1(\boldsymbol{\epsilon}_4) = \begin{pmatrix} 0 & 0 \\ c & d \end{pmatrix}.$$

$$\mathscr{A}_2(\boldsymbol{\epsilon}_1) = \begin{pmatrix} a & 0 \\ c & 0 \end{pmatrix},\ \mathscr{A}_2(\boldsymbol{\epsilon}_2) = \begin{pmatrix} 0 & a \\ 0 & c \end{pmatrix},\ \mathscr{A}_3(\boldsymbol{\epsilon}_3) = \begin{pmatrix} b & 0 \\ d & 0 \end{pmatrix},\ \mathscr{A}_4(\boldsymbol{\epsilon}_4) = \begin{pmatrix} 0 & b \\ 0 & d \end{pmatrix}.$$

所以

$$\mathscr{A}_1(\boldsymbol{\epsilon}_1, \boldsymbol{\epsilon}_2, \boldsymbol{\epsilon}_3, \boldsymbol{\epsilon}_4) = (\boldsymbol{\epsilon}_1, \boldsymbol{\epsilon}_2, \boldsymbol{\epsilon}_3, \boldsymbol{\epsilon}_4)\begin{pmatrix} a & c & 0 & 0 \\ b & d & 0 & 0 \\ 0 & 0 & a & c \\ 0 & 0 & b & d \end{pmatrix},$$

$$\mathscr{A}_2(\boldsymbol{\epsilon}_1,\boldsymbol{\epsilon}_2,\boldsymbol{\epsilon}_3,\boldsymbol{\epsilon}_4)=(\boldsymbol{\epsilon}_1,\boldsymbol{\epsilon}_2,\boldsymbol{\epsilon}_3,\boldsymbol{\epsilon}_4)\begin{pmatrix}a&0&b&0\\0&a&0&b\\c&0&d&0\\0&c&0&d\end{pmatrix}.$$

故 $\mathscr{A}_1$, $\mathscr{A}_2$ 在基 $\boldsymbol{\epsilon}_1,\boldsymbol{\epsilon}_2,\boldsymbol{\epsilon}_3,\boldsymbol{\epsilon}_4$ 下的矩阵分别为

$$\boldsymbol{A}_1=\begin{pmatrix}a&c&0&0\\b&d&0&0\\0&0&a&c\\0&0&b&d\end{pmatrix},\ \boldsymbol{A}_2=\begin{pmatrix}a&0&b&0\\0&a&0&b\\c&0&d&0\\0&c&0&d\end{pmatrix}.$$

(2)

$$\begin{aligned}\mathscr{A}_1(\boldsymbol{\xi}_1,\boldsymbol{\xi}_2,\boldsymbol{\xi}_3,\boldsymbol{\xi}_4)&=\mathscr{A}_1(\boldsymbol{\epsilon}_1,\boldsymbol{\epsilon}_2,\boldsymbol{\epsilon}_3,\boldsymbol{\epsilon}_4)\boldsymbol{C}=(\boldsymbol{\epsilon}_1,\boldsymbol{\epsilon}_2,\boldsymbol{\epsilon}_3,\boldsymbol{\epsilon}_4)\boldsymbol{A}_1\boldsymbol{C}\\&=(\boldsymbol{\xi}_1,\boldsymbol{\xi}_2,\boldsymbol{\xi}_3,\boldsymbol{\xi}_4)\boldsymbol{C}^{-1}\boldsymbol{A}_1\boldsymbol{C},\\\mathscr{A}_2(\boldsymbol{\xi}_1,\boldsymbol{\xi}_2,\boldsymbol{\xi}_3,\boldsymbol{\xi}_4)&=\mathscr{A}_2(\boldsymbol{\epsilon}_1,\boldsymbol{\epsilon}_2,\boldsymbol{\epsilon}_3,\boldsymbol{\epsilon}_4)\boldsymbol{C}=(\boldsymbol{\epsilon}_1,\boldsymbol{\epsilon}_2,\boldsymbol{\epsilon}_3,\boldsymbol{\epsilon}_4)\boldsymbol{A}_2\boldsymbol{C}\\&=(\boldsymbol{\xi}_1,\boldsymbol{\xi}_2,\boldsymbol{\xi}_3,\boldsymbol{\xi}_4)\boldsymbol{C}^{-1}\boldsymbol{A}_2\boldsymbol{C}.\end{aligned}$$

其中,$\boldsymbol{C}$ 为基 $\boldsymbol{\epsilon}_1$, $\boldsymbol{\epsilon}_2$, $\boldsymbol{\epsilon}_3$, $\boldsymbol{\epsilon}_4$ 到基 $\boldsymbol{\xi}_1$, $\boldsymbol{\xi}_2$, $\boldsymbol{\xi}_3$, $\boldsymbol{\xi}_4$ 的过渡矩阵, $\boldsymbol{C}=\begin{pmatrix}1&1&1&1\\1&-1&1&1\\1&1&-1&1\\1&-1&-1&-1\end{pmatrix}$, 有

$$\boldsymbol{C}^{-1}\boldsymbol{A}_1\boldsymbol{C}=\frac{1}{2}\begin{pmatrix}a+b+c+d&a+b-c-d&0&0\\a-b+c-d&a-b-c+d&0&0\\0&0&a+b+c+d&-a-b+c+d\\0&0&-a+b-c+d&a-b-c+d\end{pmatrix},$$

即为 $\mathscr{A}_1$ 在 $\boldsymbol{\xi}_1,\boldsymbol{\xi}_2,\boldsymbol{\xi}_3,\boldsymbol{\xi}_4$ 下的矩阵.

$$\boldsymbol{C}^{-1}\boldsymbol{A}_2\boldsymbol{C}=\frac{1}{2}\begin{pmatrix}a+b+c+d&0&a+b-c-d&0\\0&a+b+c+d&0&-a+b-c+d\\a+b-c-d&0&a-b-c+d&0\\0&-a-b+c+d&0&a-b-c+d\end{pmatrix},$$

即为 $\mathscr{A}_2$ 在 $\boldsymbol{\xi}_1, \boldsymbol{\xi}_2, \boldsymbol{\xi}_3, \boldsymbol{\xi}_4$ 下的矩阵.

41. 次数不超过3的多项式全体和零多项式按通常多项式加法与数乘构成向量空间 $K[x]_4$,求微分运算 $\mathscr{D}$ 在基 $\boldsymbol{\alpha}_1, \boldsymbol{\alpha}_2, \boldsymbol{\alpha}_3, \boldsymbol{\alpha}_4$ 下的矩阵,此处

$\boldsymbol{\alpha}_1 = x^3+2x^2-x$, $\boldsymbol{\alpha}_2 = x^3-x^2+x+1$, $\boldsymbol{\alpha}_3 = -x^3+2x^2+x+1$, $\boldsymbol{\alpha}_4 = -x^3-x^2+1$.

解: 取自然基 $1, x, x^2, x^3$,有

$$(\boldsymbol{\alpha}_1, \boldsymbol{\alpha}_2, \boldsymbol{\alpha}_3, \boldsymbol{\alpha}_4) = (1, x, x^2, x^3)\begin{pmatrix} 0 & 1 & 1 & 1 \\ -1 & 1 & 1 & 0 \\ 2 & -1 & 2 & -1 \\ 1 & 1 & -1 & -1 \end{pmatrix} =: (1, x, x^2, x^3)\boldsymbol{C},$$

$$\mathscr{D}(1, x, x^2, x^3) = (0, 1, 2x, 3x^2) = (1, x, x^2, x^3)\begin{pmatrix} 0 & 1 & 0 & 0 \\ 0 & 0 & 2 & 0 \\ 0 & 0 & 0 & 3 \\ 0 & 0 & 0 & 0 \end{pmatrix}$$

$$=: (1, x, x^2, x^3)\boldsymbol{A}.$$

有

$$\mathscr{D}(\boldsymbol{\alpha}_1, \boldsymbol{\alpha}_2, \boldsymbol{\alpha}_3, \boldsymbol{\alpha}_4) = \mathscr{D}(1, x, x^2, x^3)\boldsymbol{C} = (1, x, x^2, x^3)\boldsymbol{AC}$$

$$= (\boldsymbol{\alpha}_1, \boldsymbol{\alpha}_2, \boldsymbol{\alpha}_3, \boldsymbol{\alpha}_4)\boldsymbol{C}^{-1}\boldsymbol{AC} = (\boldsymbol{\alpha}_1, \boldsymbol{\alpha}_2, \boldsymbol{\alpha}_3, \boldsymbol{\alpha}_4)\frac{1}{13}\begin{pmatrix} -23 & 23 & 25 & 6 \\ 5 & -5 & 19 & -3 \\ 24 & 2 & 8 & -17 \\ -42 & 16 & -14 & 20 \end{pmatrix}.$$

故 $\mathscr{D}$ 在基 $\boldsymbol{\alpha}_1, \boldsymbol{\alpha}_2, \boldsymbol{\alpha}_3, \boldsymbol{\alpha}_4$ 下的矩阵为 $\frac{1}{13}\begin{pmatrix} -23 & 23 & 25 & 6 \\ 5 & -5 & 19 & -3 \\ 24 & 2 & 8 & -17 \\ -42 & 16 & -14 & 20 \end{pmatrix}$.

42. 在 $\mathbb{R}^3$ 中,T 表示将向量投影到平面的线性变换,即

$$T(x\boldsymbol{i}+y\boldsymbol{j}+z\boldsymbol{k})=x\boldsymbol{i}+y\boldsymbol{j}.$$

(1) 取基为 $\boldsymbol{i}, \boldsymbol{j}, \boldsymbol{k}$,求 T 的矩阵.

(2) 取基为 $\boldsymbol{i}, \boldsymbol{j}, \boldsymbol{i}+\boldsymbol{j}+\boldsymbol{k}$, 求 T 的矩阵.

解: (1) $T(\boldsymbol{i})=\boldsymbol{i}$, $T(\boldsymbol{j})=\boldsymbol{j}$, $T(\boldsymbol{k})=\boldsymbol{0}$, 所以 $T(\boldsymbol{i}, \boldsymbol{j}, \boldsymbol{k})=(\boldsymbol{i}, \boldsymbol{j}, \boldsymbol{k})\begin{pmatrix}1&0&0\\0&1&0\\0&0&0\end{pmatrix}$, 所以 T 在 $\boldsymbol{i}, \boldsymbol{j}, \boldsymbol{k}$ 下的矩阵为 $\begin{pmatrix}1&0&0\\0&1&0\\0&0&0\end{pmatrix}$.

(2) $T(\boldsymbol{i}, \boldsymbol{j}, \boldsymbol{i}+\boldsymbol{j}+\boldsymbol{k})=(\boldsymbol{i}, \boldsymbol{j}, \boldsymbol{i}+\boldsymbol{j})=(\boldsymbol{i}, \boldsymbol{j}, \boldsymbol{i}+\boldsymbol{j}+\boldsymbol{k})\begin{pmatrix}1&0&1\\0&1&1\\0&0&0\end{pmatrix}$, 所以 T 在 $\boldsymbol{i}, \boldsymbol{j}, \boldsymbol{i}+\boldsymbol{j}+\boldsymbol{k}$ 下的矩阵为 $\begin{pmatrix}1&0&1\\0&1&1\\0&0&0\end{pmatrix}$.

43. 设二维线性空间 V 中线性变换 T 在基 $\boldsymbol{\alpha}_1, \boldsymbol{\alpha}_2$ 下的矩阵为

$$\begin{pmatrix}a_{11}&a_{12}\\a_{21}&a_{22}\end{pmatrix},$$

求 T 在基 $\boldsymbol{\alpha}_2, \boldsymbol{\alpha}_1$ 下的矩阵.

解: 由 $T(\boldsymbol{\alpha}_1, \boldsymbol{\alpha}_2)=(\boldsymbol{\alpha}_1, \boldsymbol{\alpha}_2)\begin{pmatrix}a_{11}&a_{12}\\a_{21}&a_{22}\end{pmatrix}$, 知

$$T(\boldsymbol{\alpha}_1)=a_{11}\boldsymbol{\alpha}_1+a_{21}\boldsymbol{\alpha}_2,\ T(\boldsymbol{\alpha}_2)=a_{12}\boldsymbol{\alpha}_1+a_{22}\boldsymbol{\alpha}_2.$$

所以 $T(\boldsymbol{\alpha}_2, \boldsymbol{\alpha}_1)=(\boldsymbol{\alpha}_2, \boldsymbol{\alpha}_1)\begin{pmatrix}a_{22}&a_{21}\\a_{12}&a_{11}\end{pmatrix}$, 故 T 在基 $\boldsymbol{\alpha}_2, \boldsymbol{\alpha}_1$ 下的矩阵为 $\begin{pmatrix}a_{22}&a_{21}\\a_{12}&a_{11}\end{pmatrix}$.

44. 设三维线性空间 V 的线性变换 $\mathscr{A}$ 在基 $\boldsymbol{\epsilon}_1, \boldsymbol{\epsilon}_2, \boldsymbol{\epsilon}_3$ 下的矩阵为

$$A=\begin{pmatrix} a_{11} & a_{12} & a_{13}\\ a_{21} & a_{22} & a_{23}\\ a_{31} & a_{32} & a_{33}\end{pmatrix},$$

(1) 求 $\mathscr{A}$ 在基 $\boldsymbol{\epsilon}_3$, $\boldsymbol{\epsilon}_2$, $\boldsymbol{\epsilon}_1$ 下的矩阵;

(2) 求 $\mathscr{A}$ 在基 $k\boldsymbol{\epsilon}_1$, $\boldsymbol{\epsilon}_2$, $\boldsymbol{\epsilon}_3$ 下的矩阵,其中 k 是一个不等于零的实数;

(3) 求 $\mathscr{A}$ 在基 $\boldsymbol{\epsilon}_1$, $\boldsymbol{\epsilon}_1+\boldsymbol{\epsilon}_2$, $\boldsymbol{\epsilon}_3$ 下的矩阵.

解: (1) 由 $\mathscr{A}(\boldsymbol{\epsilon}_1,\boldsymbol{\epsilon}_2,\boldsymbol{\epsilon}_3)=(\boldsymbol{\epsilon}_1,\boldsymbol{\epsilon}_2,\boldsymbol{\epsilon}_3)\begin{pmatrix} a_{11} & a_{12} & a_{13}\\ a_{21} & a_{22} & a_{23}\\ a_{31} & a_{32} & a_{33}\end{pmatrix}$, 知

$\mathscr{A}(\boldsymbol{\epsilon}_3,\boldsymbol{\epsilon}_2,\boldsymbol{\epsilon}_1)=(\boldsymbol{\epsilon}_3,\boldsymbol{\epsilon}_2,\boldsymbol{\epsilon}_1)\begin{pmatrix} a_{33} & a_{32} & a_{31}\\ a_{23} & a_{22} & a_{21}\\ a_{13} & a_{12} & a_{11}\end{pmatrix}$. 所以 $\mathscr{A}$ 在基 $\boldsymbol{\epsilon}_3$, $\boldsymbol{\epsilon}_2$, $\boldsymbol{\epsilon}_1$ 下

的矩阵为$\begin{pmatrix} a_{33} & a_{32} & a_{31}\\ a_{23} & a_{22} & a_{21}\\ a_{13} & a_{12} & a_{11}\end{pmatrix}$.

(2) $\mathscr{A}(k\boldsymbol{\epsilon}_1,\boldsymbol{\epsilon}_2,\boldsymbol{\epsilon}_3)=(k\boldsymbol{\epsilon}_1,\boldsymbol{\epsilon}_2,\boldsymbol{\epsilon}_3)\begin{pmatrix} a_{11} & \frac{1}{k}a_{12} & \frac{1}{k}a_{13}\\ ka_{21} & a_{22} & a_{23}\\ ka_{31} & a_{32} & a_{33}\end{pmatrix}$. 所以 $\mathscr{A}$ 在基

$k\boldsymbol{\epsilon}_1$, $\boldsymbol{\epsilon}_2$, $\boldsymbol{\epsilon}_3$ 下的矩阵为$\begin{pmatrix} a_{11} & \frac{1}{k}a_{12} & \frac{1}{k}a_{13}\\ ka_{21} & a_{22} & a_{23}\\ ka_{31} & a_{32} & a_{33}\end{pmatrix}$.

(3)

$$\mathscr{A}(\boldsymbol{\epsilon}_1,\boldsymbol{\epsilon}_1+\boldsymbol{\epsilon}_2,\boldsymbol{\epsilon}_3)=\begin{pmatrix} a_{11}\boldsymbol{\epsilon}_1+a_{21}\boldsymbol{\epsilon}_2+a_{31}\boldsymbol{\epsilon}_3\\ (a_{11}+a_{21})\boldsymbol{\epsilon}_1+(a_{21}+a_{22})\boldsymbol{\epsilon}_2+(a_{31}+a_{32})\boldsymbol{\epsilon}_3\\ a_{13}\boldsymbol{\epsilon}_1+a_{23}\boldsymbol{\epsilon}_2+a_{33}\boldsymbol{\epsilon}_3\end{pmatrix}^{\mathrm{T}}$$

$$=(\boldsymbol{\epsilon}_1,\boldsymbol{\epsilon}_1+\boldsymbol{\epsilon}_2,\boldsymbol{\epsilon}_3)\begin{pmatrix} a_{11}-a_{21} & a_{11}+a_{12}-a_{21}-a_{22} & a_{13}-a_{23}\\ a_{21} & a_{21}+a_{22} & a_{23}\\ a_{31} & a_{31}+a_{32} & a_{33}\end{pmatrix}.$$

故$\mathscr{A}$在基$\boldsymbol{\epsilon}_1,\boldsymbol{\epsilon}_1+\boldsymbol{\epsilon}_2,\boldsymbol{\epsilon}_3$下的矩阵为$\begin{pmatrix} a_{11}-a_{21} & a_{11}+a_{12}-a_{21}-a_{22} & a_{13}-a_{23}\\ a_{21} & a_{21}+a_{22} & a_{23}\\ a_{31} & a_{31}+a_{32} & a_{33}\end{pmatrix}$.

45. 设V为四维线性空间,线性变换$\mathscr{A}$在一组基$\boldsymbol{\alpha}_1,\boldsymbol{\alpha}_2,\boldsymbol{\alpha}_3,\boldsymbol{\alpha}_4$下的矩阵为

$$\boldsymbol{A}=\begin{pmatrix} 1 & 0 & 2 & 1\\ -1 & 2 & 1 & 3\\ 1 & 2 & 5 & 5\\ 2 & -2 & 1 & -2\end{pmatrix},$$

求$\mathscr{A}$在基$\boldsymbol{\beta}_1=\boldsymbol{\alpha}_1-2\boldsymbol{\alpha}_2,\boldsymbol{\beta}_2=3\boldsymbol{\alpha}_2-\boldsymbol{\alpha}_3-\boldsymbol{\alpha}_4,\boldsymbol{\beta}_3=\boldsymbol{\alpha}_3+\boldsymbol{\alpha}_4,\boldsymbol{\beta}_4=2\boldsymbol{\alpha}_4$下的矩阵.

解: $(\boldsymbol{\beta}_1,\boldsymbol{\beta}_2,\boldsymbol{\beta}_3,\boldsymbol{\beta}_4)=(\boldsymbol{\alpha}_1,\boldsymbol{\alpha}_2,\boldsymbol{\alpha}_3,\boldsymbol{\alpha}_4)\begin{pmatrix} 1 & 0 & 0 & 0\\ -2 & 3 & 0 & 0\\ 0 & -1 & 1 & 0\\ 0 & -1 & 1 & 2\end{pmatrix}=(\boldsymbol{\alpha}_1,\boldsymbol{\alpha}_2,$
$\boldsymbol{\alpha}_3,\boldsymbol{\alpha}_4)\boldsymbol{C}$, 有

$$\begin{aligned}\mathscr{A}(\boldsymbol{\beta}_1,\boldsymbol{\beta}_2,\boldsymbol{\beta}_3,\boldsymbol{\beta}_4)&=\mathscr{A}(\boldsymbol{\alpha}_1,\boldsymbol{\alpha}_2,\boldsymbol{\alpha}_3,\boldsymbol{\alpha}_4)\boldsymbol{C}=(\boldsymbol{\alpha}_1,\boldsymbol{\alpha}_2,\boldsymbol{\alpha}_3,\boldsymbol{\alpha}_4)\boldsymbol{AC}\\ &=(\boldsymbol{\beta}_1,\boldsymbol{\beta}_2,\boldsymbol{\beta}_3,\boldsymbol{\beta}_4)\boldsymbol{C}^{-1}\boldsymbol{AC}\\ &=(\boldsymbol{\beta}_1,\boldsymbol{\beta}_2,\boldsymbol{\beta}_3,\boldsymbol{\beta}_4)\begin{pmatrix} 1 & -3 & 3 & 2\\ -1 & -\frac{4}{3} & \frac{10}{3} & \frac{10}{3}\\ -4 & -\frac{16}{3} & \frac{40}{3} & \frac{40}{3}\\ \frac{9}{2} & -\frac{1}{2} & -\frac{11}{2} & -7\end{pmatrix}.\end{aligned}$$

故 $\mathscr{A}$ 在基 $\boldsymbol{\beta}_1, \boldsymbol{\beta}_2, \boldsymbol{\beta}_3, \boldsymbol{\beta}_4$ 下的矩阵为 $\begin{pmatrix} 1 & -3 & 3 & 2 \\ -1 & -\frac{4}{3} & \frac{10}{3} & \frac{10}{3} \\ -4 & -\frac{16}{3} & \frac{40}{3} & \frac{40}{3} \\ \frac{9}{2} & -\frac{1}{2} & -\frac{11}{2} & -7 \end{pmatrix}$.

46. 设 σ 是向量空间 V 的一个线性变换，$\boldsymbol{\xi} \in V$，且 $\boldsymbol{\xi}, \sigma(\boldsymbol{\xi}), \cdots, \sigma^{k-1}(\boldsymbol{\xi}) \neq \mathbf{0}$，但 $\sigma^k(\boldsymbol{\xi}) = \mathbf{0}$，试证明 $\boldsymbol{\xi}, \sigma(\boldsymbol{\xi}), \cdots, \sigma^{k-1}(\boldsymbol{\xi})$ 线性无关.

证明： 设 $l_0\boldsymbol{\xi} + l_1\sigma(\boldsymbol{\xi}) + \cdots + l_{k-1}\sigma^{k-1}(\boldsymbol{\xi}) = \mathbf{0}$. 两边用 $\sigma(\boldsymbol{\xi})$ 作用，由 $\sigma^k(\boldsymbol{\xi}) = \mathbf{0}$，有 $l_0\sigma^{k-1}(\boldsymbol{\xi}) = \mathbf{0}$. 因为 $\sigma^{k-1}(\boldsymbol{\xi}) \neq \mathbf{0}$，所以 $l_0 = 0$. 同理，两边用 σ^{k-2} 作用，有 $l_1\sigma^{k-1}(\boldsymbol{\xi}) = \mathbf{0}$. 所以 $l_1 = 0$，同理 $l_2 = \cdots = l_{k-1} = 0$，所以 $\boldsymbol{\xi}, \sigma(\boldsymbol{\xi}), \cdots, \sigma^{k-1}(\boldsymbol{\xi})$ 线性无关.

47. 在 n 维线性空间中，设有线性变换 $\mathscr{A}$ 与向量 $\boldsymbol{\xi}$ 使得 $\mathscr{A}^{n-1}(\boldsymbol{\xi}) \neq \mathbf{0}$，但 $\mathscr{A}^n(\boldsymbol{\xi}) = \mathbf{0}$. 求证：$\mathscr{A}$ 在某组基下的矩阵为

$$\begin{pmatrix} 0 & 0 & \cdots & 0 & 0 \\ 1 & 0 & \cdots & 0 & 0 \\ 0 & 1 & \cdots & 0 & 0 \\ \vdots & \vdots & & \vdots & \vdots \\ 0 & 0 & \cdots & 1 & 0 \end{pmatrix}.$$

证明： 由上，$\boldsymbol{\xi}, \mathscr{A}(\boldsymbol{\xi}), \cdots, \mathscr{A}^{k-1}(\boldsymbol{\xi})$ 线性无关，从而可作为 n 维空间的一组基. 且有

$$\begin{aligned} \mathscr{A}(\boldsymbol{\xi}, \mathscr{A}(\boldsymbol{\xi}), \cdots, \mathscr{A}^{n-1}(\boldsymbol{\xi})) &= (\mathscr{A}\boldsymbol{\xi}, \mathscr{A}^2(\boldsymbol{\xi}), \cdots, \mathscr{A}^n(\boldsymbol{\xi})) \\ &= (\mathscr{A}\boldsymbol{\xi}, \mathscr{A}^2(\boldsymbol{\xi}), \cdots, \mathbf{0}) \\ &= (\boldsymbol{\xi}, \mathscr{A}(\boldsymbol{\xi}), \cdots, \mathscr{A}^{n-1}(\boldsymbol{\xi}))\begin{pmatrix} 0 & 0 & \cdots & 0 & 0 \\ 1 & 0 & \cdots & 0 & 0 \\ 0 & 1 & \cdots & 0 & 0 \\ \vdots & \vdots & & \vdots & \vdots \\ 0 & 0 & \cdots & 1 & 0 \end{pmatrix}. \end{aligned}$$

故 $\mathscr{A}$ 在基 $\boldsymbol{\xi}$, $\mathscr{A}(\boldsymbol{\xi})$, …, $\mathscr{A}^{n-1}(\boldsymbol{\xi})$ 下的矩阵为给定的矩阵.

48. 2 阶方阵的全体在矩阵的线性运算下构成向量空间 V_4 中有基

$$\boldsymbol{A}_1=\begin{pmatrix}1&0\\0&0\end{pmatrix},\ \boldsymbol{A}_2=\begin{pmatrix}0&1\\0&0\end{pmatrix},\ \boldsymbol{A}_3=\begin{pmatrix}0&0\\1&0\end{pmatrix},\ \boldsymbol{A}_4=\begin{pmatrix}0&0\\0&1\end{pmatrix}.$$

$\boldsymbol{A}$ 为 V_4 中一固定二阶方阵,定义变换 T 为 $T(\boldsymbol{X})=\boldsymbol{AX}-\boldsymbol{XA}$. 试证明:$T$ 是 V_4 中的线性变换,并求次变换在给定基下的矩阵.

证明: 任意 $\boldsymbol{X}$, $\boldsymbol{Y}\in V_4$, $k\in F$. 有 $T(\boldsymbol{X}+\boldsymbol{Y})=\boldsymbol{A}(\boldsymbol{X}+\boldsymbol{Y})-(\boldsymbol{X}+\boldsymbol{Y})\boldsymbol{A}=\boldsymbol{AX}-\boldsymbol{XA}+\boldsymbol{AY}-\boldsymbol{YA}=T(\boldsymbol{X})+T(\boldsymbol{Y})$, $T(k\boldsymbol{X})=\boldsymbol{A}(k\boldsymbol{X})-(k\boldsymbol{X})\boldsymbol{A}=k\boldsymbol{AX}-k\boldsymbol{XA}=kT(\boldsymbol{X})$. 所以 T 为 V_4 中的线性变换. 设 $\boldsymbol{A}=(a_{ij})_{2\times 2}$,有

$$T(\boldsymbol{A}_1)=(\boldsymbol{AA}_1-\boldsymbol{A}_1\boldsymbol{A})=\begin{pmatrix}a_{11}&0\\a_{21}&0\end{pmatrix}-\begin{pmatrix}a_{11}&a_{12}\\0&0\end{pmatrix}=\begin{pmatrix}0&-a_{12}\\a_{21}&0\end{pmatrix},$$

$$T(\boldsymbol{A}_2)=(\boldsymbol{AA}_2-\boldsymbol{A}_2\boldsymbol{A})=\begin{pmatrix}0&a_{11}\\0&a_{21}\end{pmatrix}-\begin{pmatrix}a_{21}&a_{22}\\0&0\end{pmatrix}=\begin{pmatrix}-a_{21}&a_{11}-a_{22}\\0&a_{21}\end{pmatrix},$$

$$T(\boldsymbol{A}_3)=\begin{pmatrix}a_{12}&0\\a_{22}&0\end{pmatrix}-\begin{pmatrix}0&0\\a_{11}&a_{12}\end{pmatrix}=\begin{pmatrix}a_{12}&0\\a_{22}-a_{11}&a_{12}\end{pmatrix},$$

$$T(\boldsymbol{A}_4)=\begin{pmatrix}0&a_{12}\\0&a_{22}\end{pmatrix}-\begin{pmatrix}0&0\\a_{21}&a_{22}\end{pmatrix}=\begin{pmatrix}0&a_{12}\\-a_{21}&0\end{pmatrix},$$

有 $T(\boldsymbol{A}_1, \boldsymbol{A}_2, \boldsymbol{A}_3, \boldsymbol{A}_4)$

$$=(\boldsymbol{A}_1, \boldsymbol{A}_2, \boldsymbol{A}_3, \boldsymbol{A}_4)\begin{pmatrix}0&-a_{21}&a_{12}&0\\-a_{12}&a_{11}-a_{22}&0&a_{12}\\a_{21}&0&a_{22}-a_{11}&-a_{21}\\0&a_{21}&-a_{12}&0\end{pmatrix}.$$

49. 令 V 是 $\mathbb{R}$ 上一切 4×1 矩阵所成的集合对通常矩阵的加法和数乘所作成的线性空间,取

$$A=\begin{pmatrix}1 & -1 & 5 & -1\\ 1 & 1 & -2 & 3\\ 3 & -1 & 8 & 1\\ 1 & 3 & -9 & 7\end{pmatrix},$$

对于 $\boldsymbol{\xi}\in V$,令 $\sigma(\boldsymbol{\xi})=\boldsymbol{A}\boldsymbol{\xi}$. 求线性变换 σ 核的维数及像的维数.

解: $\ker(\sigma)=\{\boldsymbol{\xi}\in V\mid\sigma(\boldsymbol{\xi})=\boldsymbol{A}\boldsymbol{\xi}=0\}$, $\mathrm{Im}(\sigma)=\{\boldsymbol{A}\boldsymbol{\xi}\mid\forall\boldsymbol{\xi}\in V\}$. 设 $\boldsymbol{\xi}=(x_1, x_2, x_3, x_4)^{\mathrm{T}}$,则 $\ker(\sigma)$ 即为齐次线性方程组 $\boldsymbol{A}x=0$ 的解空间. $\mathrm{Im}(\sigma)$ 即为 $\boldsymbol{A}$ 的列向量组生成的子空间. 所以 $\dim\mathrm{Im}(\sigma)=r(\boldsymbol{A})$, $\dim\ker(\sigma)=4-r(\boldsymbol{A})$.

$$\boldsymbol{A}=\begin{pmatrix}1 & -1 & 5 & -1\\ 1 & 1 & -2 & 3\\ 3 & -1 & 8 & 1\\ 1 & 3 & -9 & 7\end{pmatrix}\to\begin{pmatrix}1 & -1 & 5 & -1\\ 0 & 2 & -7 & 4\\ 0 & 2 & -7 & 4\\ 1 & 3 & -9 & 7\end{pmatrix}\to\begin{pmatrix}1 & -1 & 5 & -1\\ 0 & 2 & -7 & 4\\ 0 & 0 & 0 & 0\\ 0 & 0 & 0 & 0\end{pmatrix}.$$

所以 $r(\boldsymbol{A})=2$. 故 $\dim\mathrm{Im}(\sigma)=2$, $\dim\ker(\sigma)=4-2=2$.

(二)

50. 复数域$\mathbb{C}$作为实数域$\mathbb{R}$上的线性空间,维数是2. 如果$\mathbb{C}$作为它本身上的线性空间,维数是几?试着证明该结论.

证明: 任意 $a+b\mathrm{i}\in\mathbb{C}$ 有 $a+b\mathrm{i}=(a+b\mathrm{i})\cdot 1$, $1\in\mathbb{C}$ 线性无关. 所以$\mathbb{C}$作为它本身上的线性空间,维数是 1.

51. 设 V_r 是 n 维线性空间 V_n 的一个子空间,$\boldsymbol{\alpha}_1, \boldsymbol{\alpha}_2, \cdots, \boldsymbol{\alpha}_r$ 是 V_r 的一个基,试证明: V_n 中存在元素 $\boldsymbol{\alpha}_{r+1}, \cdots, \boldsymbol{\alpha}_n$,使得 $\boldsymbol{\alpha}_1, \cdots, \boldsymbol{\alpha}_r, \boldsymbol{\alpha}_{r+1}, \cdots, \boldsymbol{\alpha}_n$ 成为 V_n 的一个基.

证明: 因为 $V_r\subset V_n$,所以 $r\leqslant n$.

若 $r=n$, 则 $\boldsymbol{\alpha}_1, \cdots, \boldsymbol{\alpha}_r$ 为 V_n 的一个组,结论得证.

若 $r<n$,则 $V_r\subset V_n$ 从而必存在 $\boldsymbol{\alpha}_{r+1}\in V_n$, $\boldsymbol{\alpha}_{r+1}\notin V_r$ 有 $\boldsymbol{\alpha}_1, \cdots, \boldsymbol{\alpha}_r, \boldsymbol{\alpha}_{r+1}$线性无关,且 $L(\boldsymbol{\alpha}_1, \cdots, \boldsymbol{\alpha}_r, \boldsymbol{\alpha}_{r+1})\subset V_n$. 若 $r+1=n$,则 $\boldsymbol{\alpha}_1, \cdots, \boldsymbol{\alpha}_r, \boldsymbol{\alpha}_{r+1}$为 V_n 的一组基. 若 $r+1<n$,同理 V_n 中 $\exists\boldsymbol{\alpha}_{r+2}\notin L(\boldsymbol{\alpha}_1, \cdots, \boldsymbol{\alpha}_r, \boldsymbol{\alpha}_{r+1})$,从而 $\boldsymbol{\alpha}_1, \cdots, \boldsymbol{\alpha}_r$,

$\boldsymbol{\alpha}_{r+1}$，$\boldsymbol{\alpha}_{r+2}$线性无关. 依次下去，可得线性无关向量组 $\boldsymbol{\alpha}_1$，…，$\boldsymbol{\alpha}_r$，$\boldsymbol{\alpha}_{r+1}$，…，$\boldsymbol{\alpha}_{r+s}$，其中 $r+s=n$. 从而把 $\boldsymbol{\alpha}_1$，…，$\boldsymbol{\alpha}_r$ 扩充成了 V_n 的一个基 $\boldsymbol{\alpha}_1$，…，$\boldsymbol{\alpha}_r$，$\boldsymbol{\alpha}_{r+1}$，…，$\boldsymbol{\alpha}_n$，故结论得证.

52. 试证明：主对角线上元素之和为零的 2 阶方阵的全体 V，对于矩阵的加法和数乘运算构成线性空间，并写出此空间的一个基.

证明： 因为 $F^{n\times n}$ 为线性空间. 所以 $V=\{\boldsymbol{A}\in F^{n\times n}\mid \mathrm{tr}(\boldsymbol{A})=0\}\subset F^{n\times n}$. 任意 $\boldsymbol{A}$，$\boldsymbol{B}\in V$，$k\in F$，有 $\mathrm{tr}(\boldsymbol{A}+\boldsymbol{B})=\mathrm{tr}(\boldsymbol{A})+\mathrm{tr}(\boldsymbol{B})=0$，$\mathrm{tr}(k\boldsymbol{A})=k\mathrm{tr}(\boldsymbol{A})=0$. 所以 V 为 $F^{n\times n}$ 的子空间. 此空间的一个基为$\begin{pmatrix}0&1\\0&0\end{pmatrix}$，$\begin{pmatrix}0&0\\1&0\end{pmatrix}$，$\begin{pmatrix}1&0\\0&-1\end{pmatrix}$.

53. 设 $\boldsymbol{P}$ 是线性空间 V 的基 $\boldsymbol{\alpha}_1$，$\boldsymbol{\alpha}_2$，…，$\boldsymbol{\alpha}_n$ 到基 $\boldsymbol{\beta}_1$，$\boldsymbol{\beta}_2$，…，$\boldsymbol{\beta}_n$ 的过渡矩阵. 试证明：V 中存在关于前后两基有相同坐标的非零向量的充要条件是 $|\boldsymbol{E}-\boldsymbol{P}|=0$.

证明： 设 $\boldsymbol{\alpha}\neq\boldsymbol{0}$，且在两组基下有相同坐标 x，则 $x\neq 0$. 有 $\boldsymbol{\alpha}=(\boldsymbol{\alpha}_1,\cdots,\boldsymbol{\alpha}_n)x=(\boldsymbol{\beta}_1,\cdots,\boldsymbol{\beta}_n)x$. 因为 $(\boldsymbol{\beta}_1,\cdots,\boldsymbol{\beta}_n)=(\boldsymbol{\alpha}_1,\cdots,\boldsymbol{\alpha}_n)\boldsymbol{P}$，代入有 $\boldsymbol{\alpha}=(\boldsymbol{\alpha}_1,\cdots,\boldsymbol{\alpha}_n)x=(\boldsymbol{\alpha}_1,\cdots,\boldsymbol{\alpha}_n)\boldsymbol{P}x$. 所以 $x=\boldsymbol{P}x$，即$(\boldsymbol{E}-\boldsymbol{P})x=\boldsymbol{0}$. 因为 $x\neq 0$，即方程组$(\boldsymbol{E}-\boldsymbol{P})x=\boldsymbol{0}$ 有非零解. 充分必要条件为 $|\boldsymbol{E}-\boldsymbol{P}|=0$. 故结论得证.

54. 设 V 是线性空间，W_1，W_2 都是 V 的真子集和子空间，试证明：$\exists\boldsymbol{\alpha}\in V$，$\boldsymbol{\alpha}$ 不属于 W_1，也不属于 W_2.

证明： 因为 $W_1\subset V$，所以 $\exists\boldsymbol{\alpha}_1\in V$，$\boldsymbol{\alpha}_1\notin W_1$. 若 $\boldsymbol{\alpha}_1\notin W_2$，取 $\boldsymbol{\alpha}=\boldsymbol{\alpha}_1$，结论得证.

若 $\boldsymbol{\alpha}_1\notin W_2$，又因为 $W_2\subset V$，所以 $\exists\boldsymbol{\alpha}_2\in V$，$\boldsymbol{\alpha}_2\notin W_2$.

若 $\boldsymbol{\alpha}_2\notin W_1$，则结论成立；

若 $\boldsymbol{\alpha}_2\in W_1$，则有 $\boldsymbol{\alpha}_1\in W_2\backslash W_1$，$\boldsymbol{\alpha}_2\in W_1\backslash W_2$. 取 $\boldsymbol{\alpha}=\boldsymbol{\alpha}_1+\boldsymbol{\alpha}_2$，如果 $\boldsymbol{\alpha}_1+\boldsymbol{\alpha}_2\in W_1$，由 $\boldsymbol{\alpha}_2\in W_1$ 且 W_1 为子空间，可得 $\boldsymbol{\alpha}_1\in W_1$，这与 $\boldsymbol{\alpha}_1\notin W_1$ 矛盾. 如果 $\boldsymbol{\alpha}_1+\boldsymbol{\alpha}_2\in W_2$，由 $\boldsymbol{\alpha}_1\in W_2$ 且 W_2 为子空间，可得 $\boldsymbol{\alpha}_2\in W_2$，这与 $\boldsymbol{\alpha}_2\notin W_2$ 矛盾. 所以 $\boldsymbol{\alpha}=\boldsymbol{\alpha}_1+\boldsymbol{\alpha}_2\notin W_1$，$\boldsymbol{\alpha}\notin W_2$，故结论得证.

55. 设 W, W_1, W_2 是线性空间 V 的子空间. 其中 $W_1 \subset W_2$,且 $W \cap W_1 = W \cap W_2$, $W_1 + W = W_2 + W$,试证明: $W_1 = W_2$.

证明: 任意 $x_2 \in W_2$. 由 $W_1 + W = W_2 + W$ 知,$\exists x_1 \in W_1$, y, $z \in W$,使得 $x_1 + y = x_2 + z$. 有 $y - z = x_2 - x_1$. 因为 W, W_1, W_2 均为子空间,且 $W_1 \subset W_2$,所以 $y - z = x_2 - x_1 \in W \cap W_2$. 又因为 $W \cap W_2 = W \cap W_1$,所以 $x_2 - x_1 \in W \cup W_1$,从而 $x_2 - x_1 \in W_1$,有 $x_2 \in W_1$,即 $W_2 \subset W_1$. 故 $W_1 = W_2$.

56. 在欧氏空间 $\mathbb{R}^5$ 中,已知三个向量 $\boldsymbol{\alpha}_1 = (1, -2, 1, -1, 1)$, $\boldsymbol{\alpha}_2 = (2, 1, -1, 2, -3)$, $\boldsymbol{\alpha}_3 = (3, -2, -1, 1, -2)$. 求两个互相正交的向量 γ_1, γ_2,使它们都与 $\boldsymbol{\alpha}_1$, $\boldsymbol{\alpha}_2$, $\boldsymbol{\alpha}_3$ 正交.

解: 设向量 $(x_1, x_2, x_3, x_4, x_5)$ 与 $\boldsymbol{\alpha}_1$, $\boldsymbol{\alpha}_2$, $\boldsymbol{\alpha}_3$ 正交,则有

$$\begin{cases} x_1 - 2x_2 + x_3 - x_4 + x_5 = 0 \\ 2x_1 + x_2 - x_3 + 2x_4 - 3x_5 = 0. \\ 3x_1 - 2x_2 - x_3 + x_4 - 2x_5 = 0 \end{cases}$$

解方程组,取基础解系 $\boldsymbol{\xi}_1 = (-1, -1, 1, 1, 0)$, $\boldsymbol{\xi}_2 = (7, 5, -5, 0, 8)$.

正交化,令 $\boldsymbol{r}_1 = \boldsymbol{\xi}_1$, $\boldsymbol{r}_2 = \boldsymbol{\xi}_2 - \dfrac{(\boldsymbol{\xi}_2, \boldsymbol{\xi}_1)}{(\boldsymbol{\xi}_1, \boldsymbol{\xi}_1)}\boldsymbol{\xi}_1 = \left(\dfrac{11}{4}, \dfrac{3}{4}, -\dfrac{3}{4}, \dfrac{17}{4}, 8\right)$.

57. 设有 $n+1$ 个列向量 $\boldsymbol{\alpha}_1$, $\boldsymbol{\alpha}_2$, $\cdots$, $\boldsymbol{\alpha}_n$, $\boldsymbol{\beta} \in \mathbb{R}^n$, $\boldsymbol{A}$ 是一个 n 阶正定矩阵,如果满足:

(1) $\boldsymbol{\alpha}_j \neq \boldsymbol{0}$, $j = 1, 2, \cdots, n$;

(2) $\boldsymbol{\alpha}_i^{\mathrm{T}}\boldsymbol{A}\boldsymbol{\alpha}_j = 0$, $i \neq j$, $j = 1, 2, \cdots, n$;

(3) $\boldsymbol{\beta}$ 与每一个 $\boldsymbol{\alpha}_j$ 都正交.

试证明: $\boldsymbol{\beta} = \boldsymbol{0}$.

证明: 因为 $\mathbb{R}^n$ 中 $n+1$ 个列向量 $\boldsymbol{\alpha}_1$, $\boldsymbol{\alpha}_2$, $\cdots$, $\boldsymbol{\alpha}_n$, $\boldsymbol{\beta}$ 线性相关,所以存在不全为零的数 k_1, k_2, $\cdots$, k_n, l,使得

$$k_1\boldsymbol{\alpha}_1 + \cdots + n\boldsymbol{\alpha}_n + l\boldsymbol{\beta} = 0 \tag{2}$$

如果 $l = 0$,有 $k_1\boldsymbol{\alpha}_1 + \cdots + k_n\boldsymbol{\alpha}_n = 0$, k_i 不全为零, $i = 1, \cdots, n$. 两边用 $\boldsymbol{\alpha}_i^{\mathrm{T}}\boldsymbol{A}$ 左

乘. 由 $\boldsymbol{\alpha}_i^{\mathrm{T}}\boldsymbol{A}\boldsymbol{\alpha}_j = 0,\ i \neq j$,有 $k_i\boldsymbol{\alpha}_i\boldsymbol{A}\boldsymbol{\alpha}_i = 0$. 又因为 $\boldsymbol{\alpha}_i \neq 0$,$\boldsymbol{A}$ 正定. 所以 $\boldsymbol{\alpha}_i\boldsymbol{A}\boldsymbol{\alpha}_i > 0$. 从而 $k_i = 0,\ i = 1,\ \cdots,\ n$,这与 k_i 不全为零矛盾,所以 $l \neq 0$.

在式(2)两边用 $\boldsymbol{\beta}$ 内积,由条件(3)有 $l(\boldsymbol{\beta}, \boldsymbol{\beta}) = 0$,从而 $(\boldsymbol{\beta}, \boldsymbol{\beta}) = 0$. 故 $\boldsymbol{\beta} = \boldsymbol{0}$.

58. 设 $\boldsymbol{C}$ 是 n 阶可逆方阵, $\boldsymbol{A} = \boldsymbol{C}^{\mathrm{T}}\boldsymbol{C}$,在$\mathbb{R}^n$定义内积

$$(\boldsymbol{x}, \boldsymbol{y}) = \boldsymbol{x}^{\mathrm{T}}\boldsymbol{A}\boldsymbol{y},\ \forall \boldsymbol{x}, \boldsymbol{y} \in \mathbb{R}^n.$$

(1) 试证明: 所定义的内积符号符合内积的性质,从而$\mathbb{R}^n$在此内积下构成欧氏空间;

(2) 写出这个欧氏空间的柯西-施瓦茨不等式的具体形式;

(3) 对 $n = 3$, 试求:

$$\boldsymbol{e}_1 = (1, 0, 0)^{\mathrm{T}},\ \boldsymbol{e}_2 = (0, 1, 0)^{\mathrm{T}},\ \boldsymbol{e}_3 = (0, 0, 1)^{\mathrm{T}}$$

中任意两个的内积$(\boldsymbol{e}_i, \boldsymbol{e}_j)$, $i, j=1, 2, 3$.

解: (1) $(\boldsymbol{x}, \boldsymbol{y}) = \boldsymbol{x}^{\mathrm{T}}\boldsymbol{A}\boldsymbol{y} = (\boldsymbol{x}^{\mathrm{T}}\boldsymbol{A}\boldsymbol{y})^{\mathrm{T}} = \boldsymbol{y}^{\mathrm{T}}\boldsymbol{A}^{\mathrm{T}}\boldsymbol{x} = \boldsymbol{y}^{\mathrm{T}}\boldsymbol{A}\boldsymbol{x} = (\boldsymbol{y}, \boldsymbol{x})$, 对称性成立.

任意 $\boldsymbol{x}, \boldsymbol{y}, \boldsymbol{z} \in \mathbb{R}^n$, $k, l \in \mathbb{R}$,有$(k\boldsymbol{x} + l\boldsymbol{y}, \boldsymbol{z}) = (k\boldsymbol{x} + l\boldsymbol{y})^{\mathrm{T}}\boldsymbol{A}\boldsymbol{z} = k\boldsymbol{x}^{\mathrm{T}}\boldsymbol{A}\boldsymbol{z} + l\boldsymbol{y}^{\mathrm{T}}\boldsymbol{A}\boldsymbol{z} = k(\boldsymbol{x}, \boldsymbol{z}) + l(\boldsymbol{y}, \boldsymbol{z})$ 线性性成立.

$(\boldsymbol{x}, \boldsymbol{x}) = \boldsymbol{x}^{\mathrm{T}}\boldsymbol{A}\boldsymbol{x}$. 因为 $\boldsymbol{A}$ 正定,所以 $\boldsymbol{x}^{\mathrm{T}}\boldsymbol{A}\boldsymbol{x} = (\boldsymbol{C}\boldsymbol{x})^{\mathrm{T}}\boldsymbol{C}\boldsymbol{x} \geqslant 0$, 且 $\boldsymbol{x}^{\mathrm{T}}\boldsymbol{A}\boldsymbol{x} = \boldsymbol{0} \leftrightarrow \boldsymbol{C}\boldsymbol{x} = \boldsymbol{0}$, 因为 $\boldsymbol{C}$ 可逆,所以 $\boldsymbol{x} = \boldsymbol{0}$ 正定性成立. 故所定义的运算符合内积的性质. 从而$\mathbb{R}^n$在此内积下构成欧氏空间.

(2) 任意 $\boldsymbol{x}, \boldsymbol{y} \in \mathbb{R}^n$,设 $\boldsymbol{x} = (x_1, \cdots, x_n)^{\mathrm{T}}$, $\boldsymbol{y} = (y_1, \cdots, y_n)^{\mathrm{T}}$, 则柯西-施瓦茨不等式为

$$|(\boldsymbol{x}, \boldsymbol{y})| \leqslant |\boldsymbol{x}||\boldsymbol{y}|.$$

即 $|\boldsymbol{x}^{\mathrm{T}}\boldsymbol{A}\boldsymbol{y}| \leqslant \sqrt{(\boldsymbol{x}^{\mathrm{T}}\boldsymbol{A}\boldsymbol{x}) \cdot (\boldsymbol{y}^{\mathrm{T}} - \boldsymbol{A}\boldsymbol{y})}$. 得

$$\left|\sum_{j=1}^{n}\sum_{i=1}^{n} a_{ij}x_iy_j\right| \leqslant \sqrt{\sum_{i,j=1}^{n} a_{ij}x_ix_j} \cdot \sqrt{\sum_{i,j=1}^{n} a_{ij}y_iy_j},$$

其中, $\boldsymbol{A} = (a_{ij})_{n\times n}$.

(3) $(\boldsymbol{e}_1, \boldsymbol{e}_j) = \boldsymbol{e}_i^{\mathrm{T}}\boldsymbol{A}\boldsymbol{e}_j = a_{ij},\ i, j = 1, 2, 3.$

59. 设 V 是 n 维欧氏空间，$\boldsymbol{\gamma}$ 是 V 中一非零向量，试证明：

(1) $W = \{\boldsymbol{\alpha} \in V \mid (\boldsymbol{\beta}, \boldsymbol{\gamma}) = 0\}$ 是 V 的子空间；

(2) W 的维数等于 $n-1$.

证明：(1) 因为 $\mathbf{0} \in W$，所以 $W \neq \phi$. $\forall \boldsymbol{\alpha}, \boldsymbol{\beta} \in W$, $k \in \mathbb{R}$. 有 $(\boldsymbol{\alpha}+\boldsymbol{\beta}, \boldsymbol{\gamma}) = (\boldsymbol{\alpha}, \boldsymbol{\gamma}) + (\boldsymbol{\beta}, \boldsymbol{\gamma}) = 0+0=0$, $(k\boldsymbol{\alpha}, \boldsymbol{\gamma}) = k(\boldsymbol{\alpha}, \boldsymbol{\gamma}) = k0 = 0$. 所以 $\boldsymbol{\alpha}+\boldsymbol{\beta}$, $k\boldsymbol{\alpha} \in W$. 故 W 为 V 的子空间.

(2)（方法一）：设 $\boldsymbol{\alpha}_1, \cdots, \boldsymbol{\alpha}_n$ 为 V 的一组标准正交基，则 $\boldsymbol{\gamma} = (\boldsymbol{\alpha}_1, \cdots, \boldsymbol{\alpha}_n)(a_1, \cdots, a_n)^{\mathrm{T}}$. 因为 $\boldsymbol{\gamma} \neq 0$，所以 $a_i, i=1, \cdots, n$ 不全为零. 设 $\boldsymbol{\alpha} = (\boldsymbol{\alpha}_1, \cdots, \boldsymbol{\alpha}_n)\boldsymbol{x}$. 有 V 同构于 $\mathbb{R}^n$，由 $(\boldsymbol{\alpha}, \boldsymbol{\gamma}) = 0$，有 $a_1x_1 + \cdots + a_nx_n = 0$：此齐次线性方程的基础解系含 $n-1$ 个向量，设 $\boldsymbol{\xi}_1, \cdots, \boldsymbol{\xi}_{n-1}$ 为其基础解系. 有 $\boldsymbol{x} = \sum_{i=1}^{n-1} k_i\boldsymbol{\xi}_i$, $k_i \in \mathbb{R}$. 从而 $\mathbb{R}^n$ 的子空间 $\{\boldsymbol{x} \in \mathbb{R}^n \mid (\boldsymbol{x}, (a_1, \cdots, a_n)^{\mathrm{T}}) = 0\}$ 为 $n-1$ 维，故 W 的维数为 $n-1$.

（方法二）：因为 $\boldsymbol{\alpha} \neq 0$ 线性无关，将 $\boldsymbol{\alpha}$ 扩充为 V 的一组正交基 $\boldsymbol{\alpha}, \boldsymbol{\alpha}_2, \cdots, \boldsymbol{\alpha}_n$，则 $W = L(\boldsymbol{\alpha}_2, \cdots, \boldsymbol{\alpha}_n)$，故 W 的维数为 $n-1$.

60. 试证明：对任何实数 $a_1, a_2, \cdots, a_n$ 和 $b_1, b_2, \cdots, b_n$，有

$$\left(\sum_{i=1}^{n} a_ib_i\right)^2 \leqslant \sum_{i=1}^{n} a_i^2 \sum_{i=1}^{n} b_i^2.$$

证明：线性空间 $\mathbb{R}^n$ 中考虑按通常内积：$\forall \boldsymbol{x} = (x_1, \cdots, x_n)^{\mathrm{T}}$, $\boldsymbol{y} = (y_1, \cdots, y_n) \in \mathbb{R}^n$. $(\boldsymbol{x}, \boldsymbol{y}) = \boldsymbol{x}^{\mathrm{T}}\boldsymbol{y} = \sum_{i=1}^{n} x_iy_i$ 构成欧氏空间. 设 $\boldsymbol{\alpha} = (a_1, a_2, \cdots, a_n)^{\mathrm{T}}$, $\boldsymbol{\beta} = (b_1, b_2, \cdots, b_n)^{\mathrm{T}}$，则 $\boldsymbol{\alpha}, \boldsymbol{\beta} \in \mathbb{R}^n$. 由柯西–施瓦茨不等式，有 $|(\boldsymbol{\alpha}, \boldsymbol{\beta})| \leqslant |\boldsymbol{\alpha}| \cdot |\boldsymbol{\beta}|$，即 $(\boldsymbol{\alpha}, \boldsymbol{\beta})^2 \leqslant |\boldsymbol{\alpha}|^2 |\boldsymbol{\beta}|^2$. 有 $\left(\sum_{i=1}^{n} a_ib_i\right)^2 \leqslant \sum_{i=1}^{n} a_i^2 \sum_{i=1}^{n} b_i^2$. 故结论得证.

61. 已知向量 $\boldsymbol{\beta}$ 与 $\boldsymbol{\alpha}_1, \boldsymbol{\alpha}_2, \cdots, \boldsymbol{\alpha}_m$ 都正交，试证明：$\boldsymbol{\beta}$ 与 $\boldsymbol{\alpha}_1, \boldsymbol{\alpha}_2, \cdots, \boldsymbol{\alpha}_m$ 的任一线性组合都正交.

证明: $(\boldsymbol{\beta}, \sum_{i=1}^{m} k_i\boldsymbol{\alpha}_i) = \sum_{i=1}^{m} k_i(\boldsymbol{\beta}, \boldsymbol{\alpha}_i)$,由$(\boldsymbol{\beta}, \boldsymbol{\alpha}_i) = 0, i = 1, \cdots, m$,所以$\sum_{i=1}^{m} k_i(\boldsymbol{\beta}, \boldsymbol{\alpha}_i) = 0$,即$(\boldsymbol{\beta}, \sum_{i=1}^{m} k_i\boldsymbol{\alpha}_i) = \mathbf{0}$,任意$k_i \in F$. 故结论得证.

62. 设$\boldsymbol{\alpha}_1, \boldsymbol{\alpha}_2, \cdots, \boldsymbol{\alpha}_{n-1}$是$\mathbb{R}^n$中线性无关的向量组,又向量$\boldsymbol{\beta}_1, \boldsymbol{\beta}_2$都与$\boldsymbol{\alpha}_1, \boldsymbol{\alpha}_2, \cdots, \boldsymbol{\alpha}_{n-1}$正交,试证明:向量$\boldsymbol{\beta}_1, \boldsymbol{\beta}_2$线性相关.

证明:(方法一):因为$\boldsymbol{\alpha}_1, \cdots, \boldsymbol{\alpha}_{n-1}, \boldsymbol{\beta}_1, \boldsymbol{\beta}_2$是$\mathbb{R}^n$中$n+1$个$n$维向量,所以它们线性相关. 从而存在不全为零的数$k_1, \cdots, k_{n-1}, l_1, l_2$使得

$$k_1\boldsymbol{\alpha}_1 + \cdots + k_{n-1}\boldsymbol{\alpha}_{n-1} + l_1\boldsymbol{\beta}_1 + l_2\boldsymbol{\beta}_2 = \mathbf{0}. \tag{3}$$

如果$l_1 = l_2 = 0$,则有$k_1\boldsymbol{\alpha}_1 + \cdots + k_{n-1}\boldsymbol{\alpha}_{n-1} = 0$,又因为$\boldsymbol{\alpha}_1, \boldsymbol{\alpha}_2, \cdots, \boldsymbol{\alpha}_{n-1}$线性无关,所以$k_1 = \cdots = k_{n-1} = 0$. 这与$k_1, \cdots, k_{n-1}, l_1, l_2$不全为零矛盾. 在式(3)两端分别用$\boldsymbol{\beta}_1, \boldsymbol{\beta}_2$内积,由已知可得

$$\begin{cases} l_1(\boldsymbol{\beta}_1, \boldsymbol{\beta}_1) + l_2(\boldsymbol{\beta}_1, \boldsymbol{\beta}_2) = 0 \\ l_1(\boldsymbol{\beta}_1, \boldsymbol{\beta}_2) + l_2(\boldsymbol{\beta}_2, \boldsymbol{\beta}_2) = 0 \end{cases}. \tag{4}$$

由l_1, l_2不全为零知,式(4)有非零解. 从而

$$\begin{vmatrix} (\boldsymbol{\beta}_1, \boldsymbol{\beta}_1) & (\boldsymbol{\beta}_1, \boldsymbol{\beta}_2) \\ (\boldsymbol{\beta}_1, \boldsymbol{\beta}_2) & (\boldsymbol{\beta}_2, \boldsymbol{\beta}_2) \end{vmatrix} = |\boldsymbol{\beta}_1|^2 \cdot |\boldsymbol{\beta}_2|^2 - (\boldsymbol{\beta}_1, \boldsymbol{\beta}_2)^2 = 0$$

由内积的柯西-施瓦茨不等式可知,$\boldsymbol{\beta}_1, \boldsymbol{\beta}_2$线性相关.

(方法二):假设$\boldsymbol{\beta}_1, \boldsymbol{\beta}_2$线性无关,设

$$k_1\boldsymbol{\alpha}_1 + \cdots + k_{n-1}\boldsymbol{\alpha}_{n-1} + l_1\boldsymbol{\beta}_1 + l_2\boldsymbol{\beta}_2 = \mathbf{0}. \tag{5}$$

在式(5)两端用$\boldsymbol{\beta}_1, \boldsymbol{\beta}_2$做内积,由已知得

$$\begin{cases} l_1(\boldsymbol{\beta}_1, \boldsymbol{\beta}_1) + l_2(\boldsymbol{\beta}_1, \boldsymbol{\beta}_2) = 0 \\ l_1(\boldsymbol{\beta}_1, \boldsymbol{\beta}_2) + l_2(\boldsymbol{\beta}_2, \boldsymbol{\beta}_2) = 0 \end{cases}. \tag{6}$$

由

$$\begin{vmatrix}(\boldsymbol{\beta}_1,\boldsymbol{\beta}_1) & (\boldsymbol{\beta}_1,\boldsymbol{\beta}_2)\\(\boldsymbol{\beta}_1,\boldsymbol{\beta}_2) & (\boldsymbol{\beta}_2,\boldsymbol{\beta}_2)\end{vmatrix}=|\boldsymbol{\beta}_1|^2\cdot|\boldsymbol{\beta}_2|^2-(\boldsymbol{\beta}_1,\boldsymbol{\beta}_2)^2>0$$

可知,式(6)只有零解,即 $l_1=l_2=0$. 代入(5),由 $\alpha_1,\cdots,\alpha_{n-1}$ 线性无关知 $k_1=\cdots=k_{n-1}=0$. 所以 $\boldsymbol{\alpha}_1,\cdots,\boldsymbol{\alpha}_{n-1},\boldsymbol{\beta}_1,\boldsymbol{\beta}_2$ 线性无关. 这与$\mathbb{R}^n$中 $n+1$ 个 n 维向量线性相关矛盾. 故 $\boldsymbol{\beta}_1,\boldsymbol{\beta}_2$ 线性相关.

63. 线性空间 K^3 中线性变换 σ_1 为 $\sigma_1(\boldsymbol{\alpha}_1,\boldsymbol{\alpha}_2,\boldsymbol{\alpha}_3)=(2\boldsymbol{\alpha}_1-\boldsymbol{\alpha}_2,\boldsymbol{\alpha}_2-\boldsymbol{\alpha}_3,\boldsymbol{\alpha}_2+\boldsymbol{\alpha}_3)$,线性变换 σ_2 定义为 $\sigma_2(\boldsymbol{\alpha}_1)=(-5,0,3)$, $\sigma_2(\boldsymbol{\alpha}_2)=(0,-1,6)$, $\sigma_2(\boldsymbol{\alpha}_3)=(-5,-1,0)$,其中 $\boldsymbol{\alpha}_1=(-1,0,2)$, $\boldsymbol{\alpha}_2=(0,1,1)$, $\boldsymbol{\alpha}_3=(3,-1,0)$. 求 $\sigma_1+\sigma_2$, σ_1, σ_2 在基 $(1,0,0)$, $(0,1,0)$, $(0,0,1)$ 下的矩阵.

解: 令 $\boldsymbol{\epsilon}_1=(1,0,0)$, $\boldsymbol{\epsilon}_2=(0,1,0)$, $\boldsymbol{\epsilon}_3=(0,0,1)$. 设 σ_1, σ_2 在基 $\boldsymbol{\epsilon}_1,\boldsymbol{\epsilon}_2,\boldsymbol{\epsilon}_3$ 下的矩阵分别为 $\boldsymbol{A}$, $\boldsymbol{B}$,则有

$$\sigma_1(\boldsymbol{\epsilon}_1,\boldsymbol{\epsilon}_2,\boldsymbol{\epsilon}_3)=(\boldsymbol{\epsilon}_1,\boldsymbol{\epsilon}_2,\boldsymbol{\epsilon}_3)\boldsymbol{A},$$
$$\sigma_2(\boldsymbol{\epsilon}_1,\boldsymbol{\epsilon}_2,\boldsymbol{\epsilon}_3)=(\boldsymbol{\epsilon}_1,\boldsymbol{\epsilon}_2,\boldsymbol{\epsilon}_3)\boldsymbol{B}.$$

因为 $|\boldsymbol{\alpha}_1^{\mathrm{T}},\boldsymbol{\alpha}_2^{\mathrm{T}},\boldsymbol{\alpha}_3^{\mathrm{T}}|\neq 0$, 所以 $\boldsymbol{\alpha}_1^{\mathrm{T}},\boldsymbol{\alpha}_2^{\mathrm{T}},\boldsymbol{\alpha}_3^{\mathrm{T}}$ 线性无关,从而也是$\mathbb{R}^3$的一组基. 有

$$(\boldsymbol{\alpha}_1,\boldsymbol{\alpha}_2,\boldsymbol{\alpha}_3)=(\boldsymbol{\epsilon}_1,\boldsymbol{\epsilon}_2,\boldsymbol{\epsilon}_3)\begin{pmatrix}-1&0&3\\0&1&-1\\2&1&0\end{pmatrix}=:(\boldsymbol{\epsilon}_1,\boldsymbol{\epsilon}_2,\boldsymbol{\epsilon}_3)\boldsymbol{C},$$

$$\sigma_1(\boldsymbol{\epsilon}_1,\boldsymbol{\epsilon}_2,\boldsymbol{\epsilon}_3)=\sigma_1(\boldsymbol{\alpha}_1,\boldsymbol{\alpha}_2,\boldsymbol{\alpha}_3)\boldsymbol{C}^{-1}=(\boldsymbol{\alpha}_1,\boldsymbol{\alpha}_2,\boldsymbol{\alpha}_3)\begin{pmatrix}2&0&0\\-1&1&1\\0&-1&1\end{pmatrix}\boldsymbol{C}^{-1}$$

$$=(\boldsymbol{\epsilon}_1,\boldsymbol{\epsilon}_2,\boldsymbol{\epsilon}_3)\boldsymbol{C}\begin{pmatrix}2&0&0\\-1&1&1\\0&-1&1\end{pmatrix}\boldsymbol{C}^{-1}.$$

所以 $\boldsymbol{A}=\boldsymbol{C}\begin{pmatrix}2&0&0\\-1&1&1\\0&-1&1\end{pmatrix}\boldsymbol{C}^{-1}=\dfrac{1}{7}\begin{pmatrix}2&-15&-6\\5&15&-1\\1&-4&11\end{pmatrix}$.

$$\sigma_2(\boldsymbol{\epsilon}_1, \boldsymbol{\epsilon}_2, \boldsymbol{\epsilon}_3) = \sigma_2(\boldsymbol{\alpha}_1, \boldsymbol{\alpha}_2, \boldsymbol{\alpha}_3)\boldsymbol{C}^{-1} = (\boldsymbol{\epsilon}_1, \boldsymbol{\epsilon}_2, \boldsymbol{\epsilon}_3)\begin{pmatrix} -5 & 0 & -5 \\ 0 & -1 & -1 \\ 3 & 6 & 0 \end{pmatrix}\boldsymbol{C}^{-1}.$$

所以 $\boldsymbol{B} = \begin{pmatrix} -5 & 0 & 5 \\ 0 & -1 & -1 \\ 3 & 6 & 0 \end{pmatrix}\boldsymbol{C}^{-1} = \frac{1}{7}\begin{pmatrix} -5 & 20 & -10 \\ -4 & -5 & 0 \\ 9 & 27 & 15 \end{pmatrix}$. 从而 $\sigma_1 + \sigma_2$ 在基 $\boldsymbol{\epsilon}_1$, $\boldsymbol{\epsilon}_2$, $\boldsymbol{\epsilon}_3$ 的矩阵为 $\boldsymbol{A} + \boldsymbol{B} = \frac{1}{7}\begin{pmatrix} -3 & 5 & -16 \\ 1 & 10 & -1 \\ 10 & 23 & 26 \end{pmatrix}$.

64. 设 $V = \{(x_1, x_2, \cdots, x_n) \mid x_i \in \mathbb{R}\}$ 是 $\mathbb{R}$ 上的 n 维线性空间,定义

$$\sigma(x_1, x_2, \cdots, x_n) = (0, x_1, \cdots, x_{n-1}).$$

(1) 试证明: σ 是 V 的一个线性变换,且 $\sigma^n = \theta$, 其中 θ 为零变换;

(2) 求 $\ker(\sigma)$ 及 $\mathrm{Im}(\sigma)$ 的维数.

(1) **证明:** 任意 $\boldsymbol{x}, \boldsymbol{y} \in V$, $k \in \mathbb{R}$, 令 $\boldsymbol{x} = (x_1, \cdots, x_n)$, $\boldsymbol{y} = (y_1, \cdots, y_n)$, 则有

$$\begin{aligned} \sigma(\boldsymbol{x} + \boldsymbol{y}) &= \sigma(x_1 + y_1, \cdots, x_n + y_n) = (0, x_1 + y_1, \cdots, x_{n-1} + y_{n-1}) \\ &= (0, x_1, \cdots, x_{n-1}) + (0, y_1, \cdots, y_{n-1}) = \sigma(\boldsymbol{x}) + \sigma(\boldsymbol{y}), \\ \sigma(k\boldsymbol{x}) &= \sigma(kx_1, \cdots, kx_n) = (0, kx_1, \cdots, kx_{n-1}) \\ &= k(0, x_1, \cdots, x_{n-1}) = k\sigma(\boldsymbol{x}). \end{aligned}$$

所以,σ 是 V 的一个线性变换. 取 V 的一组标准正交基 $\boldsymbol{\epsilon}_i = (0, \cdots, \underset{i}{1}, \cdots, 0)$, $i = 1, \cdots, n$. 则有

$$\begin{aligned} \sigma(\boldsymbol{\epsilon}_1, \boldsymbol{\epsilon}_2, \cdots, \boldsymbol{\epsilon}_n) &= (\boldsymbol{\epsilon}_1, \boldsymbol{\epsilon}_2, \cdots, \boldsymbol{\epsilon}_n)\begin{pmatrix} 0 & 0 & \cdots & 0 & 0 \\ 1 & 0 & \cdots & 0 & 0 \\ 0 & 1 & \cdots & 0 & 0 \\ \vdots & \vdots & & \vdots & \vdots \\ 0 & 0 & \cdots & 1 & 0 \end{pmatrix} \\ &=: (\boldsymbol{\epsilon}_1, \boldsymbol{\epsilon}_2, \cdots, \boldsymbol{\epsilon}_n)\boldsymbol{A}. \end{aligned}$$

则 $\boldsymbol{A}$ 为一个严格下三角矩阵,且 $\boldsymbol{A}^n = \boldsymbol{O}$. 所以, $\sigma^n(\boldsymbol{\epsilon}_1, \boldsymbol{\epsilon}_2, \cdots, \boldsymbol{\epsilon}_n) = (\boldsymbol{\epsilon}_1, \boldsymbol{\epsilon}_2, \cdots, \boldsymbol{\epsilon}_n)\boldsymbol{A}^n$, 故 $\sigma^n = \theta$ 为零变换.

(2) **解:** $\mathrm{Im}(\sigma) = \{(0, x_1, \cdots, x_{n-1}) \mid \forall x_i \in \mathbb{R}, i = 1, \cdots, n-1\}$. 有 $(0, x_1, \cdots, x_{n-1}) = x_1\boldsymbol{\epsilon}_2 + \cdots + x_{n-1}\boldsymbol{\epsilon}_n$,而 $\boldsymbol{\epsilon}_2, \cdots, \boldsymbol{\epsilon}_{n-1}$ 线性无关,故 $\dim \mathrm{Im}(\sigma) = n-1$.

$$\begin{aligned}\ker(\sigma) &= \{\boldsymbol{x} \in V \mid \sigma(\boldsymbol{x}) = \boldsymbol{0}\} = \{\boldsymbol{x} \mid \sigma((\boldsymbol{\epsilon}_1, \cdots, \boldsymbol{\epsilon}_n)\boldsymbol{x})\} \\ &= \{(\boldsymbol{\epsilon}_1, \cdots, \boldsymbol{\epsilon}_n)\boldsymbol{A}\boldsymbol{x} = \boldsymbol{0}\} = \{\boldsymbol{x} \mid \boldsymbol{A}\boldsymbol{x} = \boldsymbol{0}\}.\end{aligned}$$

因为 $r(\boldsymbol{A}) = n-1$,所以 $\dim \ker(\sigma) = n - (n-1) = 1$.

65. 试求线性空间$\mathbb{R}^3$的线性变换 σ 的像 $\mathrm{Im}(\sigma)$及核 $\ker(\sigma)$,并确定它们的维数,其中 $\sigma((x_1, x_2, x_3)) = (x_1 - x_3, x_1 + x_2, x_2 + x_3)$.

解: 取$\mathbb{R}^3$的标准正交基 $\boldsymbol{\epsilon}_1 = (1, 0, 0)^{\mathrm{T}}$, $\boldsymbol{\epsilon}_2 = (0, 1, 0)^{\mathrm{T}}$, $\boldsymbol{\epsilon}_3 = (0, 0, 1)^{\mathrm{T}}$,则任意 $\boldsymbol{x} \in \mathbb{R}^3$, $\boldsymbol{x} = (\boldsymbol{\epsilon}_1, \boldsymbol{\epsilon}_2, \boldsymbol{\epsilon}_3)(x_1, x_2, x_3)^{\mathrm{T}}$. 有

$$\sigma(\boldsymbol{\epsilon}_1, \boldsymbol{\epsilon}_2, \boldsymbol{\epsilon}_3) = (\boldsymbol{\epsilon}_1, \boldsymbol{\epsilon}_2, \boldsymbol{\epsilon}_3)\begin{pmatrix}1 & 0 & -1\\ 1 & 1 & 0\\ 0 & 1 & 1\end{pmatrix} =: (\boldsymbol{\epsilon}_1, \boldsymbol{\epsilon}_2, \boldsymbol{\epsilon}_3)\boldsymbol{A}.$$

$$\begin{aligned}\mathrm{Im}(\sigma) &= \{\sigma(\boldsymbol{x}) \mid \boldsymbol{x} \in \mathbb{R}^3\} = \{\sigma(\boldsymbol{\epsilon}_1, \boldsymbol{\epsilon}_2, \boldsymbol{\epsilon}_3)\boldsymbol{x}\} \\ &= \{(\boldsymbol{\epsilon}_1, \boldsymbol{\epsilon}_2, \boldsymbol{\epsilon}_3)\boldsymbol{A}\boldsymbol{x}\} = \{\boldsymbol{A}\boldsymbol{x}\}.\end{aligned}$$

又因为 $r(\boldsymbol{A}) = 2$, 所以 $\dim \mathrm{Im}(\sigma) = 2$. $\ker(\sigma) = \{\boldsymbol{x} \in \mathbb{R}^3 \mid \boldsymbol{A}\boldsymbol{x} = \boldsymbol{0}\}$. 所以 $\dim \ker(\sigma) = 3 - r(\boldsymbol{A}) = 3 - 2 = 1$.

第5章　矩阵的相似对角化
习题精解

(一)

1. 选择题:

(1) 设3阶矩阵 $\boldsymbol{A}$ 的特征值为 $-2, -1, 2$,矩阵 $\boldsymbol{B}=\boldsymbol{A}^3-3\boldsymbol{A}^2+2\boldsymbol{E}$, 则 $|\boldsymbol{B}|=($　　$)$.

(A) -4;　　(B) -16;　　(C) -36;　　(D) -72.

(2) 设 $\lambda=2$ 是非奇异(或可逆)矩阵 $\boldsymbol{A}$ 的一个特征值,则矩阵 $\left(\frac{1}{3}\boldsymbol{A}^2\right)^{-1}$ 有一个特征值等于(　　).

(A) $\frac{4}{3}$;　　(B) $\frac{3}{4}$;　　(C) $\frac{1}{2}$;　　(D) $\frac{1}{4}$.

(3) 设矩阵

$$\boldsymbol{A}=\begin{pmatrix}1&2&2\\2&1&-2\\2&-2&1\end{pmatrix},$$

则 $\boldsymbol{A}$ 的全部特征值为(　　).

(A) $3, 3, -3$;　(B) $1, 1, 7$;　(C) $3, 1, -1$;　(D) $3, 1, 7$.

(4) 设 $\boldsymbol{A}$ 为3阶矩阵,且已知

$$|3\boldsymbol{A}+2\boldsymbol{E}|=0,\ |\boldsymbol{A}-\boldsymbol{E}|=0,\ |3\boldsymbol{E}-2\boldsymbol{A}|=0,$$

则 $|\boldsymbol{A}^*-\boldsymbol{E}|=($　　$)$.

(A) $\frac{5}{3}$;　　(B) $\frac{2}{3}$;　　(C) $-\frac{2}{3}$;　　(D) $-\frac{5}{3}$.

(5) 设 n 阶矩阵 $\boldsymbol{A}$ 可逆,$\boldsymbol{\alpha}$ 是 $\boldsymbol{A}$ 的属于特征值 λ 的特征向量,则下列结论

中不正确的是(　　).

(A) $\boldsymbol{\alpha}$ 是矩阵 $-2\boldsymbol{A}$ 的属于特征值 -2λ 的特征向量;

(B) $\boldsymbol{\alpha}$ 是矩阵$\left(\frac{1}{2}\boldsymbol{A}^2\right)^{-1}$的属于特征值$\frac{2}{\lambda^2}$的特征向量;

(C) $\boldsymbol{\alpha}$ 是矩阵 $\boldsymbol{A}^*$ 的属于特征值$\frac{|\boldsymbol{A}|}{\lambda}$的特征向量;

(D) $\boldsymbol{\alpha}$ 是矩阵 $\boldsymbol{A}^{\mathrm{T}}$ 的属于特征值 λ 的特征向量.

(6) 设矩阵

$$\boldsymbol{B}=\begin{pmatrix}0&0&0&0\\0&3&0&0\\0&0&-1&2\\0&0&2&2\end{pmatrix},$$

矩阵 $\boldsymbol{A}\sim\boldsymbol{B}$($\boldsymbol{A}$ 与 $\boldsymbol{B}$ 相似),则 $r(\boldsymbol{A}-\boldsymbol{E})+r(\boldsymbol{A}-3\boldsymbol{E})=($　　$)$.

(A) 7;　　(B) 6;　　(C) 5;　　(D) 4.

解: 此题考查特征值和特征向量的定义及性质.

(1) D;

(2) B;

(3) A;

(4) A;

(5) D;

(6) B.

2. 求下列矩阵的特征值和特征向量:

(1) $\begin{pmatrix}2&-1&2\\5&-3&3\\-1&0&-2\end{pmatrix}$;　　(2) $\begin{pmatrix}1&2&3\\2&1&3\\3&3&6\end{pmatrix}$;

(3) $\begin{pmatrix}0&0&0&1\\0&0&1&0\\0&1&0&0\\1&0&0&0\end{pmatrix}$;　　(4) $\begin{pmatrix}0&-2&-2\\2&2&-2\\-2&-2&2\end{pmatrix}$.

解：(1) 计算行列式 $|\lambda\boldsymbol{E}-\boldsymbol{A}|=(\lambda+1)^3$，得特征方程 $(\lambda+1)^3=0$，从而特征值为 $\lambda_1=\lambda_2=\lambda_3=-1$. 解齐次线性方程组 $(-\boldsymbol{E}-\boldsymbol{A})\boldsymbol{x}=\boldsymbol{0}$，得到基础解系 $\begin{pmatrix}-1\\-1\\1\end{pmatrix}$，故 $\boldsymbol{A}$ 的属于特征值 -1 的全部特征向量为 $k\begin{pmatrix}-1\\-1\\1\end{pmatrix}$，其中 $k\neq 0$.

(2) 计算行列式 $|\lambda\boldsymbol{E}-\boldsymbol{A}|=\lambda(\lambda+1)(\lambda-9)$，得特征方程 $\lambda(\lambda+1)(\lambda-9)=0$，从而特征值为 $\lambda_1=0$，$\lambda_2=-1$，$\lambda_3=9$.

对于 $\lambda_1=0$，解齐次线性方程组 $(0\boldsymbol{E}-\boldsymbol{A})\boldsymbol{x}=\boldsymbol{0}$ 得到基础解系 $\begin{pmatrix}-1\\-1\\1\end{pmatrix}$，故 $\boldsymbol{A}$ 的属于特征值 0 的全部特征向量为 $k\begin{pmatrix}-1\\-1\\1\end{pmatrix}$，其中 $k\neq 0$；

对于 $\lambda_2=-1$，解齐次线性方程组 $(-\boldsymbol{E}-\boldsymbol{A})\boldsymbol{x}=\boldsymbol{0}$ 得到基础解系 $\begin{pmatrix}-1\\1\\0\end{pmatrix}$，故 $\boldsymbol{A}$ 的属于特征值 0 的全部特征向量为 $k\begin{pmatrix}-1\\1\\0\end{pmatrix}$，其中 $k\neq 0$；

对于 $\lambda_3=9$，解齐次线性方程组 $(9\boldsymbol{E}-\boldsymbol{A})\boldsymbol{x}=\boldsymbol{0}$ 得到基础解系 $\begin{pmatrix}1\\1\\2\end{pmatrix}$，故 $\boldsymbol{A}$ 的属于特征值 9 的全部特征向量为 $k\begin{pmatrix}1\\1\\2\end{pmatrix}$，其中 $k\neq 0$.

(3) 计算行列式 $|\lambda\boldsymbol{E}-\boldsymbol{A}|=(\lambda-1)^2(\lambda+1)^2$，得特征方程 $(\lambda-1)^2(\lambda+1)^2=0$，从而特征值为 $\lambda_1=\lambda_2=1$，$\lambda_3=\lambda_4=-1$；

对于 $\lambda_1=\lambda_2=1$，解齐次线性方程组 $(1\boldsymbol{E}-\boldsymbol{A})\boldsymbol{x}=\boldsymbol{0}$ 得基础解系 $\begin{pmatrix}1\\0\\0\\1\end{pmatrix}$，

$\begin{pmatrix}0\\1\\1\\0\end{pmatrix}$,故 $\boldsymbol{A}$ 的属于特征值 1 的全部特征向量为 $k_1\begin{pmatrix}1\\0\\0\\1\end{pmatrix}+k_2\begin{pmatrix}0\\1\\1\\0\end{pmatrix}$,其中 k_1, k_2 不全为 0;

对于 $\lambda_3=\lambda_4=-1$,解齐次线性方程组 $(-\boldsymbol{E}-\boldsymbol{A})x=\boldsymbol{0}$ 得到基础解系 $\begin{pmatrix}-1\\0\\0\\1\end{pmatrix}$, $\begin{pmatrix}0\\-1\\1\\0\end{pmatrix}$,故 $\boldsymbol{A}$ 的属于特征值 -1 的全部特征向量为 $k_1\begin{pmatrix}-1\\0\\0\\1\end{pmatrix}+k_2\begin{pmatrix}0\\-1\\1\\0\end{pmatrix}$,其中 k_1, k_2 不全为 0.

(4) 计算行列式 $|\lambda\boldsymbol{E}-\boldsymbol{A}|=\lambda^2(\lambda-4)$,得到特征方程 $\lambda^2(\lambda-4)=0$,从而特征值为 $\lambda_1=\lambda_2=0$, $\lambda_3=4$.

对于 $\lambda_1=\lambda_2=0$,解齐次线性方程组 $(0\boldsymbol{E}-\boldsymbol{A})x=\boldsymbol{0}$ 得到基础解系 $\begin{pmatrix}2\\-1\\1\end{pmatrix}$,故 $\boldsymbol{A}$ 的属于特征值 0 的全部特征向量为 $k\begin{pmatrix}2\\-1\\1\end{pmatrix}$,其中 $k\neq 0$;

对于 $\lambda_3=4$,解齐次线性方程组 $(4\boldsymbol{E}-\boldsymbol{A})\boldsymbol{x}=\boldsymbol{0}$ 得基础解系 $\begin{pmatrix}0\\-1\\1\end{pmatrix}$,故 $\boldsymbol{A}$ 的属于特征值 4 的全部特征向量为 $k\begin{pmatrix}0\\-1\\1\end{pmatrix}$,其中 $k\neq 0$.

3. 设 $\boldsymbol{A}$ 为 n 阶矩阵,试证明 $\boldsymbol{A}^{\mathrm{T}}$ 与 $\boldsymbol{A}$ 的特征值相同.

证明: 矩阵 $\boldsymbol{A}$ 的特征多项式为 $|\lambda\boldsymbol{E}-\boldsymbol{A}|$,矩阵 $\boldsymbol{A}^{\mathrm{T}}$ 的特征多项式为 $|\lambda\boldsymbol{E}-\boldsymbol{A}^{\mathrm{T}}|$. 注意到, $|\lambda\boldsymbol{E}-\boldsymbol{A}^{\mathrm{T}}|=|(\lambda\boldsymbol{E}-\boldsymbol{A})^{\mathrm{T}}|=|\lambda\boldsymbol{E}-\boldsymbol{A}|^{\mathrm{T}}=|\lambda\boldsymbol{E}-\boldsymbol{A}|$.

所以,$\boldsymbol{A}$ 和 $\boldsymbol{A}^{\mathrm{T}}$ 有相同的特征多项式. 从而,$\boldsymbol{A}$ 和 $\boldsymbol{A}^{\mathrm{T}}$ 有相同的特征值.

4. 设$\boldsymbol{A}^2-3\boldsymbol{A}+2\boldsymbol{E}=\boldsymbol{O}$，试证明$\boldsymbol{A}$的特征值只能取1或者2.

证明： 由已知，令$f(x)=x^2-3x+2$，那么，$f(\boldsymbol{A})=\boldsymbol{0}$. 所以，矩阵$\boldsymbol{A}$的特征值必须是方程$f(x)=0$的根. 解方程$x^2-3x+2=0$，得到两个根为1和2. 故$\boldsymbol{A}$的特征值只能取1或者2.

5. 设$\lambda\neq 0$是m阶矩阵$\boldsymbol{A}_{m\times n}\boldsymbol{B}_{n\times m}$的特征值，试证明$\lambda$也是$n$阶矩阵$\boldsymbol{BA}$的特征值.

证明： 由已知，设$\boldsymbol{\alpha}$为矩阵$\boldsymbol{AB}$属于特征值λ的特征向量，则$\boldsymbol{AB\alpha}=\lambda\boldsymbol{\alpha}$，这样，有$\boldsymbol{BA}(\boldsymbol{B\alpha})=\lambda\boldsymbol{B\alpha}$. 注意到，必有$\boldsymbol{B\alpha}\neq\boldsymbol{0}$. 否则，若$\boldsymbol{B\alpha}=\boldsymbol{0}$，那么$\lambda\boldsymbol{\alpha}=\boldsymbol{AB\alpha}=\boldsymbol{0}$，而$\lambda\neq 0$，导致$\boldsymbol{\alpha}=\boldsymbol{0}$，这与$\boldsymbol{\alpha}$是特征向量矛盾. 最后，由等式$\boldsymbol{BA}(\boldsymbol{B\alpha})=\lambda\boldsymbol{B\alpha}$，可以得到$\lambda$是矩阵$\boldsymbol{BA}$的特征值，$\boldsymbol{B\alpha}$是矩阵$\boldsymbol{BA}$的属于特征值$\lambda$的特征向量.

6. 已知3阶矩阵$\boldsymbol{A}$的特征值为1, 2, 3，求$|\boldsymbol{A}^3-5\boldsymbol{A}^2+7\boldsymbol{A}|$.

解： 考虑多项式$f(x)=x^3-5x^2+7x$. 由已知，3阶矩阵$\boldsymbol{A}$的特征值为1, 2, 3，所以$f(\boldsymbol{A})=\boldsymbol{A}^3-5\boldsymbol{A}^2+7\boldsymbol{A}$的特征值为$f(1)=3$，$f(2)=2$，$f(3)=3$. 这样，$|\boldsymbol{A}^3-5\boldsymbol{A}^2+7\boldsymbol{A}|=|f(\boldsymbol{A})|=f(1)f(2)f(3)=18$.

7. 已知3阶矩阵$\boldsymbol{A}$的特征值为1, 2, −3，求$|\boldsymbol{A}^*+3(\boldsymbol{A}^{-1})^2+2\boldsymbol{E}|$.

解： 由于$\boldsymbol{A}^{-1}=\dfrac{\boldsymbol{A}^*}{|\boldsymbol{A}|}$，根据已知，可得$|\boldsymbol{A}|=-6$，故$\boldsymbol{A}^{-1}=-\dfrac{1}{6}\boldsymbol{A}^*$. 这样，$\boldsymbol{A}^*+3(\boldsymbol{A}^{-1})^2+2\boldsymbol{E}=\dfrac{1}{12}(\boldsymbol{A}^*)^2+\boldsymbol{A}^*+2\boldsymbol{E}$.

考虑多项式$f(x)=\dfrac{1}{12}x^2+x+2$.

由已知，3阶矩阵$\boldsymbol{A}$的特征值为1, 2, −3，所以$\boldsymbol{A}^*$的特征值为$\dfrac{|\boldsymbol{A}|}{\lambda_A}=-6, -3, 2$. 这样，$f(\boldsymbol{A}^*)$的特征值为$f(-6)=-1$，$f(-3)=-\dfrac{1}{4}$，$f(2)=\dfrac{13}{3}$.

从而，$|\boldsymbol{A}^*+3(\boldsymbol{A}^{-1})^2+2\boldsymbol{E}|=\left|\dfrac{1}{12}(\boldsymbol{A}^*)^2+\boldsymbol{A}^*+2\boldsymbol{E}\right|=|f(\boldsymbol{A}^*)|=\dfrac{13}{12}$.

8. 设$\boldsymbol{\alpha}=(a_1, a_2, \cdots, a_n)^{\mathrm{T}}$, $a_1\neq 0$, $\boldsymbol{A}=\boldsymbol{\alpha}\boldsymbol{\alpha}^{\mathrm{T}}$.

(1) 试证明$\lambda=0$是$\boldsymbol{A}$的$n-1$重特征值;

(2) 求$\boldsymbol{A}$的非零特征值及n个线性无关的特征向量.

解: (1)(方法一): 计算特征多项式$|\lambda\boldsymbol{E}-\boldsymbol{A}|=|\lambda\boldsymbol{E}-\boldsymbol{\alpha}\boldsymbol{\alpha}^{\mathrm{T}}|=\lambda^{n-1}(\lambda-\sum_{i=1}^{n}a_i^2)$. 可得,$\lambda=0$是$\boldsymbol{A}$的$n-1$重特征值.

(方法二): 由$\boldsymbol{A}=\boldsymbol{\alpha}\boldsymbol{\alpha}^{\mathrm{T}}$,计算得到$\boldsymbol{A}\boldsymbol{\alpha}=\boldsymbol{\alpha}\boldsymbol{\alpha}^{\mathrm{T}}\boldsymbol{\alpha}=(\sum_{i=1}^{n}a_i^2)\boldsymbol{\alpha}$. 这说明,$\sum_{i=1}^{n}a_i^2$是矩阵$\boldsymbol{A}$的特征值,$\boldsymbol{\alpha}$是矩阵$\boldsymbol{A}$的属于特征值$\sum_{i=1}^{n}a_i^2$的特征向量. 再考虑方程组$\boldsymbol{\alpha}^{\mathrm{T}}\boldsymbol{x}=\boldsymbol{0}$,知其基础解系含$n-1$个解向量. 设$\boldsymbol{\xi}_1, \cdots, \boldsymbol{\xi}_{n-1}$是这个方程组的基础解系. 计算得到$\boldsymbol{A}\boldsymbol{\xi}_i=\boldsymbol{\alpha}\boldsymbol{\alpha}^{\mathrm{T}}\boldsymbol{\xi}=\boldsymbol{0}=0\boldsymbol{\xi}_i$. 这说明,0是$\boldsymbol{A}$的特征值,$\boldsymbol{\xi}_1, \cdots, \boldsymbol{\xi}_{n-1}$是$\boldsymbol{A}$的属于特征值0的$n-1$个线性无关的特征向量. 由特征值的几何重数小于等于其代数重数. 从而得到,$\lambda=0$是$\boldsymbol{A}$的$n-1$重特征值.

(2) 由(1)的解答,可以看到$\boldsymbol{A}$的非零特征值为$\sum_{i=1}^{n}a_i^2$. 设$\boldsymbol{\xi}_i$是n维列向量,$i=1, 2, \cdots, n-1$,满足: 第$i+1$个分量为a_1,第1个分量为$-a_{i+1}$,其余分量为0. 那么$\boldsymbol{A}$的n个线性无关的特征向量可为$\boldsymbol{\alpha}, \boldsymbol{\xi}_1, \cdots, \boldsymbol{\xi}_{n-1}$.

9. 设向量$\boldsymbol{\alpha}=(a_1, a_2, \cdots, a_n)^{\mathrm{T}}$, $\boldsymbol{\beta}=(b_1, b_2, \cdots, b_n)^{\mathrm{T}}$都是非零向量,且满足条件$\boldsymbol{\alpha}^{\mathrm{T}}\boldsymbol{\beta}=0$. 记$n$阶矩阵$\boldsymbol{A}=\boldsymbol{\alpha}\boldsymbol{\beta}^{\mathrm{T}}$. 求:

(1) $\boldsymbol{A}^2$;

(2) 矩阵$\boldsymbol{A}$的特征值与特征向量.

解: (1) 由$\boldsymbol{\alpha}^{\mathrm{T}}\boldsymbol{\beta}=0$知$\boldsymbol{\beta}^{\mathrm{T}}\boldsymbol{\alpha}=0$, 有

$$\boldsymbol{A}^2=(\boldsymbol{\alpha}\boldsymbol{\beta}^{\mathrm{T}})(\boldsymbol{\alpha}\boldsymbol{\beta}^{\mathrm{T}})=\boldsymbol{\alpha}(\boldsymbol{\beta}^{\mathrm{T}}\boldsymbol{\alpha})\boldsymbol{\beta}^{\mathrm{T}}=0.$$

(2) 计算特征多项式$|\lambda\boldsymbol{E}-\boldsymbol{A}|=|\lambda\boldsymbol{E}-\boldsymbol{\alpha}\boldsymbol{\beta}^{\mathrm{T}}|=\lambda^n$. 所以,$\lambda=0$是$\boldsymbol{A}$的$n$重特征值.

解方程组$(0\boldsymbol{E}-\boldsymbol{A})\boldsymbol{x}=\boldsymbol{0}$,即$\boldsymbol{A}\boldsymbol{x}=\boldsymbol{0}$. 由$\boldsymbol{A}=\boldsymbol{\alpha}\boldsymbol{\beta}^{\mathrm{T}}$,所以$\boldsymbol{\alpha}\boldsymbol{\beta}^{\mathrm{T}}\boldsymbol{x}=\boldsymbol{0}\Leftrightarrow\boldsymbol{\alpha}^{\mathrm{T}}\boldsymbol{\alpha}\boldsymbol{\beta}^{\mathrm{T}}\boldsymbol{x}=\boldsymbol{\alpha}^{\mathrm{T}}0=0$. 注意到$\boldsymbol{\alpha}^{\mathrm{T}}\boldsymbol{\alpha}\neq 0$,因此,$\boldsymbol{A}\boldsymbol{x}=\boldsymbol{0}$与$\boldsymbol{\beta}^{\mathrm{T}}\boldsymbol{x}=\boldsymbol{0}$同解. 设$\boldsymbol{\xi}_i$是$n$维列向量,$i=1, 2, \cdots, n-1$,满足: 第$i+1$个分量为$b_1$,第1个分量为$-b_{i+1}$,其余

分量为 0. 那么,$\boldsymbol{A}$ 的属于特征值 0 的全部特征向量可为 $k_1\boldsymbol{\xi}_1+\cdots, k_{n-1}\boldsymbol{\xi}_{n-1}$,其中$k_1, \cdots, k_{n-1}$ 不全为 0.

10. 若 4 阶矩阵 $\boldsymbol{A}$ 与 $\boldsymbol{B}$ 相似,矩阵 $\boldsymbol{A}$ 的特征值为$\frac{1}{2}, \frac{1}{3}, \frac{1}{4}, \frac{1}{5}$,求行列式 $|\boldsymbol{B}^{-1}-\boldsymbol{E}|$.

解: 因为 $\boldsymbol{B}$ 与 $\boldsymbol{A}$ 相似,所以,$\boldsymbol{B}$ 与 $\boldsymbol{A}$ 有相同的特征值. 进而得到 $\boldsymbol{B}^{-1}-\boldsymbol{E}$ 的 4 个特征值为 1, 2, 3, 4. 从而 $|\boldsymbol{B}^{-1}-\boldsymbol{E}|=1\cdot 2\cdot 3\cdot 4=24$.

11. 已知矩阵 $\boldsymbol{A}$ 相似于对角矩阵$\begin{pmatrix}\lambda_1 & & & \\ & \lambda_2 & & \\ & & \ddots & \\ & & & \lambda_n\end{pmatrix}$,$g(\lambda)$是 λ 的多项式,求$|g(\boldsymbol{A})|$.

解: 令 $\boldsymbol{B}=\begin{pmatrix}\lambda_1 & & \\ & \lambda_2 & \\ & & \lambda_n\end{pmatrix}$,那么$g(\boldsymbol{B})=\begin{pmatrix}g(\lambda_1) & & \\ & g(\lambda_2) & \\ & & g(\lambda_n)\end{pmatrix}$. 由已知,存在可逆矩阵 $\boldsymbol{P}$,使得 $\boldsymbol{A}=\boldsymbol{P}^{-1}\boldsymbol{B}\boldsymbol{P}$,从而,$g(\boldsymbol{A})=g(\boldsymbol{P}^{-1}\boldsymbol{B}\boldsymbol{P})=\boldsymbol{P}^{-1}g(\boldsymbol{B})\boldsymbol{P}$.

因此,$|g(\boldsymbol{A})|=|\boldsymbol{P}^{-1}g(\boldsymbol{B})\boldsymbol{P}|=|g(\boldsymbol{B})|=\prod_{i=1}^{n}g(\lambda_i)$.

12. 设 $\boldsymbol{\alpha}_1, \boldsymbol{\alpha}_2$ 分别是矩阵 $\boldsymbol{A}$ 对应于特征值 λ_1, λ_2 的特征向量,且 $\lambda_1\neq\lambda_2$, $\boldsymbol{\alpha}=a\boldsymbol{\alpha}_1+b\boldsymbol{\alpha}_2$, a, b 为常数,且 $a\neq 0$, $b\neq 0$. 试证明 $\boldsymbol{\alpha}$ 不是 $\boldsymbol{A}$ 的特征向量.

证明: 反证法. 假设 $\boldsymbol{\alpha}$ 是 $\boldsymbol{A}$ 的属于某个特征值 μ 的特征向量,即 $\boldsymbol{A}\boldsymbol{\alpha}=\mu\boldsymbol{\alpha}$,那么$\boldsymbol{A}(a\boldsymbol{\alpha}_1+b\boldsymbol{\alpha}_2)=\mu(a\boldsymbol{\alpha}_1+b\boldsymbol{\alpha}_2)$. 由已知,有$\boldsymbol{A}\boldsymbol{\alpha}_1=\lambda_1\boldsymbol{\alpha}_1$, $\boldsymbol{A}\boldsymbol{\alpha}_2=\lambda_2\boldsymbol{\alpha}_2$. 则可以得到,$\boldsymbol{A}(a\boldsymbol{\alpha}_1+b\boldsymbol{\alpha}_2)=a\lambda_1\boldsymbol{\alpha}_1+b\lambda_2\boldsymbol{\alpha}_2$. 从而,$a\lambda_1\boldsymbol{\alpha}_1+b\lambda_2\boldsymbol{\alpha}_2=\mu(a\boldsymbol{\alpha}_1+b\boldsymbol{\alpha}_2)$. 移项得到,$(a\lambda_1-a\mu)\boldsymbol{\alpha}_1+(b\lambda_2-b\mu)\boldsymbol{\alpha}_2=0$. 注意到,$\lambda_1\neq\lambda_2$, $\boldsymbol{\alpha}_1$, $\boldsymbol{\alpha}_2$ 属于不同的特征向量,是线性无关的. 故 $a\lambda_1-a\mu=0$,且 $b\lambda_2-b\mu=0$. 再由 $a\neq$

$0, b \neq 0$ 得到 $\mu = \lambda_1 = \lambda$，这就产生矛盾. 因而，假设不成立，$\boldsymbol{\alpha}$ 不是 $\boldsymbol{A}$ 的特征向量.

13. 设 $\boldsymbol{A}, \boldsymbol{B}$ 均为 n 阶矩阵，且 $\boldsymbol{A} \sim \boldsymbol{B}$（$\boldsymbol{A}$ 与 $\boldsymbol{B}$ 相似），则（　　）.

(A) $\lambda \boldsymbol{E} - \boldsymbol{A} = \lambda \boldsymbol{E} - \boldsymbol{B}$；

(B) $\boldsymbol{A}$ 与 $\boldsymbol{B}$ 有相同的特征值和特征向量；

(C) $\boldsymbol{A}$ 与 $\boldsymbol{B}$ 都相似于同一个对角矩阵；

(D) 对任意常数 t，必有 $t\boldsymbol{E} - \boldsymbol{A} \sim t\boldsymbol{E} - \boldsymbol{B}$.

解：D. 由相似矩阵的性质知，D 选项正确.

14. 设矩阵 $\boldsymbol{A}$ 与 $\boldsymbol{B}$ 相似，其中

$$\boldsymbol{A} = \begin{pmatrix} -2 & 0 & 0 \\ 2 & x & 2 \\ 3 & 1 & 1 \end{pmatrix}, \boldsymbol{B} = \begin{pmatrix} -1 & 0 & 0 \\ 0 & 2 & 0 \\ 0 & 0 & y \end{pmatrix},$$

求 x 和 y 的值.

解：因为 $\boldsymbol{A}$ 与 $\boldsymbol{B}$ 相似，由相似的矩阵有相同的特征值；而 -2 是 A 的一个特殊值. 所以必须 $y = -2$. 又因为 $\boldsymbol{A}$ 和 $\boldsymbol{B}$ 的迹相同，故有，$-2 + x + 1 = -1 + 2 + y$，得到 $x = 0$.

15. 设矩阵

$$\boldsymbol{A} = \begin{pmatrix} 2 & 0 & 0 \\ 0 & 2 & 0 \\ 0 & 0 & 3 \end{pmatrix},$$

则下列矩阵中，与 $\boldsymbol{A}$ 相似的矩阵为（　　）.

(A) $\boldsymbol{A}_1 = \begin{pmatrix} 2 & 1 & 0 \\ 0 & 2 & 1 \\ 0 & 0 & 3 \end{pmatrix}$；　(B) $\boldsymbol{A}_2 = \begin{pmatrix} 2 & 1 & 0 \\ 0 & 2 & 0 \\ 0 & 0 & 3 \end{pmatrix}$；

(C) $\boldsymbol{A}_3 = \begin{pmatrix} 2 & 0 & 1 \\ 0 & 2 & 0 \\ 0 & 0 & 3 \end{pmatrix}$；　(D) $\boldsymbol{A}_4 = \begin{pmatrix} 2 & 0 & 0 \\ 1 & 2 & 0 \\ 1 & 1 & 3 \end{pmatrix}$.

解： C. 由相似对角化的条件知，C 选项正确.

16. 设 $\boldsymbol{A}, \boldsymbol{B}$ 均为 n 阶矩阵，且 $\boldsymbol{A} \sim \boldsymbol{B}$，判断下列结论是否正确. 若正确，请说明理由；若错误，请给出反例.

（1）$\boldsymbol{A}^{\mathrm{T}} \sim \boldsymbol{B}^{\mathrm{T}}$；

（2）$\boldsymbol{A}, \boldsymbol{B}$ 有相同的特征值与特征向量；

（3）存在对角矩阵 $\boldsymbol{D}$，使 $\boldsymbol{A}, \boldsymbol{B}$ 都相似于 $\boldsymbol{D}$；

（4）$r(\boldsymbol{A}) = r(\boldsymbol{B})$；

（5）$\boldsymbol{A}^k \sim \boldsymbol{B}^k$（$k$ 为正整数）；

（6）若 $\boldsymbol{A}$ 可逆，则 $\boldsymbol{B}$ 可逆，且 $\boldsymbol{A}^{-1} \sim \boldsymbol{B}^{-1}$；

（7）$k\boldsymbol{A} \sim k\boldsymbol{B}$.

解：（1）正确，因为由 $\boldsymbol{P}^{-1}\boldsymbol{A}\boldsymbol{P} = \boldsymbol{B}$，有 $\boldsymbol{P}^{\mathrm{T}}\boldsymbol{A}^{\mathrm{T}}(\boldsymbol{P}^{\mathrm{T}})^{-1} = \boldsymbol{B}^{\mathrm{T}}$，则 $\boldsymbol{A}^{\mathrm{T}} \sim \boldsymbol{B}^{\mathrm{T}}$；

（2）错误，因为相似矩阵有相同特征值，但不必有相同特征向量；反例. 取 $\boldsymbol{A} = \begin{pmatrix} 1 & 2 \\ 0 & 1 \end{pmatrix}$，$\boldsymbol{B} = \begin{pmatrix} 1 & 0 \\ 2 & 1 \end{pmatrix}$，$\boldsymbol{P}^{-1} = \begin{pmatrix} 0 & 1 \\ 1 & 0 \end{pmatrix}$. 有 $\boldsymbol{P}^{-1}\boldsymbol{A}\boldsymbol{P} = \boldsymbol{B}$，$\boldsymbol{\alpha} = \begin{pmatrix} 1 \\ 0 \end{pmatrix}$ 是 $\boldsymbol{A}$ 的一个特征向量，但不是 $\boldsymbol{B}$ 的特征向量；

（3）错误，因为 $\boldsymbol{A}, \boldsymbol{B}$ 不一定相似于对角矩阵；反例. 取 $\boldsymbol{A} = \begin{pmatrix} 1 & 2 \\ 0 & 1 \end{pmatrix}$，$\boldsymbol{B} = \begin{pmatrix} 1 & 0 \\ 2 & 1 \end{pmatrix}$ 则 $\boldsymbol{A}$ 与 $\boldsymbol{B}$ 相似. 但 $\boldsymbol{A}$、$\boldsymbol{B}$ 不相似于对角矩阵；

（4）正确，因为 $\boldsymbol{P}^{-1}\boldsymbol{A}\boldsymbol{P} = \boldsymbol{B}$，$\boldsymbol{P}$ 可逆，则 $r(\boldsymbol{A}) = r(\boldsymbol{B})$；

（5）正确，由 $\boldsymbol{P}^{-1}\boldsymbol{A}\boldsymbol{P} = \boldsymbol{B}$ 有 $\boldsymbol{P}^{-1}\boldsymbol{A}\boldsymbol{P} \cdot \boldsymbol{P}^{-1}\boldsymbol{A}\boldsymbol{P} = \boldsymbol{P}^{-1}\boldsymbol{A}^2\boldsymbol{P} = \boldsymbol{B}^2$，$\cdots$，有 $\boldsymbol{P}^{-1}\boldsymbol{A}^k\boldsymbol{P} = \boldsymbol{B}^k$，所以 $\boldsymbol{A}^k \sim \boldsymbol{B}^k$；

（6）正确，由 $\boldsymbol{P}^{-1}\boldsymbol{A}\boldsymbol{P} = \boldsymbol{B}$. 若 $\boldsymbol{A}$ 可逆，由可逆矩阵的乘积可逆，显然 $\boldsymbol{B}$ 可逆，且 $\boldsymbol{P}^{-1}\boldsymbol{A}^{-1}\boldsymbol{P} = \boldsymbol{B}^{-1}$，则 $\boldsymbol{A}^{-1} \sim \boldsymbol{B}^{-1}$；

（7）正确，由 $\boldsymbol{P}^{-1}\boldsymbol{A}\boldsymbol{P} = \boldsymbol{B}$，有 $\boldsymbol{P}^{-1}k\boldsymbol{A}\boldsymbol{P} = k\boldsymbol{B}$，则 $k\boldsymbol{A} \sim k\boldsymbol{B}$.

17. 试证明，若 $\boldsymbol{P}^{-1}\boldsymbol{A}_1\boldsymbol{P} = \boldsymbol{B}_1$，$\boldsymbol{P}^{-1}\boldsymbol{A}_2\boldsymbol{P} = \boldsymbol{B}_2$，则 $\boldsymbol{A}_1 + \boldsymbol{A}_2 \sim \boldsymbol{B}_1 + \boldsymbol{B}_2$，$\boldsymbol{A}_1\boldsymbol{A}_2 \sim \boldsymbol{B}_1\boldsymbol{B}_2$.

证明： 由已知，$\boldsymbol{P}^{-1}(\boldsymbol{A}_1 + \boldsymbol{A}_2)\boldsymbol{P} = \boldsymbol{P}^{-1}\boldsymbol{A}_1\boldsymbol{P} + \boldsymbol{P}^{-1}\boldsymbol{A}_2\boldsymbol{P} = \boldsymbol{B}_1 + \boldsymbol{B}_2$，$\boldsymbol{A}_1 + \boldsymbol{A}_2$ 与

矩阵 $\boldsymbol{B}_1+\boldsymbol{B}_2$ 相似. $\boldsymbol{P}^{-1}(\boldsymbol{A}_1\boldsymbol{A}_2)\boldsymbol{P}=\boldsymbol{P}^{-1}\boldsymbol{A}_1\boldsymbol{P}\boldsymbol{P}^{-1}\boldsymbol{A}_2\boldsymbol{P}=\boldsymbol{B}_1\boldsymbol{B}_2$, $\boldsymbol{A}_1\boldsymbol{A}_2$ 与矩阵 $\boldsymbol{B}_1\boldsymbol{B}_2$ 相似.

18. 试证明：若 $\boldsymbol{A}$ 可逆，则 $\boldsymbol{AB}\sim\boldsymbol{BA}$.

证明： 由 $\boldsymbol{A}$ 可逆，得到 $\boldsymbol{A}^{-1}(\boldsymbol{AB})\boldsymbol{A}=(\boldsymbol{A}^{-1}\boldsymbol{A})\boldsymbol{BA}=\boldsymbol{BA}$. 从而，$\boldsymbol{AB}$ 与 $\boldsymbol{BA}$ 是相似的.

19. 若矩阵 $\boldsymbol{A}_i\sim\boldsymbol{B}_i$, $i=1, 2, \cdots, s$. 试证明：

$$\operatorname{diag}(\boldsymbol{A}_1, \boldsymbol{A}_2, \cdots, \boldsymbol{A}_s)\sim\operatorname{diag}(\boldsymbol{B}_1, \boldsymbol{B}_2, \cdots, \boldsymbol{B}_s).$$

解：（方法一）：对矩阵个数 s 用数学归纳法. 当 $s=1$ 时，由已知，结论显然成立. 假如 $s=k-1$ 时结论成立. 当 $s=k$ 时，令 $\tilde{\boldsymbol{A}}=\begin{pmatrix}\boldsymbol{A}_1 & & & \\ & \boldsymbol{A}_2 & & \\ & & \ddots & \\ & & & \boldsymbol{A}_{k-1}\end{pmatrix}$,

$\tilde{\boldsymbol{B}}=\begin{pmatrix}\boldsymbol{B}_1 & & & \\ & \boldsymbol{B}_2 & & \\ & & \ddots & \\ & & & \boldsymbol{B}_{k-1}\end{pmatrix}$，则根据归纳假设，存在可逆矩阵 $\boldsymbol{P}$，使得 $\tilde{\boldsymbol{B}}=\boldsymbol{P}^{-1}\tilde{\boldsymbol{A}}\boldsymbol{P}$. 考虑矩阵

$$\begin{pmatrix}\boldsymbol{A}_1 & & & & \\ & \boldsymbol{A}_2 & & & \\ & & \ddots & & \\ & & & \boldsymbol{A}_{k-1} & \\ & & & & \boldsymbol{A}_k\end{pmatrix}=\begin{pmatrix}\tilde{\boldsymbol{A}} & \\ & \boldsymbol{A}_k\end{pmatrix},\quad \begin{pmatrix}\boldsymbol{B}_1 & & & & \\ & \boldsymbol{B}_2 & & & \\ & & \ddots & & \\ & & & \boldsymbol{B}_{k-1} & \\ & & & & \boldsymbol{B}_k\end{pmatrix}=\begin{pmatrix}\tilde{\boldsymbol{B}} & \\ & \boldsymbol{B}_k\end{pmatrix}.$$

由已知，存在可逆矩阵 $\boldsymbol{Q}$，使得 $\boldsymbol{B}_k=\boldsymbol{Q}^{-1}\boldsymbol{A}_k\boldsymbol{Q}$. 构造矩阵 $\boldsymbol{C}=\begin{pmatrix}\boldsymbol{P} & \\ & \boldsymbol{Q}\end{pmatrix}$. 那么

$C^{-1}\begin{pmatrix} \tilde{A} & \\ & A_k \end{pmatrix} C = \begin{pmatrix} \tilde{B} & \\ & B_k \end{pmatrix}$. 从而,当 $s = k$ 时结论成立.

(方法二):由已知,对每一个 $i = 1, 2, \cdots, s$, A_i 和 B_i 是相似矩阵,即存在可逆矩阵 P_i,使得 $B_i = P_i^{-1} A_i P_i$. 由此,令 $A = \begin{pmatrix} A_1 & & & \\ & A_2 & & \\ & & \ddots & \\ & & & A_k \end{pmatrix}$, $B = \begin{pmatrix} B_1 & & & \\ & B_2 & & \\ & & \ddots & \\ & & & B_k \end{pmatrix}$, 构造矩阵 $P = \begin{pmatrix} P_1 & & & \\ & P_2 & & \\ & & \ddots & \\ & & & P_k \end{pmatrix}$. 那么, $P^{-1}AP = B$. 从而矩阵 A 和 B 是相似矩阵.

20. 设矩阵 A 满足 $A^2 = A$, 试证明: $3E - A$ 可逆.

证明: 由于 $A^2 = A$,所以 $A^2 - A = 0$. 矩阵 A 的特征值只能为 0 或者 1,从而 3 不是 A 的特征值. 因此, $|3E - A| \neq 0$, 则矩阵 $3E - A$ 可逆.

21. 试证明,若 $|A - A^2| = 0$, 则 0 和 1 至少有一个是 A 的特征值.

证明: 由已知 $|A - A^2| = 0$,知 $|A| = 0$,或者 $|E - A| = 0$. 当 $0 = |A| = |0E - A|$ 时,0 是 A 的特征值. 当 $0 = |E - A| = |1E - A|$ 时,1 是 A 的特征值. 从而 0 和 1 中至少有一个是 A 的特征值.

22. 设 $A = (a_{ij})_{5\times5}$, $\lambda = -2$ 是 A 的四重特征值, $\lambda = 1$ 是 A 的单特征值. 求 A 的特征多项式.

解: 因为特征值是特征多项式的根,所以,由已知, A 的特征多项式为 $(\lambda - 1)(\lambda + 2)^4$.

23. 设 A 为 n 阶矩阵,若存在正整数 k,使得 $A^k = O$, 则称 A 为幂零矩阵. 试证明: 幂零矩阵的特征值只能是 0.

证明：令 $f(x)=x^k$，由已知，$f(\boldsymbol{A})=0$，从而，$\boldsymbol{A}$ 的特征值必须是方程 $f(x)=x^k=0$ 的根. 而 $x^k=0$ 的根只有 0，所以 $\boldsymbol{A}$ 的特征值只能是 0.

24. 设 $\boldsymbol{A}$ 为 n 阶矩阵，λ 是 $\boldsymbol{A}$ 的特征值，$\boldsymbol{\alpha}$ 是对应的特征向量，试证明：

$$g(\lambda)=a_0\lambda^m+a_1\lambda^{m-1}+\cdots+a_{m-1}\lambda+a_m$$

是矩阵 $g(\boldsymbol{A})=a_0\boldsymbol{A}^m+a_1\boldsymbol{A}^{m-1}+\cdots+a_{m-1}\boldsymbol{A}+a_m\boldsymbol{E}$ 的特征值，$\boldsymbol{\alpha}$ 是对应的特征向量.

证明：由已知，$\boldsymbol{A\alpha}=\lambda\boldsymbol{\alpha}$. 这样，$g(\boldsymbol{A})\boldsymbol{\alpha}=(a_0\boldsymbol{A}^m+a_1\boldsymbol{A}^{m-1}+\cdots+a_m\boldsymbol{E})\boldsymbol{\alpha}=a_0\boldsymbol{A}^m\boldsymbol{\alpha}+a_1\boldsymbol{A}^{m-1}\boldsymbol{\alpha}+\cdots+a_m\boldsymbol{\alpha}=a_0\lambda^m\boldsymbol{\alpha}+a_1\lambda^{m-1}\boldsymbol{\alpha}+\cdots+a_m\boldsymbol{\alpha}=g(\lambda)\boldsymbol{\alpha}$.

故结论成立.

25. 设 $\boldsymbol{\alpha}$ 是 n 阶对称矩阵 $\boldsymbol{A}$ 对应于特征值 λ 的特征向量，$\boldsymbol{P}$ 为 n 阶可逆矩阵，求矩阵 $(\boldsymbol{P}^{-1}\boldsymbol{AP})^{\mathrm{T}}$ 对应于特征值 λ 的特征向量.

解：令 $\boldsymbol{B}=(\boldsymbol{P}^{-1}\boldsymbol{AP})^{\mathrm{T}}$. 注意到，$(\boldsymbol{P}^{-1}\boldsymbol{AP})^{\mathrm{T}}=\boldsymbol{P}^{\mathrm{T}}\boldsymbol{A}^{\mathrm{T}}(\boldsymbol{P}^{-1})^{\mathrm{T}}=\boldsymbol{P}^{\mathrm{T}}\boldsymbol{A}(\boldsymbol{P}^{\mathrm{T}})^{-1}$. 令 $\boldsymbol{\beta}=\boldsymbol{P}^{\mathrm{T}}\boldsymbol{\alpha}$，那么 $\boldsymbol{B\beta}=\boldsymbol{P}^{\mathrm{T}}\boldsymbol{A}(\boldsymbol{P}^{\mathrm{T}})^{-1}\boldsymbol{P}^{\mathrm{T}}\boldsymbol{\alpha}=\lambda\boldsymbol{P}^{\mathrm{T}}\boldsymbol{\alpha}=\lambda\boldsymbol{\beta}$. 因此，$(\boldsymbol{P}^{-1}\boldsymbol{AP})^{\mathrm{T}}$ 属于特征值 λ 的特征向量为 $\boldsymbol{P}^{\mathrm{T}}\boldsymbol{\alpha}$.

26. 设二阶实矩阵 $\boldsymbol{A}$ 的行列式 $|\boldsymbol{A}|<0$，试证明：$\boldsymbol{A}$ 能相似于对角矩阵.

证明：由已知，$\boldsymbol{A}$ 是 2 阶矩阵，$|\lambda\boldsymbol{E}-\boldsymbol{A}|=\lambda^2-\mathrm{tr}(\boldsymbol{A})\lambda+|\boldsymbol{A}|\overset{令}{=}0$ 有 $\Delta=(\mathrm{tr}(\boldsymbol{A}))^2-4|\boldsymbol{A}|$，由 $|\boldsymbol{A}|<0$，则 $\Delta>0$，于是 $\boldsymbol{A}$ 有两个不等的实特征值，且一定是一正一负，因此，$\boldsymbol{A}$ 可以对角化.

27. 已知

$$\boldsymbol{A}=\begin{pmatrix}1&1\\0&1\end{pmatrix},\ \boldsymbol{M}=\begin{pmatrix}2&1\\3&2\end{pmatrix},$$

求 $(\boldsymbol{M}^{-1}\boldsymbol{AM})^n$（$n$ 为正整数）.

解：计算可得 $(\boldsymbol{M}^{-1}\boldsymbol{AM})^n=\boldsymbol{M}^{-1}\boldsymbol{A}^n\boldsymbol{M}$，关键是求 $\boldsymbol{A}^n$. 容易得到，$\boldsymbol{A}^2=\begin{pmatrix}1&2\\0&1\end{pmatrix}$，$\boldsymbol{A}^3=\begin{pmatrix}1&3\\0&1\end{pmatrix}$，$\boldsymbol{A}^4=\begin{pmatrix}1&4\\0&1\end{pmatrix}$，根据数学归纳法，得到 $\boldsymbol{A}^n=\begin{pmatrix}1&n\\0&1\end{pmatrix}$，从

而$(M^{-1}AM)^n = M^{-1}A^nM = \begin{pmatrix} 1+6n & 4n \\ -9n & 1-6n \end{pmatrix}$.

28. 求A^{100}, A^{101},其中

(1) $A = \begin{pmatrix} 0 & 1 & -1 \\ -2 & 0 & 2 \\ -1 & 1 & 0 \end{pmatrix}$;

(2) $A = \begin{pmatrix} 0 & -1 & 1 \\ 1 & 0 & 2 \\ -1 & -2 & 0 \end{pmatrix}$.

解: (1) 计算行列式$|\lambda E - A| = \lambda(\lambda+1)(\lambda-1)$,得特征方程$\lambda(\lambda+1)(\lambda-1)=0$,从而特征值为$\lambda_1 = 0$, $\lambda_2 = -1$, $\lambda_3 = -1$.

对于$\lambda_1 = 0$,解齐次线性方程组$(0E-A)x = 0$得到基础解系$\alpha_1 = \begin{pmatrix} 1 \\ 1 \\ 1 \end{pmatrix}$;

对于$\lambda_2 = -1$,解齐次线性方程组$(-1 \cdot E - A)x = 0$得到基础解系$\alpha_2 = \begin{pmatrix} 1 \\ 0 \\ 1 \end{pmatrix}$;

对于$\lambda_3 = 1$,解齐次线性方程组$(1E-A)x = 0$得到基础解系$\alpha_3 = \begin{pmatrix} 1 \\ 4 \\ 3 \end{pmatrix}$;

令$D = \begin{pmatrix} 0 & & \\ & -1 & \\ & & 1 \end{pmatrix}$, $M = (\alpha_1, \alpha_2, \alpha_3) = \begin{pmatrix} 1 & 1 & 1 \\ 1 & 0 & 4 \\ 1 & 1 & 3 \end{pmatrix}$,那么$A = MDM^{-1}$,从而$A^{2k} = MD^{2k}M^{-1} = \begin{pmatrix} -1 & -1 & 2 \\ -2 & 0 & 2 \\ -2 & -1 & 3 \end{pmatrix}$, $A^{2k+1} = A$,故$A^{100} = \begin{pmatrix} -1 & -1 & 2 \\ -2 & 0 & 2 \\ -2 & -1 & 3 \end{pmatrix}$, $A^{101} = A$.

(2) 计算行列式 $|\lambda \boldsymbol{E}-\boldsymbol{A}|=\lambda(\lambda^{2}+6)$,得特征方程 $\lambda(\lambda^{2}+6)=0$,从而特征值为 $\lambda_{1}=0$, $\lambda_{2}=\sqrt{6}\mathrm{i}$, $\lambda_{3}=-\sqrt{6}\mathrm{i}$.

对于 $\lambda_{1}=0$,解齐次线性方程组 $(0\boldsymbol{E}-\boldsymbol{A})\boldsymbol{x}=\boldsymbol{0}$ 得到基础解系 $\boldsymbol{\alpha}_{1}=\begin{pmatrix}-2\\1\\1\end{pmatrix}$;

对于 $\lambda_{2}=\sqrt{6}\mathrm{i}$,解齐次线性方程组 $(\sqrt{6}\mathrm{i}\cdot\boldsymbol{E}-\boldsymbol{A})\boldsymbol{x}=\boldsymbol{0}$ 得到基础解系 $\boldsymbol{\alpha}_{2}=\begin{pmatrix}\frac{2}{5}-\frac{\sqrt{6}}{5}\mathrm{i}\\-\frac{1}{5}-\frac{2\sqrt{6}}{5}\mathrm{i}\\1\end{pmatrix}$;

对于 $\lambda_{3}=-\sqrt{6}\mathrm{i}$,解齐次线性方程组 $(-\sqrt{6}\mathrm{i}\cdot\boldsymbol{E}-\boldsymbol{A})\boldsymbol{x}=\boldsymbol{0}$ 得到基础解系

$$\boldsymbol{\alpha}_{3}=\begin{pmatrix}\frac{2}{5}+\frac{\sqrt{6}}{5}\mathrm{i}\\-\frac{1}{5}+\frac{2\sqrt{6}}{5}\mathrm{i}\\1\end{pmatrix}.$$

令 $\boldsymbol{D}=\begin{pmatrix}0&&\\&\sqrt{6}\mathrm{i}&\\&&-\sqrt{6}\mathrm{i}\end{pmatrix}=\sqrt{6}\begin{pmatrix}0&&\\&\mathrm{i}&\\&&-\mathrm{i}\end{pmatrix}$, $\tilde{\boldsymbol{D}}=\begin{pmatrix}0&&\\&\mathrm{i}&\\&&-\mathrm{i}\end{pmatrix}$, $\boldsymbol{M}=(\boldsymbol{\alpha}_{1},\boldsymbol{\alpha}_{2},\boldsymbol{\alpha}_{3})$,那么 $\boldsymbol{A}=\boldsymbol{M}\boldsymbol{D}\boldsymbol{M}^{-1}$, 从而

$$\boldsymbol{A}^{4k}=\boldsymbol{M}\boldsymbol{D}^{4k}\boldsymbol{M}^{-1}=-6^{2k}\boldsymbol{M}\tilde{\boldsymbol{D}}^{2}\boldsymbol{M}^{-1}=-6^{2k-1}\boldsymbol{A}^{2}=-6^{2k-1}\begin{pmatrix}-2&-2&-2\\-2&-5&1\\-2&1&-5\end{pmatrix},$$

$$\boldsymbol{A}^{4k+1}=6^{2k}\sqrt{6}\boldsymbol{M}\tilde{\boldsymbol{D}}\boldsymbol{M}^{-1}=6^{2k}\boldsymbol{A},$$

$$\boldsymbol{A}^{4k+2}=6^{2k+1}\boldsymbol{M}\tilde{\boldsymbol{D}}^{2}\boldsymbol{M}^{-1}=6^{2k}\boldsymbol{A}^{2}=6^{2k}\begin{pmatrix}-2&-2&-2\\-2&-5&1\\-2&1&-5\end{pmatrix},$$

$$A^{4k+3}=-6^{2k+1}\sqrt{6}M\tilde{D}M^{-1}=-6^{2k+1}A,$$

故 $A^{100}=-6^{49}\begin{pmatrix}-2&-2&-2\\-2&-5&1\\-2&1&-5\end{pmatrix}$, $A^{101}=6^{50}A$.

29. 设矩阵 $A=\begin{pmatrix}0&2&-1\\-2&5&-2\\-4&8&-3\end{pmatrix}$, 求 A^n,其中 n 为正整数.

解: 计算行列式 $|\lambda E-A|=\lambda(\lambda-1)^2$,得特征方程 $\lambda(\lambda-1)^2=0$,从而特征值为 $\lambda_1=0$, $\lambda_2=\lambda_3=1$.

对于 $\lambda_1=0$,解齐次线性方程组 $(0E-A)x=\mathbf{0}$ 得到基础解系 $\alpha_1=\begin{pmatrix}1\\2\\4\end{pmatrix}$;

对于 $\lambda_2=\lambda_3=1$,解齐次线性方程组 $(1E-A)x=\mathbf{0}$ 得到基础解系 $\alpha_2=\begin{pmatrix}-1\\0\\1\end{pmatrix}$, $\alpha_3=\begin{pmatrix}2\\1\\0\end{pmatrix}$.

令 $D=\begin{pmatrix}0&&\\&1&\\&&1\end{pmatrix}$, $M=(\alpha_1,\ \alpha_2,\ \alpha_3)=\begin{pmatrix}1&-1&2\\2&0&1\\4&1&0\end{pmatrix}$, 那么 $A=MDM^{-1}$,从而 $A^n=MD^nM^{-1}=MDM^{-1}=A$.

30. 若 A 与 B 都是对角矩阵,试证明 A 相似于 B 的充分必要条件是 A 与 B 的主对角线元素除了排列次序外是完全相同的.

证明: 必要性: 已知 A 与 B 相似,所以 A 和 B 的 n 个特征值是一样的. 由于 A 和 B 是对角矩阵,从而,A 与 B 的主对角线元素除了排列次序外是完全一样的.

已知 A 与 B 的主对角线元素除了排列次序外是完全一样的,设

$$A=\begin{pmatrix}\lambda_1&&\\&\lambda_2&\\&&\ddots\\&&&\lambda_n\end{pmatrix},\ B=\begin{pmatrix}\lambda_{i_1}&&\\&\lambda_{i_2}&\\&&\ddots\\&&&\lambda_{i_n}\end{pmatrix}.$$

充分性：（方法一）：令 $\boldsymbol{\alpha}_j$ 是一个 n 维列向量，满足条件：第 j 个分量是 1，其余分量都是 0，则有 $\boldsymbol{A}\boldsymbol{\alpha}_j = \lambda_j\boldsymbol{\alpha}_j$. 构造可逆矩阵 $\boldsymbol{P} = (\boldsymbol{\alpha}_{i_1}, \boldsymbol{\alpha}_{i_2}, \cdots, \boldsymbol{\alpha}_{i_n})$，那么

$$\begin{aligned}\boldsymbol{AP} &= \boldsymbol{A}(\boldsymbol{\alpha}_{i_1}, \boldsymbol{\alpha}_{i_2}, \cdots, \boldsymbol{\alpha}_{i_n}) = (\boldsymbol{A}\boldsymbol{\alpha}_{i_1}, \boldsymbol{A}\boldsymbol{\alpha}_{i_2}, \cdots, \boldsymbol{A}\boldsymbol{\alpha}_{i_n}) \\ &= (\lambda_{i_1}\boldsymbol{\alpha}_{i_1}, \lambda_{i_2}\boldsymbol{\alpha}_{i_2}, \cdots, \lambda_{i_n}\boldsymbol{\alpha}_{i_n}) = (\boldsymbol{\alpha}_{i_1}, \boldsymbol{\alpha}_{i_2}, \cdots, \boldsymbol{\alpha}_{i_n})\boldsymbol{B} = \boldsymbol{PB}.\end{aligned}$$

从而 $\boldsymbol{A}$ 与 $\boldsymbol{B}$ 是相似的.

（方法二）：只需证明

$$\boldsymbol{A} = \begin{pmatrix}\lambda_1 & & & & & \\ & \ddots & & & & \\ & & \lambda_i & & & \\ & & & \lambda_{i+1} & & \\ & & & & \ddots & \\ & & & & & \lambda_n\end{pmatrix} \text{和 } \boldsymbol{B} = \begin{pmatrix}\lambda_1 & & & & & \\ & \ddots & & & & \\ & & \lambda_{i+1} & & & \\ & & & \lambda_i & & \\ & & & & \ddots & \\ & & & & & \lambda_n\end{pmatrix}$$

相似即可. 令 $\boldsymbol{P} = \begin{pmatrix}1 & & & & & \\ & \ddots & & & & \\ & & 0 & 1 & & \\ & & 1 & 0 & & \\ & & & & \ddots & \\ & & & & & 1\end{pmatrix}$，那么 $\boldsymbol{P}^{-1}\boldsymbol{AP} = \boldsymbol{B}$，$\boldsymbol{A}$ 与 $\boldsymbol{B}$ 是相似矩阵. 即互换 $\boldsymbol{A}$ 的第 i 行，第 $i+1$ 行，第 i 列，第 $i+1$ 列得 $\boldsymbol{B}$，从而对 $\boldsymbol{A}$ 的有限次的这样的行为即是在 $\boldsymbol{A}$ 左右两边不断地乘相应的 $\boldsymbol{P}^{-1} \cdot \boldsymbol{P}$.

故充分性得证.

31. 已知矩阵 $\boldsymbol{A} = \begin{pmatrix}-2 & 0 & 0\\ 2 & x & 2\\ 3 & 1 & 1\end{pmatrix}$ 与矩阵 $\boldsymbol{B} = \begin{pmatrix}-1 & 0 & 0\\ 0 & 2 & 0\\ 0 & 0 & y\end{pmatrix}$ 相似.

（1）求 x 与 y；

（2）求可逆矩阵 $\boldsymbol{P}$，使得 $\boldsymbol{P}^{-1}\boldsymbol{AP} = \boldsymbol{B}$.

解: (1) 观察 $\boldsymbol{A}$ 和 $\boldsymbol{B}$ 两个矩阵,$\boldsymbol{A}$ 有特征值 -2,$\boldsymbol{B}$ 有特征值 $-1, 2, y$. 由于相似的矩阵有相同的特征值,所以必须有 $y=-2$. 由于相似的矩阵有相同的迹,所以 $x-1=y+1$,这样,$x=0$.

(2) 由(1)知,$\boldsymbol{A}$ 的特征值为 $2, -2, -1$,当 $\lambda=2$ 时,求解 $(2\boldsymbol{E}-\boldsymbol{A})\boldsymbol{x}=\boldsymbol{0}$ 得 $\boldsymbol{A}$ 的属于特征值 2 的特征向量为 $\boldsymbol{\alpha}_1=\begin{pmatrix}0\\1\\1\end{pmatrix}$;

同理,属于特征值 -2 的特征向量为 $\boldsymbol{\alpha}_2=\begin{pmatrix}-1\\0\\1\end{pmatrix}$, 属于特征值 -1 的特征向量为 $\boldsymbol{\alpha}_3=\begin{pmatrix}0\\-2\\1\end{pmatrix}$.

令 $\boldsymbol{P}=(\boldsymbol{\alpha}_3, \boldsymbol{\alpha}_1, \boldsymbol{\alpha}_2)=\begin{pmatrix}0&0&-1\\-2&1&0\\1&1&1\end{pmatrix}$,那么 $\boldsymbol{P}^{-1}\boldsymbol{A}\boldsymbol{P}=\boldsymbol{B}$.

32. 设 $\lambda_1, \lambda_2, \lambda_3$ 是三阶矩阵 $\boldsymbol{A}$ 的特征值,对应的特征向量分别为

$$\begin{pmatrix}1\\1\\1\end{pmatrix}, \begin{pmatrix}0\\1\\1\end{pmatrix}, \begin{pmatrix}0\\0\\1\end{pmatrix},$$

求 $(\boldsymbol{A}^n)^{\mathrm{T}}$,其中 n 是正整数.

解: 由已知,$\boldsymbol{A}$ 可对角化,设 $\boldsymbol{P}=\begin{pmatrix}1&0&0\\1&1&0\\1&1&1\end{pmatrix}$,那么 $\boldsymbol{A}=\boldsymbol{P}\begin{pmatrix}\lambda_1&&\\&\lambda_2&\\&&\lambda_3\end{pmatrix}\boldsymbol{P}^{-1}$. 这样 $(\boldsymbol{A}^n)^{\mathrm{T}}=\left(\boldsymbol{P}\begin{pmatrix}\lambda_1&&\\&\lambda_2&\\&&\lambda_3\end{pmatrix}^n\boldsymbol{P}^{-1}\right)^{\mathrm{T}}=(\boldsymbol{P}^{-1})^{\mathrm{T}}\begin{pmatrix}\lambda_1^n&&\\&\lambda_2^n&\\&&\lambda_3^n\end{pmatrix}\boldsymbol{P}^{\mathrm{T}}=$

$$\begin{pmatrix} \lambda_1^n & \lambda_1^n - \lambda_2^n & \lambda_1^n - \lambda_2^n \\ 0 & \lambda_2^n & \lambda_2^n - \lambda_3^n \\ 0 & 0 & \lambda_3^n \end{pmatrix}.$$

33. 设三阶矩阵 $\boldsymbol{A}$ 的特征值为 $\lambda_1 = 1$, $\lambda_2 = 0$, $\lambda_3 = -1$, 对应的特征向量分别为

$$\begin{pmatrix} 1 \\ 2 \\ 2 \end{pmatrix}, \begin{pmatrix} -2 \\ -1 \\ 2 \end{pmatrix}, \begin{pmatrix} 2 \\ -2 \\ 1 \end{pmatrix},$$

求矩阵 $\boldsymbol{A}$.

解: 由已知,$\boldsymbol{A}$ 可对角化,令 $\boldsymbol{P} = \begin{pmatrix} 1 & -2 & 2 \\ 2 & -1 & -2 \\ 2 & 2 & 1 \end{pmatrix}$,那么

$$\boldsymbol{A} = \boldsymbol{P} \begin{pmatrix} 1 & & \\ & 0 & \\ & & -1 \end{pmatrix} \boldsymbol{P}^{-1} = \frac{1}{3} \begin{pmatrix} -1 & 2 & 0 \\ 2 & 0 & 2 \\ 0 & 2 & 1 \end{pmatrix}.$$

34. 设矩阵

$$\boldsymbol{A} = \begin{pmatrix} 1 & 0 & 0 & 0 \\ a & 1 & 0 & 0 \\ 2 & b & 2 & 0 \\ 2 & 3 & c & 2 \end{pmatrix},$$

问 a, b, c 取何值时,$\boldsymbol{A}$ 可相似于对角矩阵? 求出它的相似对角矩阵.

解: 由题意知,$\boldsymbol{A}$ 的特征值为 1, 1, 2, 2,特征值 1 的代数重数为 2,特征值 2 的代数重数为 2. 由 $\boldsymbol{A}$ 可相似于对角矩阵可知,特征值 1 的几何重数为 2,特征值 2 的几何重数为 2. 考虑特征值 1,有秩 $r(\boldsymbol{E} - \boldsymbol{A}) = 2$,从而得 $a = 0$. 考

虑特征值 2，秩 $r(2\boldsymbol{E}-\boldsymbol{A})=2$，从而得 $c=0$. 因此，$a=c=0$, $b\in\mathbb{R}$ 时，$\boldsymbol{A}$ 可相似于对角矩阵，且 $\boldsymbol{A}$ 的相似对角矩阵为 $\mathrm{diag}(1, 1, 2, 2)$.

35. 试证明正交矩阵的实特征值的可能取值为 1 或 -1.

证明： 设 $\boldsymbol{\alpha}$ 是正交矩阵 $\boldsymbol{A}$ 的属于实特征值 λ 的特征向量，$\boldsymbol{\alpha}$ 可取实向量. 由 $\boldsymbol{A\alpha}=\lambda\boldsymbol{\alpha}$ 可得 $\boldsymbol{\alpha}^{\mathrm{T}}\boldsymbol{A}^{\mathrm{T}}=\lambda\boldsymbol{\alpha}^{\mathrm{T}}$. 从而，根据 $\boldsymbol{A}^{\mathrm{T}}\boldsymbol{A}=\boldsymbol{E}$，我们有 $\boldsymbol{\alpha}^{\mathrm{T}}\boldsymbol{A}^{\mathrm{T}}\boldsymbol{A\alpha}=\boldsymbol{\alpha}^{\mathrm{T}}\boldsymbol{\alpha}$. 此外，$\boldsymbol{\alpha}^{\mathrm{T}}\boldsymbol{A}^{\mathrm{T}}\boldsymbol{A\alpha}=(\lambda\boldsymbol{\alpha}^{\mathrm{T}})(\lambda\boldsymbol{\alpha})=\lambda^2\boldsymbol{\alpha}^{\mathrm{T}}\boldsymbol{\alpha}$. 因此，$\boldsymbol{\alpha}^{\mathrm{T}}\boldsymbol{\alpha}=\lambda^2\boldsymbol{\alpha}^{\mathrm{T}}\boldsymbol{\alpha}$. 又因为 $\boldsymbol{\alpha}^{\mathrm{T}}\boldsymbol{\alpha}\neq 0$，故 $\lambda^2=1$，故正交矩阵 $\boldsymbol{A}$ 的实特征值只能是 1 或者 -1.

36. 求正交矩阵 $\boldsymbol{Q}$，使 $\boldsymbol{Q}^{-1}\boldsymbol{AQ}$ 为对角矩阵.

(1) $\boldsymbol{A}=\begin{pmatrix}2&0&0\\0&3&2\\0&2&3\end{pmatrix}$;　　(2) $\boldsymbol{A}=\begin{pmatrix}-1&2&0\\2&0&2\\0&2&1\end{pmatrix}$.

解： (1) 当 $\lambda=2$ 时，求解 $(2\boldsymbol{E}-\boldsymbol{A})\boldsymbol{x}=\boldsymbol{0}$，$|\lambda\boldsymbol{E}-\boldsymbol{A}|=(\lambda-2)(\lambda-1)(\lambda-5)$，则 $\boldsymbol{A}$ 的特征值 $\lambda=2, 1, 5$，特征值 2 的特征向量为 $\boldsymbol{\alpha}_1=\begin{pmatrix}1\\0\\0\end{pmatrix}$. 同理，特征值 1 的特征向量为 $\boldsymbol{\alpha}_2=\begin{pmatrix}0\\-1\\1\end{pmatrix}$，特征值 5 的特征向量为 $\boldsymbol{\alpha}_3=\begin{pmatrix}0\\1\\1\end{pmatrix}$. 注意到，$\boldsymbol{\alpha}_1, \boldsymbol{\alpha}_2, \boldsymbol{\alpha}_3$ 已经是正交向量组. 所以只需将这个向量组进行单位化，得到 $\boldsymbol{\beta}_1=\boldsymbol{\alpha}_1$，$\boldsymbol{\beta}_2=\frac{1}{\sqrt{2}}\boldsymbol{\alpha}_2$，$\boldsymbol{\beta}_3=\frac{1}{\sqrt{2}}\boldsymbol{\alpha}_3$. 故所求正交矩阵 $\boldsymbol{Q}=\frac{1}{\sqrt{2}}\begin{pmatrix}\sqrt{2}&0&0\\0&-1&1\\0&1&1\end{pmatrix}$，使得

$$\boldsymbol{Q}^{\mathrm{T}}\boldsymbol{AQ}=\begin{pmatrix}2&&\\&1&\\&&5\end{pmatrix};$$

(2) $|\lambda\boldsymbol{E}-\boldsymbol{A}|=\lambda(\lambda+3)(\lambda-3)$，则 $\boldsymbol{A}$ 的特征值 $\lambda=0, -3, 3$. 当 $\lambda=-3$ 时，计算得到 $\boldsymbol{A}$ 的属于特征值 -3 的特征向量为 $\boldsymbol{\alpha}_1=\begin{pmatrix}2\\-2\\1\end{pmatrix}$；当 $\lambda=0$ 时，

$\boldsymbol{A}$ 属于特征值0的特征向量为 $\boldsymbol{\alpha}_2=\begin{pmatrix}-2\\-1\\2\end{pmatrix}$；当 $\lambda=3$ 时，$\boldsymbol{A}$ 的属于特征值3的特征向量为 $\boldsymbol{\alpha}_3=\begin{pmatrix}1\\2\\2\end{pmatrix}$. 注意到，$\boldsymbol{\alpha}_1$, $\boldsymbol{\alpha}_2$, $\boldsymbol{\alpha}_3$ 已经是正交向量组，所以将这个向量组进行单位化，得到 $\boldsymbol{\beta}_1=\frac{1}{3}\boldsymbol{\alpha}_1$, $\boldsymbol{\beta}_2=\frac{1}{3}\boldsymbol{\alpha}_2$, $\boldsymbol{\beta}_3=\frac{1}{3}\boldsymbol{\alpha}_3$，故所求正交矩阵 $\boldsymbol{Q}=\frac{1}{3}\begin{pmatrix}2&-2&1\\-2&-1&2\\1&2&2\end{pmatrix}$，使得 $\boldsymbol{Q}^{\mathrm{T}}\boldsymbol{A}\boldsymbol{Q}=\begin{pmatrix}-3&&\\&0&\\&&3\end{pmatrix}$.

37. 设3阶实对称矩阵 $\boldsymbol{A}$ 的特征值为 -1, -1, 8，且 $\boldsymbol{A}$ 对应的特征值 -1 有特征向量

$$\boldsymbol{\alpha}_1=\begin{pmatrix}1\\-2\\0\end{pmatrix},\ \boldsymbol{\alpha}_2=\begin{pmatrix}1\\0\\-1\end{pmatrix}.$$

试求矩阵 $\boldsymbol{A}$.

解： 设 $\boldsymbol{A}$ 的属于特征值8的特征向量为 $(x_1, x_2, x_3)^{\mathrm{T}}$. 由于实对称矩阵属于不同特征值的特征向量正交，得到方程组 $\begin{cases}x_1-2x_2=0\\x_1-x_3=0\end{cases}$，解得方程组的基础解系为 $(2, 1, 2)^{\mathrm{T}}$. 令 $\boldsymbol{P}=\begin{pmatrix}2&1&1\\1&-2&0\\2&0&-1\end{pmatrix}$，那么

$$\boldsymbol{A}=\boldsymbol{P}\begin{pmatrix}8&&\\&-1&\\&&1\end{pmatrix}\boldsymbol{P}^{-1}=\begin{pmatrix}3&2&4\\2&0&2\\4&2&3\end{pmatrix}.$$

38. 设 $\boldsymbol{A}$ 为实对称矩阵，若 $\boldsymbol{A}$ 正交相似于 $\boldsymbol{B}$，试证明：$\boldsymbol{B}$ 为实对称矩阵.

证明: 因为 $\boldsymbol{A}$ 为实对称矩阵,且正交相似于 $\boldsymbol{B}$,则存在正交矩阵 $\boldsymbol{Q}$,使得 $\boldsymbol{B}=\boldsymbol{Q}^{-1}\boldsymbol{A}\boldsymbol{Q}=\boldsymbol{Q}^{\mathrm{T}}\boldsymbol{A}\boldsymbol{Q}$. 从而,$\boldsymbol{B}^{\mathrm{T}}=(\boldsymbol{Q}^{\mathrm{T}}\boldsymbol{A}\boldsymbol{Q})^{\mathrm{T}}=\boldsymbol{Q}^{\mathrm{T}}\boldsymbol{A}\boldsymbol{Q}=\boldsymbol{B}$, 故 $\boldsymbol{B}$ 为实对称矩阵.

(二)

39. 设 $\boldsymbol{A}$, $\boldsymbol{B}$ 为 n 阶矩阵,且 $\boldsymbol{AB}$ 有 n 个不相等的特征值,证明: $\boldsymbol{AB}$ 与 $\boldsymbol{BA}$ 相似于同一个对角矩阵.

证明: (方法一): 由已知,注意到 $|\lambda\boldsymbol{E}-\boldsymbol{AB}|=|\lambda\boldsymbol{E}-\boldsymbol{BA}|$, 所以 $\boldsymbol{BA}$ 与 $\boldsymbol{AB}$ 有相同的 n 个不同的特征值. 因而,$\boldsymbol{AB}$ 和 $\boldsymbol{BA}$ 相似于同一个对角矩阵.

(方法二): 设 λ 为 $\boldsymbol{AB}$ 的非零特征值,$\boldsymbol{\alpha}$ 为对应的特征向量,则 $\boldsymbol{AB\alpha}=\lambda\boldsymbol{\alpha}$,有 $\boldsymbol{BAB\alpha}=\lambda\boldsymbol{B\alpha}$. 若 $\boldsymbol{B\alpha}=\boldsymbol{0}$,则有 $\boldsymbol{AB\alpha}=\lambda\boldsymbol{\alpha}=\boldsymbol{0}$,得 $\boldsymbol{\alpha}=\boldsymbol{0}$. 这与特征向量矛盾,所以 $\boldsymbol{B\alpha}\neq\boldsymbol{0}$, 从而 λ 也为 $\boldsymbol{BA}$ 的非零特征值. 若 $\boldsymbol{AB}$ 有零特征值,由 $|\boldsymbol{AB}|=|\boldsymbol{BA}|$ 知, $\boldsymbol{BA}$ 也有零特征值,则 $\boldsymbol{AB}$ 与 $\boldsymbol{BA}$ 有相同的 n 个不同的特征值,故 $\boldsymbol{AB}$ 与 $\boldsymbol{BA}$ 相似于同一个对角矩阵,结论得证.

40. 设 $\boldsymbol{\alpha}=(a_1, a_2, \cdots, a_n)$, $\boldsymbol{\beta}=(b_1, b_2, \cdots, b_n)$, $n>2$, $\boldsymbol{\alpha}$ 和 $\boldsymbol{\beta}$ 是两个非零的正交向量,且

$$\boldsymbol{A}=\begin{pmatrix} a_1b_1 & a_1b_2 & \cdots & a_1b_n \\ a_2b_1 & a_2b_2 & \cdots & a_2b_n \\ \vdots & \vdots & & \vdots \\ a_nb_1 & a_nb_2 & \cdots & a_nb_n \end{pmatrix},$$

试证明:

(1) $\boldsymbol{A}=\boldsymbol{\alpha}^{\mathrm{T}}\boldsymbol{\beta}$;

(2) $\boldsymbol{A}^2=\boldsymbol{O}$;

(3) $\boldsymbol{A}^*=\boldsymbol{O}$;

(4) $\boldsymbol{A}$ 的所有特征值都等于零.

证明: (1) 直接根据矩阵乘法计算, $\boldsymbol{\alpha}^{\mathrm{T}}\boldsymbol{\beta}=\boldsymbol{A}$;

(2) $\boldsymbol{A}^2=(\boldsymbol{\alpha}^{\mathrm{T}}\boldsymbol{\beta})(\boldsymbol{\alpha}^{\mathrm{T}}\boldsymbol{\beta})=\boldsymbol{\alpha}^{\mathrm{T}}(\boldsymbol{\beta}\boldsymbol{\alpha}^{\mathrm{T}})\boldsymbol{\beta}=\left(\sum_{i=1}^{n}a_ib_i\right)\boldsymbol{A}=\mathrm{tr}(\boldsymbol{A})\boldsymbol{A}=\boldsymbol{O}$;

(3) 由于 $n\geqslant 3$,注意到 $r(\boldsymbol{A})=1$,所以 $r(\boldsymbol{A}^*)=0$,从而,$\boldsymbol{A}^*=\boldsymbol{O}$;

(4) 根据(2)的结论,可知 $\boldsymbol{A}$ 只有 0 特征值.

41. 已知$\boldsymbol{A}_1, \boldsymbol{A}_2, \boldsymbol{A}_3$是三个非零的三阶矩阵,且$\boldsymbol{A}_i^2 = \boldsymbol{A}_i(i = 1, 2, 3)$, $\boldsymbol{A}_i\boldsymbol{A}_j = \boldsymbol{O}(i \neq j, i, j = 1, 2, 3)$, 试证明:

(1) $\boldsymbol{A}_i$的属于1的特征向量是$\boldsymbol{A}_j$的属于0的特征向量;

(2) 若$\boldsymbol{\alpha}_1, \boldsymbol{\alpha}_2, \boldsymbol{\alpha}_3$分别是$\boldsymbol{A}_1, \boldsymbol{A}_2, \boldsymbol{A}_3$属于特征值1的特征向量,则$\boldsymbol{\alpha}_1, \boldsymbol{\alpha}_2, \boldsymbol{\alpha}_3$线性无关.

证明: (1) 设$\boldsymbol{A}_i\boldsymbol{\alpha} = \boldsymbol{\alpha}$,则$\boldsymbol{A}_j\boldsymbol{\alpha} = \boldsymbol{A}_j(\boldsymbol{A}_i\boldsymbol{\alpha}) = (\boldsymbol{A}_i\boldsymbol{A}_j)\boldsymbol{\alpha} = 0$. 所以结论得证.

(2) 设$x_1\boldsymbol{\alpha}_1 + x_2\boldsymbol{\alpha}_2 + x_3\boldsymbol{\alpha}_3 = \boldsymbol{0}$. 由(1)的结论,可得$\boldsymbol{A}_1(x_1\boldsymbol{\alpha}_1 + x_2\boldsymbol{\alpha}_2 + x_3\boldsymbol{\alpha}_3) = x_1\boldsymbol{\alpha}_1 = \boldsymbol{0}$,从而$x_1 = 0$. 类似地,可以证明,$x_2 = 0$, $x_3 = 0$. 从而$\boldsymbol{\alpha}_1, \boldsymbol{\alpha}_2, \boldsymbol{\alpha}_3$线性无关.

42. 设$a_0, a_1, \cdots, a_{n-1}$是$n$个实数,矩阵

$$\boldsymbol{A} = \begin{pmatrix} 0 & 1 & 0 & \cdots & 0 & 0 \\ 0 & 0 & 1 & \cdots & 0 & 0 \\ 0 & 0 & 0 & \cdots & 0 & 0 \\ \vdots & \vdots & \vdots & & \vdots & \vdots \\ 0 & 0 & 0 & \cdots & 0 & 1 \\ -a_0 & -a_1 & -a_2 & \cdots & -a_{n-2} & -a_{n-1} \end{pmatrix}.$$

(1) 若λ是$\boldsymbol{A}$的特征值,试证明:$\boldsymbol{\alpha} = (1, \lambda, \lambda^2, \cdots, \lambda^{n-1})$是对应于$\lambda$的特征向量;

(2) 若$\boldsymbol{A}$的特征值两两互异,求可逆矩阵$\boldsymbol{P}$,使得$\boldsymbol{P}^{-1}\boldsymbol{AP}$为对角矩阵.

(1) **证明:** 直接计算$\boldsymbol{A\alpha} = \left(\lambda, \lambda^2, \cdots, \lambda^{n-1}, -\sum_{k=0}^{n-1}\boldsymbol{a}_k\lambda^k\right)^{\mathrm{T}}$. 矩阵$\boldsymbol{A}$的特征多项式为$|x\boldsymbol{E} - \boldsymbol{A}| = x^n + \sum_{k=0}^{n-1}\boldsymbol{a}_k x^k$. 这样,$\lambda^n = -\sum_{k=0}^{n-1}\boldsymbol{a}_k\lambda^k$,从而,$\boldsymbol{A\alpha} = (\lambda, \lambda^2, \cdots, \lambda^{n-1}, \lambda^n)^{\mathrm{T}} = \lambda(1, \lambda, \lambda^2, \cdots, \lambda^{n-1})^{\mathrm{T}}$, 故$\boldsymbol{\alpha}$是对应于$\lambda$的特征向量.

(2) **解:** 设$\boldsymbol{A}$的所有两两互异的特征值为λ_i, $i = 1, 2, \cdots, n$, 由(1)知,令$\boldsymbol{\beta}_i = (1, \lambda_i, \lambda_i^2, \cdots, \lambda_i^{n-1})^{\mathrm{T}}$, 则$\boldsymbol{\beta}_i$为$\lambda_i$对应的特征向量.

构造矩阵 $\boldsymbol{P}=(\boldsymbol{\beta}_1,\cdots,\boldsymbol{\beta}_n)$,那么 $\boldsymbol{P}^{-1}\boldsymbol{AP}=\begin{pmatrix}\lambda_1 & & & \\ & \lambda_2 & & \\ & & \ddots & \\ & & & \lambda_n\end{pmatrix}$.

43. 设 $\boldsymbol{A}$ 和 $\boldsymbol{B}$ 都是 n 阶实对称矩阵,且有正交矩阵 $\boldsymbol{Q}$,使 $\boldsymbol{Q}^{-1}\boldsymbol{AQ}$ 和 $\boldsymbol{Q}^{-1}\boldsymbol{BQ}$ 都是对角矩阵. 试证明:$\boldsymbol{AB}$ 也是实对称矩阵.

证明: 由已知,设 $\boldsymbol{A}=\boldsymbol{QD}_1\boldsymbol{Q}^{\mathrm{T}}$, $\boldsymbol{B}=\boldsymbol{QD}_2\boldsymbol{Q}^{\mathrm{T}}$,其中 $\boldsymbol{D}_i$ 为对角矩阵,$i=1,2$. $\boldsymbol{A}^{\mathrm{T}}=\boldsymbol{A}$, $\boldsymbol{B}^{\mathrm{T}}=\boldsymbol{B}$,则有 $(\boldsymbol{AB})^{\mathrm{T}}=\boldsymbol{B}^{\mathrm{T}}\boldsymbol{A}^{\mathrm{T}}=\boldsymbol{BA}=\boldsymbol{QD}_2\boldsymbol{Q}^{\mathrm{T}}\boldsymbol{QD}_1\boldsymbol{Q}^{\mathrm{T}}=\boldsymbol{QD}_2\boldsymbol{D}_1\boldsymbol{Q}^{\mathrm{T}}=\boldsymbol{QD}_1\boldsymbol{D}_2\boldsymbol{Q}^{\mathrm{T}}=\boldsymbol{QD}_1\boldsymbol{Q}^{\mathrm{T}}\boldsymbol{QD}_2\boldsymbol{Q}^{\mathrm{T}}=\boldsymbol{AB}$, 故 $\boldsymbol{AB}$ 也是实对称矩阵.

44. 试证明:矩阵 $\boldsymbol{A}$ 只与自身相似的充分必要条件是 $\boldsymbol{A}$ 是数量矩阵.

证明: 显然地,当 $\boldsymbol{A}$ 是数量矩阵时,对任意可逆矩阵 $\boldsymbol{P}$,都有 $\boldsymbol{P}^{-1}\boldsymbol{AP}=\boldsymbol{P}^{-1}\boldsymbol{PA}=\boldsymbol{A}$, 从而 $\boldsymbol{A}$ 只与自身相似;反之,对任意可逆矩阵 $\boldsymbol{P}$,都有 $\boldsymbol{P}^{-1}\boldsymbol{AP}=\boldsymbol{A}$,这样,就有 $\boldsymbol{AP}=\boldsymbol{PA}$. 设 $\boldsymbol{A}=(a_{ij})_{n\times n}$. 取一个可逆矩阵 $\boldsymbol{P}$,满足 $\boldsymbol{P}=(p_{ij})_{n\times n}$ 是一个对角矩阵,对角线上元素 $p_{ii}=2$, 其余对角元素均为 1. 由矩阵乘法计算得到

$$\boldsymbol{AP}=\begin{pmatrix}\cdots & 2a_{1i} & \cdots \\ \cdots & 2a_{2i} & \cdots \\ \cdots & \vdots & \cdots \\ \cdots & 2a_{ni} & \cdots\end{pmatrix}=\boldsymbol{PA}=\begin{pmatrix}\cdots & \cdots & \cdots & \cdots \\ 2a_{i1} & 2a_{i2} & \cdots & 2a_{in} \\ \cdots & \cdots & \cdots & \cdots\end{pmatrix}.$$

由矩阵相等定义可得,对任何 $j\neq i$,都有 $a_{ji}=a_{ij}=0$. 因此,$\boldsymbol{A}$ 是一个对角矩阵. 再利用第 30 题结论,可知 $\boldsymbol{A}$ 对角线上的元素必须都相等,从而 $\boldsymbol{A}$ 是数量矩阵.

45. 设 n 阶矩阵 $\boldsymbol{A}$ 满足 $\boldsymbol{A}^2=\boldsymbol{A}$, 试证明:$\boldsymbol{A}$ 必能相似于对角矩阵. 写出 $\boldsymbol{A}$ 的相似对角矩阵的形式.

证明: 由已知可得 $\boldsymbol{A}(\boldsymbol{A}-\boldsymbol{E})=\boldsymbol{0}$,且 $(\boldsymbol{A}-\boldsymbol{E})\boldsymbol{A}=\boldsymbol{0}$. 不妨设 $\boldsymbol{\alpha}_1,\cdots,\boldsymbol{\alpha}_s$ 是

矩阵 $\boldsymbol{A}$ 的列向量组的极大线性无关组，$\boldsymbol{\beta}_1, \cdots, \boldsymbol{\beta}_t$ 是矩阵 $\boldsymbol{A}-\boldsymbol{E}$ 的列向量组的极大线性无关组，其中 $s=r(\boldsymbol{A})$，$t=r(\boldsymbol{A}-\boldsymbol{E})$. 由 $\boldsymbol{A}(\boldsymbol{A}-\boldsymbol{E})=\boldsymbol{0}$ 可得 $\boldsymbol{A}\boldsymbol{\beta}_i=\boldsymbol{0}=0\boldsymbol{\beta}_i$，由 $(\boldsymbol{A}-\boldsymbol{E})\boldsymbol{A}=\boldsymbol{0}$ 可得 $(\boldsymbol{A}-\boldsymbol{E})\boldsymbol{\alpha}_i=\boldsymbol{0}$，从而 $\boldsymbol{A}\boldsymbol{\alpha}_i=\boldsymbol{\alpha}_i$. 注意到，$s+t=r(\boldsymbol{A})+r(\boldsymbol{A}-\boldsymbol{E})=n$. 所以 $\boldsymbol{\alpha}_1, \cdots, \boldsymbol{\alpha}_s, \boldsymbol{\beta}_1, \cdots, \boldsymbol{\beta}_t$ 是矩阵 $\boldsymbol{A}$ 的 n 个线性无关的特征向量，故 $\boldsymbol{A}$ 可以相似对角化，$\boldsymbol{A}$ 的相似对角矩阵为 $\operatorname{diag}(\underbrace{0, \cdots, 0}_{s\text{个}}, \underbrace{1, \cdots, 1}_{t\text{个}})$

46. 设 n 阶矩阵 $\boldsymbol{A}$ 满足 $\boldsymbol{A}^2-\boldsymbol{A}-3\boldsymbol{E}=\boldsymbol{O}$. 试证明：$\boldsymbol{A}$ 必能相似于对角矩阵. 写出 $\boldsymbol{A}$ 的相似对角矩阵的形式.

证明： 设 $\lambda_1=\dfrac{1+\sqrt{13}}{2}$，$\lambda_2=\dfrac{1-\sqrt{13}}{2}$ 是方程 $x^2-x-3=0$ 的两根. 由已知可得 $(\boldsymbol{A}-\lambda_1\boldsymbol{E})(\boldsymbol{A}-\lambda_2\boldsymbol{E})=0$，且 $(\boldsymbol{A}-\lambda_2\boldsymbol{E})(\boldsymbol{A}-\lambda_1\boldsymbol{E})=0$. 不妨设 $\boldsymbol{\alpha}_1, \cdots, \boldsymbol{\alpha}_s$ 是矩阵 $\boldsymbol{A}-\lambda_1\boldsymbol{E}$ 的列向量组的极大线性无关组，$\boldsymbol{\beta}_1, \cdots, \boldsymbol{\beta}_t$ 是矩阵 $\boldsymbol{A}-\lambda_2\boldsymbol{E}$ 的列向量组的极大线性无关组，其中 $s=r(\boldsymbol{A}-\lambda_1\boldsymbol{E})$，$t=r(\boldsymbol{A}-\lambda_2\boldsymbol{E})$. 由 $(\boldsymbol{A}-\lambda_1\boldsymbol{E})(\boldsymbol{A}-\lambda_2\boldsymbol{E})=0$ 可得 $(\boldsymbol{A}-\lambda_1\boldsymbol{E})\boldsymbol{\beta}_i=0$，这样，$\boldsymbol{A}\boldsymbol{\beta}_i=\lambda_1\boldsymbol{\beta}_i$，由 $(\boldsymbol{A}-\lambda_2\boldsymbol{E})(\boldsymbol{A}-\lambda_1\boldsymbol{E})=0$ 可得 $(\boldsymbol{A}-\lambda_2\boldsymbol{E})\boldsymbol{\alpha}_i=0$，从而 $\boldsymbol{A}\boldsymbol{\alpha}_i=\lambda_2\boldsymbol{\alpha}_i$. 注意到，$s+t=r(\boldsymbol{A}-\lambda_1\boldsymbol{E}_x)+r(\boldsymbol{A}-\lambda_2\boldsymbol{E})=n$. 所以 $\boldsymbol{\alpha}_1, \cdots, \boldsymbol{\alpha}_s, \boldsymbol{\beta}_1, \cdots, \boldsymbol{\beta}_t$ 是矩阵 $\boldsymbol{A}$ 的 n 个线性无关的特征向量，故 $\boldsymbol{A}$ 可以相似对角化，$\boldsymbol{A}$ 的相似对角矩阵为 $\operatorname{diag}(\underbrace{\lambda_1, \cdots, \lambda_1}_{s\text{个}}, \underbrace{\lambda_2, \cdots, \lambda_2}_{t\text{个}})$.

47. 试证明：若 $\boldsymbol{A}$ 为正交矩阵，则 $\boldsymbol{A}$ 的特征值的模为 1.

证明： 设 $\boldsymbol{\alpha}$ 是正交矩阵 $\boldsymbol{A}$ 的属于特征值 λ 的特征向量，由 $\boldsymbol{A}\boldsymbol{\alpha}=\lambda\boldsymbol{\alpha}$ 两边取共轭，转置可得 $\bar{\boldsymbol{\alpha}}^{\mathrm{T}}\boldsymbol{A}^{\mathrm{T}}=\bar{\lambda}\bar{\boldsymbol{\alpha}}^{\mathrm{T}}$. 从而，根据 $\boldsymbol{A}^{\mathrm{T}}\boldsymbol{A}=\boldsymbol{E}$，有 $\bar{\boldsymbol{\alpha}}^{\mathrm{T}}\boldsymbol{A}^{\mathrm{T}}\boldsymbol{A}\boldsymbol{\alpha}=\bar{\boldsymbol{\alpha}}^{\mathrm{T}}\boldsymbol{\alpha}$. 此外，$\boldsymbol{\alpha}^{\mathrm{T}}\boldsymbol{A}^{\mathrm{T}}\boldsymbol{A}\boldsymbol{\alpha}=(\bar{\lambda}\bar{\boldsymbol{\alpha}}^{\mathrm{T}})(\lambda\boldsymbol{\alpha})=|\lambda|^2\bar{\boldsymbol{\alpha}}^{\mathrm{T}}\boldsymbol{\alpha}$. 因此，$\bar{\boldsymbol{\alpha}}^{\mathrm{T}}\boldsymbol{\alpha}=|\lambda|^2\bar{\boldsymbol{\alpha}}^{\mathrm{T}}\boldsymbol{\alpha}$. 注意到 $\bar{\boldsymbol{\alpha}}^{\mathrm{T}}\boldsymbol{\alpha}\neq 0$，故 $|\lambda|^2=1$，这说明正交矩阵 $\boldsymbol{A}$ 的特征值的模为 1.

48. 若矩阵 $\boldsymbol{A}$ 与矩阵 $\boldsymbol{B}$ 是同阶的正交矩阵，

$$\boldsymbol{A}+\boldsymbol{B}$$

是否为正交矩阵？若是，证明你的结论；若不是，举出一个反例.

解： $\boldsymbol{A}$ 和 $\boldsymbol{B}$ 是同阶正交矩阵，$\boldsymbol{A}+\boldsymbol{B}$ 不一定是正交矩阵. 反例：取 $\boldsymbol{A}=\boldsymbol{B}=\boldsymbol{E}$，则 $\boldsymbol{A}+\boldsymbol{B}=2\boldsymbol{E}$ 不是正交矩阵.

49. 设 $\boldsymbol{\varepsilon}_1, \boldsymbol{\varepsilon}_2, \boldsymbol{\varepsilon}_3, \boldsymbol{\varepsilon}_4$ 是四维线性空间 V 的一组基，V 上的线性变换 σ 在这组基下的矩阵为

$$\boldsymbol{A}=\begin{pmatrix} 5 & -2 & -4 & 3 \\ 3 & -1 & -3 & 2 \\ -3 & \frac{1}{2} & \frac{9}{2} & -\frac{5}{2} \\ -10 & 3 & 11 & -7 \end{pmatrix}.$$

(1) 求 σ 在基

$$\begin{cases} \boldsymbol{\eta}_1 = \boldsymbol{\varepsilon}_1+2\boldsymbol{\varepsilon}_2+\boldsymbol{\varepsilon}_3+\boldsymbol{\varepsilon}_4 \\ \boldsymbol{\eta}_2 = 2\boldsymbol{\varepsilon}_1+3\boldsymbol{\varepsilon}_2+\boldsymbol{\varepsilon}_3 \\ \boldsymbol{\eta}_3 = \boldsymbol{\varepsilon}_3 \\ \boldsymbol{\eta}_4 = \boldsymbol{\varepsilon}_4 \end{cases}$$

下的矩阵；

(2) 求 σ 的全部特征值和特征向量；

(3) 求 V 的一组基，使 σ 在这组基下的矩阵是对角矩阵.

解：(1) 由基 $\boldsymbol{\varepsilon}_1, \boldsymbol{\varepsilon}_2, \boldsymbol{\varepsilon}_3, \boldsymbol{\varepsilon}_4$ 到基 $\boldsymbol{\eta}_1, \boldsymbol{\eta}_2, \boldsymbol{\eta}_3, \boldsymbol{\eta}_4$ 的过渡矩阵 $\boldsymbol{C}$：

$$(\boldsymbol{\eta}_1, \boldsymbol{\eta}_2, \boldsymbol{\eta}_3, \boldsymbol{\eta}_4)=(\boldsymbol{\varepsilon}_1, \boldsymbol{\varepsilon}_2, \boldsymbol{\varepsilon}_3, \boldsymbol{\varepsilon}_4)\begin{pmatrix} 1 & 2 & 0 & 0 \\ 2 & 3 & 0 & 0 \\ 1 & 1 & 1 & 0 \\ 1 & 0 & 0 & 1 \end{pmatrix}.$$

又因为线性变换 σ 在基 $\boldsymbol{\varepsilon}_1, \boldsymbol{\varepsilon}_2, \boldsymbol{\varepsilon}_3, \boldsymbol{\varepsilon}_4$ 下的矩阵为 $\boldsymbol{A}$，即

$$\sigma(\boldsymbol{\varepsilon}_1, \boldsymbol{\varepsilon}_2, \boldsymbol{\varepsilon}_3, \boldsymbol{\varepsilon}_4)=(\boldsymbol{\varepsilon}_1, \boldsymbol{\varepsilon}_2, \boldsymbol{\varepsilon}_3, \boldsymbol{\varepsilon}_4)\boldsymbol{A}.$$

设线性变换 σ 在基 $\boldsymbol{\eta}_1, \boldsymbol{\eta}_2, \boldsymbol{\eta}_3, \boldsymbol{\eta}_4$ 下的矩阵为 $\boldsymbol{B}$，则

$$\sigma(\boldsymbol{\eta}_1, \boldsymbol{\eta}_2, \boldsymbol{\eta}_3, \boldsymbol{\eta}_4) = (\boldsymbol{\eta}_1, \boldsymbol{\eta}_2, \boldsymbol{\eta}_3, \boldsymbol{\eta}_4)\boldsymbol{B}.$$

注意到 $(\boldsymbol{\varepsilon}_1, \boldsymbol{\varepsilon}_2, \boldsymbol{\varepsilon}_3, \boldsymbol{\varepsilon}_4) = (\boldsymbol{\eta}_1, \boldsymbol{\eta}_2, \boldsymbol{\eta}_3, \boldsymbol{\eta}_4)\boldsymbol{C}^{-1}$. 这样,

$$\begin{aligned}\sigma(\boldsymbol{\eta}_1, \boldsymbol{\eta}_2, \boldsymbol{\eta}_3, \boldsymbol{\eta}_4) &= \sigma(\boldsymbol{\varepsilon}_1, \boldsymbol{\varepsilon}_2, \boldsymbol{\varepsilon}_3, \boldsymbol{\varepsilon}_4)\boldsymbol{C}\\ &= (\boldsymbol{\varepsilon}_1, \boldsymbol{\varepsilon}_2, \boldsymbol{\varepsilon}_3, \boldsymbol{\varepsilon}_4)\boldsymbol{AC}\\ &= (\boldsymbol{\eta}_1, \boldsymbol{\eta}_2, \boldsymbol{\eta}_3, \boldsymbol{\eta}_4)\boldsymbol{C}^{-1}\boldsymbol{AC}.\end{aligned}$$

因此, $\boldsymbol{B} = \boldsymbol{C}^{-1}\boldsymbol{AC} = \begin{pmatrix} 0 & 0 & 6 & -5 \\ 0 & 0 & -5 & 4 \\ 0 & 0 & \frac{7}{2} & -\frac{3}{2} \\ 0 & 0 & 5 & -2 \end{pmatrix}$.

(2) 计算得到,σ 的特征多项式为 $|\lambda\boldsymbol{E} - \boldsymbol{B}| = \lambda^2(\lambda - 1)\left(\lambda - \frac{1}{2}\right)$. 故 σ 的特征值为 $\lambda_1 = \lambda_2 = 0$, $\lambda_3 = 1$, $\lambda_4 = \frac{1}{2}$.

当 $\lambda_1 = \lambda_2 = 0$ 时,特征向量为 $k_1\boldsymbol{\eta}_1 + k_2\boldsymbol{\eta}_2$, k_1, k_2 不全为 0;

当 $\lambda_3 = 1$ 时,特征向量为 $k\left(-\frac{7}{5}\boldsymbol{\eta}_1 + \boldsymbol{\eta}_2 + \frac{3}{5}\boldsymbol{\eta}_3 + \boldsymbol{\eta}_4\right)$, $k \neq 0$;

当 $\lambda_4 = \frac{1}{2}$ 时,特征向量为 $k\left(-4\boldsymbol{\eta}_1 + 3\boldsymbol{\eta}_2 + \frac{1}{2}\boldsymbol{\eta}_3 + \boldsymbol{\eta}_4\right)$, $k \neq 0$.

(3) (方法一): 由(2)的结果知,在基 $\boldsymbol{\eta}_2$, $\boldsymbol{\eta}_1$, $-4\boldsymbol{\eta}_1 + 3\boldsymbol{\eta}_2 + \frac{1}{2}\boldsymbol{\eta}_3 + \boldsymbol{\eta}_4$, $-\frac{7}{5}\boldsymbol{\eta}_1 + \boldsymbol{\eta}_2 + \frac{3}{5}\boldsymbol{\eta}_3 + \boldsymbol{\eta}_4$ 下的矩阵为对角矩阵 $\mathrm{diag}\left(0, 0, \frac{1}{2}, 1\right)$.

(方法二): 求 $\boldsymbol{B}$ 的特征向量, 令 $\boldsymbol{P} = \begin{pmatrix} 1 & 0 & -7 & -8 \\ 0 & 1 & 5 & 6 \\ 0 & 0 & 3 & 1 \\ 0 & 0 & 5 & 2 \end{pmatrix}$, $\boldsymbol{D} = \begin{pmatrix} 0 & & & \\ & 0 & & \\ & & 1 & \\ & & & \frac{1}{2} \end{pmatrix}$, 那么

$$P^{-1}BP = D.$$

不妨设 σ 在基 $\boldsymbol{\alpha}_1, \boldsymbol{\alpha}_2, \boldsymbol{\alpha}_3, \boldsymbol{\alpha}_4$ 下的矩阵为 $\boldsymbol{D}$,即

$$\sigma(\boldsymbol{\alpha}_1, \boldsymbol{\alpha}_2, \boldsymbol{\alpha}_3, \boldsymbol{\alpha}_4) = (\boldsymbol{\alpha}_1, \boldsymbol{\alpha}_2, \boldsymbol{\alpha}_3, \boldsymbol{\alpha}_4)\boldsymbol{D}.$$

那么

$$\sigma(\boldsymbol{\alpha}_1, \boldsymbol{\alpha}_2, \boldsymbol{\alpha}_3, \boldsymbol{\alpha}_4) = (\boldsymbol{\alpha}_1, \boldsymbol{\alpha}_2, \boldsymbol{\alpha}_3, \boldsymbol{\alpha}_4)\boldsymbol{P}^{-1}\boldsymbol{B}\boldsymbol{P},$$

即

$$\sigma(\boldsymbol{\alpha}_1, \boldsymbol{\alpha}_2, \boldsymbol{\alpha}_3, \boldsymbol{\alpha}_4)\boldsymbol{P}^{-1} = (\boldsymbol{\alpha}_1, \boldsymbol{\alpha}_2, \boldsymbol{\alpha}_3, \boldsymbol{\alpha}_4)\boldsymbol{P}^{-1}\boldsymbol{B}.$$

由此,令 $(\boldsymbol{\alpha}_1, \boldsymbol{\alpha}_2, \boldsymbol{\alpha}_3, \boldsymbol{\alpha}_4)\boldsymbol{P}^{-1} = (\boldsymbol{\eta}_1, \boldsymbol{\eta}_2, \boldsymbol{\eta}_3, \boldsymbol{\eta}_4)$, 即

$$\begin{aligned}(\boldsymbol{\alpha}_1, \boldsymbol{\alpha}_2, \boldsymbol{\alpha}_3, \boldsymbol{\alpha}_4) &= (\boldsymbol{\eta}_1, \boldsymbol{\eta}_2, \boldsymbol{\eta}_3, \boldsymbol{\eta}_4)\boldsymbol{P}\\ &= (\boldsymbol{\eta}_1, \boldsymbol{\eta}_2, -7\boldsymbol{\eta}_1 + 5\boldsymbol{\eta}_2 + 3\boldsymbol{\eta}_3 + 5\boldsymbol{\eta}_4, -8\boldsymbol{\eta}_1 + 6\boldsymbol{\eta}_2 + \boldsymbol{\eta}_3 + 2\boldsymbol{\eta}_4).\end{aligned}$$

那么,线性变换在基 $\boldsymbol{\eta}_1, \boldsymbol{\eta}_2, -7\boldsymbol{\eta}_1 + 5\boldsymbol{\eta}_2 + 3\boldsymbol{\eta}_3 + 5\boldsymbol{\eta}_4, -8\boldsymbol{\eta}_1 + 6\boldsymbol{\eta}_2 + \boldsymbol{\eta}_3 + 2\boldsymbol{\eta}_4$ 下的矩阵为对角矩阵 $\boldsymbol{D}$.

第 6 章　实二次型习题精解

（一）

1. 求下列二次型的矩阵并求出二次型的秩：

(1) $f(x, y, z) = x^2 + 4y^2 + z^2 + 4xy + 2xz + 4yz$;

(2) $f(x_1, x_2, x_3) = x_1^2 + 2x_2^2 + x_3^2 - 2x_1x_2 - 2x_1x_3 + 2x_2x_3$;

(3) $f(x_1, x_2, \cdots, x_n) = \sum_{i=1}^{n-1}(x_i - x_{i+1})^2$.

解：(1) 二次型矩阵 $\boldsymbol{A} = \begin{pmatrix} 1 & 2 & 1 \\ 2 & 4 & 2 \\ 1 & 2 & 1 \end{pmatrix}$, $r(\boldsymbol{A}) = 1$;

(2) 二次型矩阵 $\boldsymbol{A} = \begin{pmatrix} 1 & -1 & -1 \\ -1 & 2 & 1 \\ -1 & 1 & 1 \end{pmatrix}$, $r(\boldsymbol{A}) = 2$;

(3) 令

$$\boldsymbol{B} = \begin{pmatrix} 1 & -1 & 0 & 0 & \cdots & 0 & 0 \\ 0 & 1 & -1 & 0 & \cdots & 0 & 0 \\ 0 & 0 & 1 & -1 & \cdots & 0 & 0 \\ \cdots & \cdots & \cdots & \cdots & \cdots & \cdots & \cdots \\ 0 & 0 & 0 & 0 & \cdots & 1 & -1 \end{pmatrix}_{(n-1)\times n},$$

那么，$f(\boldsymbol{x}) = (\boldsymbol{Bx}, \boldsymbol{Bx}) = \boldsymbol{x}^{\mathrm{T}}\boldsymbol{B}^{\mathrm{T}}\boldsymbol{Bx}$. 所以二次型矩阵 $\boldsymbol{A} = \boldsymbol{B}^{\mathrm{T}}\boldsymbol{B}$, $r(\boldsymbol{A}) = r(\boldsymbol{B}^{\mathrm{T}}\boldsymbol{B}) = r(\boldsymbol{B}) = n - 1$.

2. 设 $\boldsymbol{A} = (a_{ij})_{n\times n}$ 为实矩阵，n 元二次型

$$f(x_1, x_2, \cdots, x_n) = \sum_{i=1}^{n}(a_{i1}x_1 + a_{i2}x_2 + \cdots + a_{in}x_n)^2.$$

试证明：二次型f的矩阵为$\boldsymbol{A}^{\mathrm{T}}\boldsymbol{A}$.

证明：由已知，令$\boldsymbol{x}=(x_1, \cdots, x_n)^{\mathrm{T}}$，$\boldsymbol{a}_i=(a_{i1}, \cdots, a_{in})$，则$f(\boldsymbol{x})=\sum_{i=1}^{n}(\boldsymbol{\alpha}_i\boldsymbol{x})^2=\boldsymbol{x}^{\mathrm{T}}\boldsymbol{A}^{\mathrm{T}}\boldsymbol{A}\boldsymbol{x}$. 所以，二次型$f$的矩阵为$\boldsymbol{A}^{\mathrm{T}}\boldsymbol{A}$.

3. 已知二次型的矩阵如下，试写出对应的二次型：

(1) $\begin{pmatrix} 2 & 5 & 8 \\ 5 & 3 & 1 \\ 8 & 1 & 0 \end{pmatrix}$；　(2) $\begin{pmatrix} 0 & 1 & -2 \\ 1 & 0 & -1 \\ -2 & -1 & 0 \end{pmatrix}$；

(3) $\begin{pmatrix} 1 & 0 & -1 & 0 & \cdots & 0 & 0 & 0 \\ 0 & 1 & 0 & -1 & \cdots & 0 & 0 & 0 \\ -1 & 0 & 1 & 0 & \cdots & 0 & 0 & 0 \\ 0 & -1 & 0 & 1 & \cdots & 0 & 0 & 0 \\ \vdots & \vdots & \vdots & \vdots & & \vdots & \vdots & \vdots \\ 0 & 0 & 0 & 0 & \cdots & 1 & 0 & -1 \\ 0 & 0 & 0 & 0 & \cdots & 0 & 1 & 0 \\ 0 & 0 & 0 & 0 & \cdots & -1 & 0 & 1 \end{pmatrix}$.

解：(1) 二次型为$f(x_1, x_2, x_3)=2x_1^2+3x_2^2+10x_1x_2+16x_1x_3+2x_2x_3$；

(2) 二次型为$f(x_1, x_2, x_3)=2x_1x_2-4x_1x_3-2x_2x_3$；

(3) 二次型为$f(x_1, x_2, \cdots, x_n)=\sum_{i=1}^{n}x_i^2-2\sum_{i=1}^{n-2}x_ix_{i+2}$.

4. 用正交替换化下列二次型为标准型，并求出所用的正交替换.

(1) $f(x_1, x_2, x_3)=2x_1^2+3x_2^2+x_3^2+4x_1x_2-4x_1x_3$；

(2) $f(x_1, x_2, x_3)=2x_1x_2+2x_1x_3+2x_2x_3$；

(3) $f(x_1, x_2, x_3)=x_1^2+4x_2^2+x_3^2-4x_1x_2-8x_1x_3-4x_2x_3$.

解：(1) 写出二次型的矩阵$\boldsymbol{A}=\begin{pmatrix} 2 & 2 & -2 \\ 2 & 3 & 0 \\ -2 & 0 & 1 \end{pmatrix}$，矩阵$\boldsymbol{A}$的特征多项式

$|\lambda\boldsymbol{E}-\boldsymbol{A}|=(\lambda-2)(\lambda-5)(\lambda+1)$，特征值为$\lambda_1=2$，$\lambda_2=5$，$\lambda_3=-1$；

$\boldsymbol{A}$ 的属于特征值 $\lambda_1 = 2$ 的特征向量为 $\begin{pmatrix} -1 \\ 2 \\ 2 \end{pmatrix}$,单位化,得 $\boldsymbol{\eta}_1 = \frac{1}{3}\begin{pmatrix} -1 \\ 2 \\ 2 \end{pmatrix}$;

$\boldsymbol{A}$ 的属于特征值 $\lambda_2 = 5$ 的特征向量为 $\begin{pmatrix} -2 \\ -2 \\ 1 \end{pmatrix}$,单位化,得 $\boldsymbol{\eta}_2 = \frac{1}{3}\begin{pmatrix} -2 \\ -2 \\ 1 \end{pmatrix}$;

$\boldsymbol{A}$ 的属于特征值 $\lambda_3 = -1$ 的特征向量为 $\begin{pmatrix} 2 \\ -1 \\ 2 \end{pmatrix}$,单位化,得 $\boldsymbol{\eta}_3 = \frac{1}{3}\begin{pmatrix} 2 \\ -1 \\ 2 \end{pmatrix}$.

令

$$\boldsymbol{Q} = (\eta_1, \eta_2, \eta_3) = \frac{1}{3}\begin{pmatrix} -1 & -2 & 2 \\ 2 & -2 & -1 \\ 2 & 1 & 2 \end{pmatrix},$$

所求正交替换为 $\boldsymbol{y} = \boldsymbol{Qx}$, 化为标准型 $g(\boldsymbol{y}) = 2y_1^2 + 5y_1^2 - y_3^2$.

(2) 写出二次型的矩阵 $\boldsymbol{A} = \begin{pmatrix} 0 & 1 & 1 \\ 1 & 0 & 1 \\ 1 & 1 & 0 \end{pmatrix}$. 矩阵 $\boldsymbol{A}$ 的特征多项式为 $|\lambda \boldsymbol{E} - \boldsymbol{A}| = (\lambda - 2)(\lambda + 1)^2$,特征值为 $\lambda_1 = 2$, $\lambda_2 = \lambda_3 = -1$;

$\boldsymbol{A}$ 的属于特征值 $\lambda_1 = 2$ 的特征向量为 $\begin{pmatrix} 1 \\ 1 \\ 1 \end{pmatrix}$,单位化,得 $\boldsymbol{\eta}_1 = \frac{1}{\sqrt{3}}\begin{pmatrix} 1 \\ 1 \\ 1 \end{pmatrix}$;

$\boldsymbol{A}$ 的属于特征值 $\lambda_2 = \lambda_2 = -1$ 的两个线性无关的特征向量为 $\begin{pmatrix} -1 \\ 1 \\ 0 \end{pmatrix}$和 $\begin{pmatrix} -1 \\ 0 \\ 1 \end{pmatrix}$, 正交化, 得 $\begin{pmatrix} -1 \\ 1 \\ 0 \end{pmatrix}$和 $\frac{1}{2}\begin{pmatrix} -1 \\ -1 \\ 2 \end{pmatrix}$, 单位化, 得 $\boldsymbol{\eta}_2 = \frac{1}{\sqrt{2}}\begin{pmatrix} -1 \\ 1 \\ 0 \end{pmatrix}$, $\boldsymbol{\eta}_3 = \frac{1}{\sqrt{6}}\begin{pmatrix} -1 \\ -1 \\ 2 \end{pmatrix}$;

令

$$Q=(\boldsymbol{\eta}_1,\boldsymbol{\eta}_2,\boldsymbol{\eta}_3)=\begin{pmatrix}\frac{\sqrt{3}}{3} & -\frac{\sqrt{2}}{2} & -\frac{\sqrt{6}}{6}\\ \frac{\sqrt{3}}{3} & \frac{\sqrt{2}}{2} & -\frac{\sqrt{6}}{6}\\ \frac{\sqrt{3}}{3} & 0 & \frac{\sqrt{6}}{3}\end{pmatrix},$$

所求正交替换为 $\boldsymbol{y}=Q\boldsymbol{x}$,化为标准型 $g(\boldsymbol{y})=2y_1^2-y_1^2-y_3^2$.

(3) 写出二次型的矩阵 $\boldsymbol{A}=\begin{pmatrix}1 & -2 & -4\\ -2 & 4 & -2\\ -4 & -2 & 1\end{pmatrix}$, 矩阵 $\boldsymbol{A}$ 的特征多项式为 $|\lambda\boldsymbol{E}-\boldsymbol{A}|=(\lambda+4)(\lambda-5)^2$,特征值为 $\lambda_1=\lambda_2=5$, $\lambda_3=-4$;

$\boldsymbol{A}$ 属于特征值 $\lambda_1=\lambda_2=5$ 的两个线性无关的特征向量为$\begin{pmatrix}-1\\0\\1\end{pmatrix}$和$\begin{pmatrix}1\\2\\0\end{pmatrix}$,正交化,得$\begin{pmatrix}-1\\0\\1\end{pmatrix}$和$\frac{1}{2}\begin{pmatrix}-1\\4\\-1\end{pmatrix}$,单位化,得 $\boldsymbol{\eta}_1=\frac{1}{\sqrt{2}}\begin{pmatrix}-1\\0\\1\end{pmatrix}$, $\boldsymbol{\eta}_2=\frac{1}{3\sqrt{2}}\begin{pmatrix}-1\\4\\-1\end{pmatrix}$;

$\boldsymbol{A}$ 属于特征值 $\lambda_3=-4$ 的特征向量为$\begin{pmatrix}2\\1\\2\end{pmatrix}$,单位化,得 $\boldsymbol{\eta}_3=\frac{1}{3}\begin{pmatrix}2\\1\\2\end{pmatrix}$;

令

$$Q=(\boldsymbol{\eta}_1,\boldsymbol{\eta}_2,\boldsymbol{\eta}_3)=\begin{pmatrix}\frac{-\sqrt{2}}{2} & -\frac{\sqrt{2}}{6} & \frac{2}{3}\\ 0 & \frac{2\sqrt{2}}{3} & \frac{1}{3}\\ \frac{\sqrt{2}}{2} & -\frac{\sqrt{2}}{6} & \frac{2}{3}\end{pmatrix},$$

所求正交替换为 $\boldsymbol{y}=Q\boldsymbol{x}$,化为标准型 $g(\boldsymbol{y})=5y_1^2+5y_1^2-4y_3^2$.

5. 用配方法化下列二次型为标准型,并求出所作的非奇异线性替换:

(1) $f(x_1, x_2, x_3) = x_1^2 - x_3^2 + 2x_1x_2 + 2x_2x_3$;

(2) $f(x_1, x_2, x_3) = x_1x_2 + x_1x_3 + x_2x_3$;

(3) $f(x_1, x_2, \cdots, x_n) = x_1^2 + x_n^2 + 2\sum_{i=2}^{n-1} x_i^2 - \sum_{i=1}^{n-1} x_i x_{i+1}$.

解: (1) 注意到,存在交叉项的最小下标未知数为 x_1,且存在 x_1^2 项,首先对 x_1 进行配方,得

$$\begin{aligned} f(x_1, x_2, x_3) &= x_1^2 + 2x_1x_2 + x_2^2 - x_2^2 - x_3^2 + 2x_2x_3 \\ &= (x_1 + x_2)^2 - x_2^2 - x_3^2 + 2x_2x_3; \end{aligned}$$

x_1 配方完毕. 如法炮制,接着对 x_2 进行配方:

$$\begin{aligned} f(x_1, x_2, x_3) &= (x_1 + x_2)^2 - x_2^2 - x_3^2 + 2x_2x_3 \\ &= (x_1 + x_2)^2 - (x_2 - x_3)^2; \end{aligned}$$

配方完毕,令

$$\begin{cases} y_1 = x_1 + x_2 \\ y_2 = x_2 - x_3, \\ y_3 = x_3 \end{cases}$$

则 $f(\boldsymbol{x})$ 的标准型为 $g(\boldsymbol{y}) = y_1^2 - y_2^2$, 且所作非奇异线性替换为

$$\begin{cases} x_1 = y_1 - y_2 - y_3 \\ x_2 = y_2 + y_3 \\ x_3 = y_3 \end{cases} \text{或} \begin{pmatrix} x_1 \\ x_2 \\ x_3 \end{pmatrix} = \begin{pmatrix} 1 & -1 & -1 \\ 0 & 1 & 1 \\ 0 & 0 & 1 \end{pmatrix} \begin{pmatrix} y_1 \\ y_2 \\ y_3 \end{pmatrix};$$

(2) 注意到,只有交叉乘积项,所以先产生平方项. 因此,令

$$\begin{cases} x_1 = y_1 + y_2 \\ x_2 = y_1 - y_2, \\ x_3 = y_3 \end{cases}$$

得

$$\begin{aligned} g(y_1, y_2, y_3) &= y_1^2 - y_2^2 + (y_1 + y_2)y_3 + (y_1 - y_2)y_3 \\ &= y_1^2 - y_2^2 + 2y_1y_3. \end{aligned}$$

对 y_1 进行配方，有

$$g(y_1, y_2, y_3) = (y_1 + y_3)^2 - y_2^2 - y_3^2.$$

配方完毕，令

$$\begin{cases} z_1 = y_1 + y_3 \\ z_2 = y_2 \\ z_3 = y_3 \end{cases},$$

则 $f(\boldsymbol{x})$ 的标准型为 $h(\boldsymbol{z}) = z_1^2 - z_2^2 - z_3^2$，且所作非奇异线性替换为

$$\begin{cases} x_1 = z_1 - z_2 - z_3 \\ x_2 = z_1 + z_2 - z_3 \\ x_3 = z_3 \end{cases} 或 \begin{pmatrix} x_1 \\ x_2 \\ x_3 \end{pmatrix} = \begin{pmatrix} 1 & -1 & -1 \\ 1 & 1 & -1 \\ 0 & 0 & 1 \end{pmatrix} \begin{pmatrix} z_1 \\ z_2 \\ z_3 \end{pmatrix};$$

（3）注意到，$f(\boldsymbol{x}) = (x_1 - x_2)^2 + (x_2 - x_3)^2 + \cdots + (x_{n-1} - x_n)^2$，令 $\begin{cases} y_1 = x_1 - x_2 \\ y_2 = x_2 - x_3 \\ \vdots \qquad \vdots \\ y_{n-1} = x_{n-1} - x_n \\ y_n = x_n \end{cases}$，得 $f(\boldsymbol{x})$ 的标准型为 $y_1^2 + \cdots + y_{n-1}^2$，且所作非奇异线性替换为

$$\begin{cases} x_1 = y_1 + y_2 + y_3 + \cdots + y_n \\ x_2 = y_2 + y_3 + \cdots + y_n \\ \vdots \qquad \vdots \\ x_{n-1} = y_{n-1} + y_n \\ x_n = y_n \end{cases} 或 \begin{pmatrix} x_1 \\ x_2 \\ \vdots \\ x_n \end{pmatrix} = \begin{pmatrix} 1 & 1 & \cdots & 1 & 1 \\ 0 & 1 & \cdots & 1 & 1 \\ \vdots & \vdots & & \vdots & \vdots \\ 0 & 0 & \cdots & 0 & 1 \end{pmatrix} \begin{pmatrix} y_1 \\ y_2 \\ \vdots \\ y_n \end{pmatrix}.$$

6. 设对称矩阵 $\boldsymbol{A}$ 合同于 $\boldsymbol{B}$，试证明 $\boldsymbol{B}$ 是对称矩阵.

证明：$\boldsymbol{A}$ 是对称矩阵，所以 $\boldsymbol{A}^{\mathrm{T}}=\boldsymbol{A}$. 由于 $\boldsymbol{A}$ 和 $\boldsymbol{B}$ 合同，所以存在可逆矩阵 $\boldsymbol{P}$，使得 $\boldsymbol{B}=\boldsymbol{P}^{\mathrm{T}}\boldsymbol{A}\boldsymbol{P}$. 这样 $\boldsymbol{B}^{\mathrm{T}}=(\boldsymbol{P}^{\mathrm{T}}\boldsymbol{A}\boldsymbol{P})^{\mathrm{T}}=\boldsymbol{P}^{\mathrm{T}}\boldsymbol{A}\boldsymbol{P}=\boldsymbol{B}$, 从而 $\boldsymbol{B}$ 是对称矩阵.

7. 设矩阵 $\boldsymbol{A}$ 和 $\boldsymbol{B}$ 都合同于 $\boldsymbol{C}$，试证明矩阵 $\boldsymbol{A}$ 合同于 $\boldsymbol{B}$.

证明：由已知，存在可逆矩阵 $\boldsymbol{P}_1$ 和 $\boldsymbol{P}_2$，使得 $\boldsymbol{C}=\boldsymbol{P}_1^{\mathrm{T}}\boldsymbol{A}\boldsymbol{P}_1$，且 $\boldsymbol{C}=\boldsymbol{P}_2^{\mathrm{T}}\boldsymbol{B}\boldsymbol{P}_2$. 这样，$\boldsymbol{P}_1^{\mathrm{T}}\boldsymbol{A}\boldsymbol{P}_1=\boldsymbol{P}_2^{\mathrm{T}}\boldsymbol{B}\boldsymbol{P}_2$，得到 $\boldsymbol{A}=(\boldsymbol{P}_1^{\mathrm{T}})^{-1}\boldsymbol{P}_2^{\mathrm{T}}\boldsymbol{B}\boldsymbol{P}_2\boldsymbol{P}_1^{-1}$. 令 $\boldsymbol{P}=\boldsymbol{P}_2\boldsymbol{P}_1^{-1}$，那么 $\boldsymbol{P}^{\mathrm{T}}=(\boldsymbol{P}_1^{\mathrm{T}})^{-1}\boldsymbol{P}_2^{\mathrm{T}}$. 从而，$\boldsymbol{A}=\boldsymbol{P}^{\mathrm{T}}\boldsymbol{B}\boldsymbol{P}$, $\boldsymbol{A}$ 合同于 $\boldsymbol{B}$.

8. 试证明任一实对称矩阵都合同于对角矩阵.

证明：设 $f(\boldsymbol{x})=\boldsymbol{x}^{\mathrm{T}}\boldsymbol{A}\boldsymbol{x}$ 为实对称矩阵 $\boldsymbol{A}$ 对应的二次型. 注意到，存在非奇异线性替换 $\boldsymbol{x}=\boldsymbol{P}\boldsymbol{y}$, 化 $f(\boldsymbol{x})$ 为标准型 $g(\boldsymbol{y})=\boldsymbol{y}^{\mathrm{T}}\boldsymbol{D}\boldsymbol{y}$, 其中 $\boldsymbol{D}$ 为对角矩阵. 而 $\boldsymbol{D}=\boldsymbol{P}^{\mathrm{T}}\boldsymbol{A}\boldsymbol{P}$, 因而，$\boldsymbol{A}$ 合同于对角矩阵.

9. 试证明，设矩阵 $\boldsymbol{A}_1$ 合同于 $\boldsymbol{B}_1$，$\boldsymbol{A}_2$ 合同于 $\boldsymbol{B}_2$，则 $\begin{pmatrix}\boldsymbol{A}_1 & \boldsymbol{O}\\ \boldsymbol{O} & \boldsymbol{A}_2\end{pmatrix}$合同于 $\begin{pmatrix}\boldsymbol{B}_1 & \boldsymbol{O}\\ \boldsymbol{O} & \boldsymbol{B}_2\end{pmatrix}$.

证明：由已知，存在可逆矩阵 $\boldsymbol{P}_1$ 和 $\boldsymbol{P}_2$，使得 $\boldsymbol{B}_1=\boldsymbol{P}_1^{\mathrm{T}}\boldsymbol{A}_1\boldsymbol{P}_1$，且 $\boldsymbol{B}_2=\boldsymbol{P}_2^{\mathrm{T}}\boldsymbol{A}_2\boldsymbol{P}_2$. 构造矩阵 $\boldsymbol{P}=\begin{pmatrix}\boldsymbol{P}_1 & \\ & \boldsymbol{P}_2\end{pmatrix}$, 那么

$$\begin{pmatrix}\boldsymbol{B}_1 & \\ & \boldsymbol{B}_2\end{pmatrix}=\begin{pmatrix}\boldsymbol{P}_1^{\mathrm{T}}\boldsymbol{A}_1\boldsymbol{P}_1 & \\ & \boldsymbol{P}_2^{\mathrm{T}}\boldsymbol{A}_2\boldsymbol{P}_2\end{pmatrix}=\begin{pmatrix}\boldsymbol{P}_1 & \\ & \boldsymbol{P}_2\end{pmatrix}^{\mathrm{T}}\begin{pmatrix}\boldsymbol{A}_1 & \\ & \boldsymbol{A}_2\end{pmatrix}\begin{pmatrix}\boldsymbol{P}_1 & \\ & \boldsymbol{P}_2\end{pmatrix}=\boldsymbol{P}^{\mathrm{T}}\begin{pmatrix}\boldsymbol{A}_1 & \\ & \boldsymbol{A}_2\end{pmatrix}\boldsymbol{P},$$

因此，$\begin{pmatrix}\boldsymbol{B}_1 & \\ & \boldsymbol{B}_2\end{pmatrix}$与$\begin{pmatrix}\boldsymbol{A}_1 & \\ & \boldsymbol{A}_2\end{pmatrix}$合同.

10. 试证明：任一 n 阶实对称矩阵 $\boldsymbol{A}$ 都合同于对角矩阵

$$\begin{pmatrix} \boldsymbol{E}_p & & \\ & -\boldsymbol{E}_{r-p} & \\ & & \boldsymbol{O} \end{pmatrix},$$

其中 $r = r(\boldsymbol{A})$, p 为 $\boldsymbol{A}$ 的正惯性指数.

证明:(方法一):考虑实二次型 $f(\boldsymbol{x}) = \boldsymbol{x}^{\mathrm{T}}\boldsymbol{A}\boldsymbol{x}$, 利用配方法,将实二次型 $f(\boldsymbol{x})$ 化为标准型,即存在可逆矩阵 $\boldsymbol{C}$,经过非奇异线性替换 $\boldsymbol{x} = \boldsymbol{C}\boldsymbol{y}$, 使得 $g(\boldsymbol{y}) = \boldsymbol{y}^{\mathrm{T}}\boldsymbol{C}^{\mathrm{T}}\boldsymbol{A}\boldsymbol{C}\boldsymbol{y} = a_1y_1^2 + \cdots + a_py_p^2 - a_{p+1}y_{p+1}^2 - \cdots - a_ry_r^2$, 其中,$r$ 为 $\boldsymbol{A}$ 的秩,当 $i = 1, 2, \cdots, r$ 时,$a_i > 0$. 令 $\boldsymbol{B} = \boldsymbol{C}^{\mathrm{T}}\boldsymbol{A}\boldsymbol{C} = \mathrm{diag}(a_1, \cdots, a_p, -a_{p+1}, \cdots, -a_r, 0, \cdots, 0)$. 再令 $y_i = \dfrac{1}{\sqrt{a_i}}z_i$, $\boldsymbol{D} = \mathrm{diag}\left(\dfrac{1}{\sqrt{a_1}}, \cdots, \dfrac{1}{\sqrt{a_r}}, 1, \cdots, 1\right)$. 那么,经过非奇异线性替换, $\boldsymbol{z} = \boldsymbol{D}\boldsymbol{y}$, 可得 $h(z) = \boldsymbol{z}^{\mathrm{T}}\boldsymbol{D}^{\mathrm{T}}\boldsymbol{B}\boldsymbol{D}\boldsymbol{z} = z_1^2 + \cdots + z_p^2 - z_{p+1}^2 - \cdots - z_r^2$ 为实二次型 $f(\boldsymbol{x})$ 的规范型. 那么, $\boldsymbol{D}^{\mathrm{T}}\boldsymbol{B}\boldsymbol{D} = \begin{pmatrix} \boldsymbol{E}_p & & \\ & \boldsymbol{E}_{r-p} & \\ & & \boldsymbol{0} \end{pmatrix}$. 因此, $\boldsymbol{D}^{\mathrm{T}}\boldsymbol{C}^{\mathrm{T}}\boldsymbol{A}\boldsymbol{C}\boldsymbol{D} = \begin{pmatrix} \boldsymbol{E}_p & & \\ & \boldsymbol{E}_{r-p} & \\ & & \boldsymbol{0} \end{pmatrix}$,这说明 $\boldsymbol{A}$ 与矩阵 $\begin{pmatrix} \boldsymbol{E}_p & & \\ & \boldsymbol{E}_{r-p} & \\ & & \boldsymbol{0} \end{pmatrix}$ 合同. 由规范型的唯一性,p 是 $\boldsymbol{A}$ 的正惯性指数.

(方法二):考虑实二次型 $f(\boldsymbol{x}) = \boldsymbol{x}^{\mathrm{T}}\boldsymbol{A}\boldsymbol{x}$, 利用正交代换法,将实二次型 $f(\boldsymbol{x})$ 化为标准型,即存在正交矩阵 $\boldsymbol{Q}$,经过非奇异线性替换 $\boldsymbol{x} = \boldsymbol{Q}\boldsymbol{y}$,使得 $g(\boldsymbol{y}) = \boldsymbol{y}^{\mathrm{T}}\boldsymbol{Q}^{\mathrm{T}}\boldsymbol{A}\boldsymbol{Q}\boldsymbol{y} = \lambda_1y_1^2 + \cdots + \lambda_py_p^2 - \lambda_{p+1}y_{p+1}^2 - \cdots - \lambda_ry_r^2$, 其中,$r$ 为 $\boldsymbol{A}$ 的秩,当 $i = 1, 2, \cdots, p$ 时,$\lambda_i > 0$ 为 $\boldsymbol{A}$ 的全部正特征值,当 $i = p+1, \cdots, r$ 时, $-\lambda_i > 0$ 为 $\boldsymbol{A}$ 的全部负特征值. 令 $\boldsymbol{B} = \boldsymbol{C}^{\mathrm{T}}\boldsymbol{A}\boldsymbol{C} = \mathrm{diag}(\lambda_1, \cdots, \lambda_p, -\lambda_{p+1}, \cdots, -\lambda_r, 0, \cdots, 0)$. 再令 $y_i = \dfrac{1}{\sqrt{\lambda_i}}z_i$, $\boldsymbol{D} = \mathrm{diag}\left(\dfrac{1}{\sqrt{\lambda_1}}, \cdots, \dfrac{1}{\sqrt{\lambda_r}}, 1, \cdots, 1\right)$. 那么,经过非奇异线性替换 $\boldsymbol{z} = \boldsymbol{D}\boldsymbol{y}$,可得 $h(z) = \boldsymbol{z}^{\mathrm{T}}\boldsymbol{D}^{\mathrm{T}}\boldsymbol{B}\boldsymbol{D}\boldsymbol{z} = z_1^2 + \cdots + z_p^2 - z_{p+1}^2 - \cdots - z_r^2$ 为实二次型 $f(\boldsymbol{x})$ 的规范型. 那么, $\boldsymbol{D}^{\mathrm{T}}\boldsymbol{B}\boldsymbol{D} = \begin{pmatrix} \boldsymbol{E}_p & & \\ & \boldsymbol{E}_{r-p} & \\ & & \boldsymbol{0} \end{pmatrix}$. 因此,$\boldsymbol{D}^{\mathrm{T}}\boldsymbol{Q}^{\mathrm{T}}\boldsymbol{A}\boldsymbol{Q}\boldsymbol{D} =$

$\begin{pmatrix} E_p & & \\ & E_{r-p} & \\ & & 0 \end{pmatrix}$,这说明 A 与矩阵 $\begin{pmatrix} E_p & & \\ & E_{r-p} & \\ & & 0 \end{pmatrix}$ 合同. 由规范型的唯一性,p 是 A 的正惯性指数.

(方法三):考虑实二次型 $f(x) = x^{\mathrm{T}}Ax$, 将实二次型 $f(x)$ 化为规范型,即存在可逆矩阵 C,经过非奇异线性替换 $x = Cy$,使得 $g(y) = y^{\mathrm{T}}C^{\mathrm{T}}ACy = y_1^2 + \cdots + y_p^2 - y_{p+1}^2 - \cdots - y_r^2$, 其中,$r$ 为 A 的秩. 那么, $D^{\mathrm{T}}AC = \begin{pmatrix} E_p & & \\ & E_{r-p} & \\ & & 0 \end{pmatrix}$. 这说明 A 与矩阵 $\begin{pmatrix} E_p & & \\ & E_{r-p} & \\ & & 0 \end{pmatrix}$ 合同. 由规范型的唯一性,p 是 A 的正惯性指数.

11. 试证明:n 阶实对称矩阵 A 合同于 B 的充分必要条件为 $r(A) = r(B)$, 且 A 和 B 的正惯性指数相等.

证明: 已知实对称矩阵 A 和 B 合同,那么实二次型 $f(x) = x^{\mathrm{T}}Ax$ 和 $g(x) = x^{\mathrm{T}}Bx$ 有相同的规范型,从而, $r(A) = r(B)$, 且 A 和 B 的正惯性指数相等.

反之,已知 $r(A) = r(B)$, 且 A 和 B 的正惯性指数相等,那么 A 和 B 都与矩阵

$$\begin{pmatrix} E_p & & \\ & E_{r-p} & \\ & & 0 \end{pmatrix}$$

合同,其中 $p = r(A) = r(B)$. 由合同矩阵的传递性,得到 A 和 B 是合同的.

12. 试证明二次型 f 的符号差 s 与 f 的秩 r 的奇偶性相同.

证明: 设 p 是 A 的正惯性指数,那么 $s = p - (r - p) = 2p - r$. 从而,$s +$

$r=2p$ 为偶数，s 和 r 具有相同的奇偶性.

13. 判断下列二次型是否为正定二次型：

(1) $f(x_1, x_2, x_3)=x_1^2+2x_2^2-3x_3^2+4x_1x_2+2x_2x_3$；

(2) $f(x_1, x_2, x_3)=3x_1^2+3x_2^2+3x_3^2+2x_1x_2+2x_1x_3+2x_2x_3$；

(3) $f(x_1, x_2, \cdots, x_n)=\sum_{i=1}^{n}x_i^2+\sum_{i=1}^{n-1}x_ix_{i+1}$.

解：(1) 利用配方法，将二次型化为标准型：

$$\begin{aligned}f(x_1, x_2, x_3)&=x_1^2+2x_2^2-3x_3^2+4x_1x_2+2x_2x_3\\&=(x_1+2x_2)^2-2x_2^2-3x_3^2+2x_2x_3\\&=(x_1+2x_2)^2-2\left(x_2-\frac{1}{2}x_3\right)^2-\frac{5}{2}x_3^2,\end{aligned}$$

可以看到，负惯性指数为 2，所以这个二次型不是正定的.

(2) 写出二次型的矩阵 $A=\begin{pmatrix}3&1&1\\1&3&1\\1&1&3\end{pmatrix}$. 计算得到 A 的特征多项式为 $|\lambda E-A|=(\lambda-5)(\lambda-2)^2$，因而，$A$ 的全部特征值为 $\lambda_1=5$，$\lambda_2=\lambda_3=2$，全都大于 0. 所以该二次型是正定的.

(3) 注意到，

$$f(x)=\frac{1}{2}\left(2\sum_{i=1}^{n}x_i^2+2\sum_{i=1}^{n-1}x_ix_{i+1}\right)=\frac{1}{2}\left[x_1^2+\sum_{i=1}^{n-1}(x_i+x_{i+1})^2+x_n^2\right].$$

可以看到，二次型是正定的.

注：以上各题也可写出二次型的矩阵，计算各阶顺序主子式是否全大于 0，从而进行判断.

14. 判断下列实对称矩阵是否为正定矩阵：

(1) $\begin{pmatrix}10&4&12\\4&2&-14\\12&-14&1\end{pmatrix}$；　　(2) $\begin{pmatrix}1&1&1\\1&2&2\\1&2&3\end{pmatrix}$；

(3) $\begin{pmatrix} 2 & 1 & 0 & 0 & \cdots & 0 & 0 \\ 1 & 2 & 1 & 0 & \cdots & 0 & 0 \\ 0 & 1 & 2 & 1 & \cdots & 0 & 0 \\ \vdots & \vdots & \vdots & \vdots & & \vdots & \vdots \\ 0 & 0 & 0 & 0 & \cdots & 1 & 0 \\ 0 & 0 & 0 & 0 & \cdots & 2 & 1 \\ 0 & 0 & 0 & 0 & \cdots & 1 & 2 \end{pmatrix}$.

解: (1) 矩阵的各阶顺序主子式分别为

$$\boldsymbol{A}_1 = |10| = 10 > 0,\ \boldsymbol{A}_2 = \begin{vmatrix} 10 & 4 \\ 4 & 2 \end{vmatrix} = 4 > 0,$$

$$\boldsymbol{A}_3 = \begin{vmatrix} 10 & 4 & 12 \\ 4 & 2 & -14 \\ 12 & -14 & 1 \end{vmatrix} = -3\,588 < 0,$$

所以 $\boldsymbol{A}$ 不是正定的;

(2) 矩阵的各阶顺序主子式分别为

$$\boldsymbol{A}_1 = |1| = 1 > 0,\ \boldsymbol{A}_2 = \begin{vmatrix} 1 & 1 \\ 1 & 2 \end{vmatrix} = 1 > 0,\ \boldsymbol{A}_3 = \begin{vmatrix} 1 & 1 & 1 \\ 1 & 2 & 2 \\ 1 & 2 & 3 \end{vmatrix} = 1 > 0,$$

所以 $\boldsymbol{A}$ 是正定的;

(3) 对于 $k = 1, 2, \cdots, n$, 矩阵的第 k 阶顺序主子式分别为

$$\boldsymbol{A}_k = \begin{vmatrix} 2 & 1 & 0 & 0 & \cdots & 0 & 0 \\ 1 & 2 & 1 & 0 & \cdots & 0 & 0 \\ 0 & 1 & 2 & 1 & \cdots & 0 & 0 \\ 0 & 0 & 1 & 2 & \cdots & 0 & 0 \\ \vdots & \vdots & \vdots & \vdots & & \vdots & \vdots \\ 0 & 0 & 0 & 0 & \cdots & 2 & 1 \\ 0 & 0 & 0 & 0 & \cdots & 1 & 2 \end{vmatrix}_k = k + 1 > 0,$$

所以 $\boldsymbol{A}$ 是正定的.

15. 讨论参数 t 满足什么条件时,下列二次型是正定二次型:

(1) $f(x_1, x_2, x_3) = x_1^2 + 4x_2^2 + 2x_3^2 + 2tx_1x_2 + 2x_1x_3$;

(2) $f(x_1, x_2, x_3) = 5x_1^2 + x_2^2 + tx_3^2 + 4x_1x_2 - 2x_1x_3 - 2x_2x_3$;

(3) $f(x_1, x_2, x_3) = tx_1^2 + x_2^2 + 5x_3^2 - 4x_1x_2 - 2tx_1x_3 + 4x_2x_3$.

解: (1) 写出二次型的矩阵: $\boldsymbol{A} = \begin{pmatrix} 1 & t & 1 \\ t & 4 & 0 \\ 1 & 0 & 2 \end{pmatrix}$. 令矩阵的各阶顺序主子式大于0,得到

$$\boldsymbol{A}_1 = |1| = 1 > 0,\ \boldsymbol{A}_2 = \begin{vmatrix} 1 & t \\ t & 4 \end{vmatrix} = 4 - t^2 > 0,\ \boldsymbol{A}_3 = \begin{vmatrix} 1 & t & 1 \\ t & 4 & 0 \\ 1 & 0 & 2 \end{vmatrix} = 4 - 2t^2 > 0.$$

解不等式组 $\begin{cases} 4 - t^2 > 0 \\ 4 - 2t^2 > 0 \end{cases}$, 得到 $-\sqrt{2} < t < \sqrt{2}$. 故当 $-\sqrt{2} < t < \sqrt{2}$ 时,二次型是正定二次型.

(2) 写出二次型的矩阵: $\boldsymbol{A} = \begin{pmatrix} 5 & 2 & -1 \\ 2 & 1 & -1 \\ -1 & -1 & t \end{pmatrix}$. 令矩阵的各阶顺序主子式大于0,得到

$$\boldsymbol{A}_1 = |5| = 5 > 0,\ \boldsymbol{A}_2 = \begin{vmatrix} 5 & 2 \\ 2 & 1 \end{vmatrix} = 1 > 0,\ \boldsymbol{A}_3 = \begin{vmatrix} 5 & 2 & -1 \\ 2 & 1 & -1 \\ -1 & -1 & t \end{vmatrix} = t - 2 > 0.$$

解不等式 $t - 2 > 0$, 得到 $t > 2$, 故当 $t > 2$ 时,二次型是正定二次型.

(3) 写出二次型的矩阵: $\boldsymbol{A} = \begin{pmatrix} t & -2 & -t \\ -2 & 1 & 2 \\ -t & 2 & 5 \end{pmatrix}$. 令矩阵的各阶顺序主子式大于0,得到

$$\boldsymbol{A}_1 = |t| = t > 0,\ \boldsymbol{A}_2 = \begin{vmatrix} t & -2 \\ -2 & 1 \end{vmatrix} = t - 4 > 0,$$

$$A_3 = \begin{vmatrix} t & -2 & -t \\ -2 & 1 & 2 \\ -t & 2 & 5 \end{vmatrix} = -t^2 + 9t - 20 > 0.$$

解不等式组$\begin{cases} t-4>0 \\ -t^2+9t-20>0 \end{cases}$，得到$4<t<5$. 故当$4<t<5$时，二次型是正定二次型.

16. 试证明实对称矩阵$\boldsymbol{A}$为正定矩阵的充分必要条件为$\boldsymbol{A}$合同于$\boldsymbol{E}$.

证明： 已知$\boldsymbol{A}$是正定矩阵，由定义，对任何$\boldsymbol{x}\neq\boldsymbol{0}$，都有$f(\boldsymbol{x})=\boldsymbol{x}^{\mathrm{T}}\boldsymbol{A}\boldsymbol{x}>0$. 将实二次型$f(\boldsymbol{x})$化为规范型，即存在可逆矩阵$\boldsymbol{C}$，经过非奇异线性替换$\boldsymbol{x}=\boldsymbol{C}\boldsymbol{y}$，使得$g(\boldsymbol{y})=\boldsymbol{y}^{\mathrm{T}}\boldsymbol{C}^{\mathrm{T}}\boldsymbol{A}\boldsymbol{C}\boldsymbol{y}=y_1^2+\cdots+y_p^2-y_{p+1}^2-\cdots-y_r^2$，其中$r$为$\boldsymbol{A}$的秩. 首先，我们必须有$r-p=0$. 否则，令$\tilde{\boldsymbol{y}}=(\underbrace{0,\cdots,0}_{p\text{个}},1,0,\cdots,0)^{\mathrm{T}}$，那么$g(\tilde{\boldsymbol{y}})=-1$. 这时，令$\tilde{\boldsymbol{x}}=\boldsymbol{C}\tilde{\boldsymbol{y}}\neq 0$，但是$f(\tilde{\boldsymbol{x}})=\tilde{\boldsymbol{y}}^{\mathrm{T}}C^{\mathrm{T}}\boldsymbol{A}\boldsymbol{C}\tilde{\boldsymbol{y}}=g(\tilde{\boldsymbol{y}})=-1<0$，与已知矛盾. 其次，我们必须有$r=n$. 否则，令$\tilde{\boldsymbol{y}}=(\underbrace{0,\cdots,0}_{n-1\text{个}},1)^{\mathrm{T}}$，那么$g(\tilde{\boldsymbol{y}})=0$. 这时，令$\tilde{\boldsymbol{x}}=\boldsymbol{C}\tilde{\boldsymbol{y}}\neq 0$，但是$f(\tilde{\boldsymbol{x}})=\tilde{\boldsymbol{y}}^{\mathrm{T}}\boldsymbol{C}^{\mathrm{T}}\boldsymbol{A}\boldsymbol{C}\tilde{\boldsymbol{y}}=g(\tilde{\boldsymbol{y}})=0$，与已知矛盾. 综上所述，$f(\boldsymbol{x})$的规范型$g(\boldsymbol{y})=\boldsymbol{y}^{\mathrm{T}}\boldsymbol{C}^{\mathrm{T}}\boldsymbol{A}\boldsymbol{C}\boldsymbol{y}=y_1^2+\cdots+y_n^2$. 这说明$\boldsymbol{A}$与$\boldsymbol{E}$合同.

反之，$\boldsymbol{A}$与$\boldsymbol{E}$合同. 那么存在可逆矩阵$\boldsymbol{C}$，经过非奇异线性替换$\boldsymbol{x}=\boldsymbol{C}\boldsymbol{y}$，使得二次型$f(\boldsymbol{x})=\boldsymbol{x}^{\mathrm{T}}\boldsymbol{A}\boldsymbol{x}$化为规范型$g(\boldsymbol{y})=\boldsymbol{y}^{\mathrm{T}}\boldsymbol{C}^{\mathrm{T}}\boldsymbol{A}\boldsymbol{C}\boldsymbol{y}=y_1^2+\cdots+y_n^2$. 对任何的$\boldsymbol{x}\neq\boldsymbol{0}$，都有$\boldsymbol{y}=\boldsymbol{C}^{-1}\boldsymbol{x}\neq\boldsymbol{0}$，且$f(\boldsymbol{x})=\boldsymbol{x}^{\mathrm{T}}\boldsymbol{A}\boldsymbol{x}=\boldsymbol{y}^{\mathrm{T}}\boldsymbol{C}^{\mathrm{T}}\boldsymbol{A}\boldsymbol{C}\boldsymbol{y}=y_1^2+\cdots+y_n^2>0$，从而$\boldsymbol{A}$是正定的.

17. 设$\boldsymbol{A}$为正定矩阵，$\boldsymbol{A}$合同于$\boldsymbol{B}$，试证明$\boldsymbol{B}$也是正定矩阵.

证明： 由于$\boldsymbol{A}$是正定的，所以$\boldsymbol{A}$合同于单位矩阵$\boldsymbol{E}$. 而$\boldsymbol{A}$与$\boldsymbol{B}$是合同的，由合同变换的传递性，$\boldsymbol{B}$与单位矩阵$\boldsymbol{E}$合同. 从而，$\boldsymbol{B}$也是正定的.

18. 设$\boldsymbol{A}$和$\boldsymbol{B}$为n阶正定矩阵，k和l为正实数. 试证明矩阵$k\boldsymbol{A}+l\boldsymbol{B}$为正定矩阵.

证明: 由正定矩阵定义,对任何 $\boldsymbol{x} \neq \boldsymbol{0}$,都有 $\boldsymbol{x}^{\mathrm{T}}\boldsymbol{A}\boldsymbol{x} > 0$, $\boldsymbol{x}^{\mathrm{T}}\boldsymbol{B}\boldsymbol{x} > 0$. 从而 $\boldsymbol{x}^{\mathrm{T}}(k\boldsymbol{A} + l\boldsymbol{B})\boldsymbol{x} = k(\boldsymbol{x}^{\mathrm{T}}\boldsymbol{A}\boldsymbol{x}) + l(\boldsymbol{x}^{\mathrm{T}}\boldsymbol{B}\boldsymbol{x}) > 0$. 因此,$k\boldsymbol{A} + l\boldsymbol{B}$ 正定.

19. 设 $\boldsymbol{A}$ 为正定矩阵,试证明:

(1) $\boldsymbol{A}^2$, $\boldsymbol{A}^3$, $\cdots$, $\boldsymbol{A}^m$($m \geqslant 2$,正整数)都是正定矩阵;

(2) $\boldsymbol{E} + \boldsymbol{A} + \boldsymbol{A}^2 + \cdots + \boldsymbol{A}^m$ 是正定矩阵;

(3) $3\boldsymbol{A}^2 + \boldsymbol{A} + 2\boldsymbol{E}$ 是正定矩阵.

证明: (1) 由于 $\boldsymbol{A}$ 是正定的,所以 $\boldsymbol{A}$ 的 n 个特征值 λ_1, $\cdots$, λ_n 全大于 0. 因而,$\boldsymbol{A}^m$ 的 n 个特征值 λ_1^m, $\cdots$, λ_n^m 全大于 0. 因此,$\boldsymbol{A}^m$ 是正定的.

(2) 由于 $\boldsymbol{A}$ 是正定的,所以 $\boldsymbol{A}$ 的 n 个特征值 λ_1, $\cdots$, λ_n 全大于 0. 因而,$\sum\limits_{k=0}^{m}\boldsymbol{A}^k$ 的 n 个特征值 $\sum\limits_{k=0}^{m}\lambda_1^k$, $\cdots$, $\sum\limits_{k=0}^{m}\lambda_n^k$ 全大于 0. 因此, $\sum\limits_{k=0}^{m}\boldsymbol{A}^k$ 是正定的.

(3) 由于 $\boldsymbol{A}$ 是正定的,所以 $\boldsymbol{A}$ 的 n 个特征值 λ_1, $\cdots$, λ_n 全大于 0. 因而,$3\boldsymbol{A}^2 + \boldsymbol{A} + 2\boldsymbol{E}$ 的 n 个特征值 $3\lambda_1^2 + \lambda_1 + 2$, $\cdots$, $3\lambda_n^2 + \lambda_n + 2$ 全大于 0. 因此,$\boldsymbol{A}^m$ 是正定的.

20. 设 $\boldsymbol{A}$ 为 $m \times n$ 实矩阵,试证明 $r(\boldsymbol{A}) = n$ 的充分必要条件为 $\boldsymbol{A}^{\mathrm{T}}\boldsymbol{A}$ 是正定矩阵.

证明: 已知 $r(\boldsymbol{A}) = n$, 注意到,对任意 $\boldsymbol{x} \neq \boldsymbol{0}$,都有 $f(\boldsymbol{x}) = \boldsymbol{x}^{\mathrm{T}}\boldsymbol{A}^{\mathrm{T}}\boldsymbol{A}\boldsymbol{x} = (\boldsymbol{A}\boldsymbol{x}, \boldsymbol{A}\boldsymbol{x}) \geqslant 0$. 下面用反证法,假设存在 $\boldsymbol{x} \neq \boldsymbol{0}$,但是 $f(\boldsymbol{x}) = (\boldsymbol{A}\boldsymbol{x}, \boldsymbol{A}\boldsymbol{x}) = 0$. 由内积正定性,必须有 $\boldsymbol{A}\boldsymbol{x} = \boldsymbol{0}$. 由 $r(\boldsymbol{A}) = n$,方程组 $\boldsymbol{A}\boldsymbol{x} = \boldsymbol{0}$ 只有零解,得到 $\boldsymbol{x} = \boldsymbol{0}$,产生矛盾. 从而,对任意 $\boldsymbol{x} \neq \boldsymbol{0}$,都有 $f(\boldsymbol{x}) = \boldsymbol{x}^{\mathrm{T}}\boldsymbol{A}^{\mathrm{T}}\boldsymbol{A}\boldsymbol{x} = (\boldsymbol{A}\boldsymbol{x}, \boldsymbol{A}\boldsymbol{x}) > 0$. 这说明 $\boldsymbol{A}^{\mathrm{T}}\boldsymbol{A}$ 是正定矩阵.

反之,$\boldsymbol{A}^{\mathrm{T}}\boldsymbol{A}$ 是正定矩阵,那么对任意 $\boldsymbol{x} \neq \boldsymbol{0}$,都有 $f(\boldsymbol{x}) = \boldsymbol{x}^{\mathrm{T}}\boldsymbol{A}^{\mathrm{T}}\boldsymbol{A}\boldsymbol{x} = (\boldsymbol{A}\boldsymbol{x}, \boldsymbol{A}\boldsymbol{x}) > 0$. 用反证法,假设 $r(\boldsymbol{A}) < n$,那么方程组 $\boldsymbol{A}\boldsymbol{x} = \boldsymbol{0}$ 存在非零解. 设 $\tilde{\boldsymbol{x}} \neq \boldsymbol{0}$ 是方程组 $\boldsymbol{A}\boldsymbol{x} = \boldsymbol{0}$ 的一个非零解,那么 $\boldsymbol{A}\tilde{\boldsymbol{x}} = \boldsymbol{0}$. 这导致 $f(\tilde{\boldsymbol{x}}) = \tilde{\boldsymbol{x}}^{\mathrm{T}}\boldsymbol{A}^{\mathrm{T}}\boldsymbol{A}\tilde{\boldsymbol{x}} = 0$,产生矛盾. 从而,假设不成立,必须有 $r(\boldsymbol{A}) = n$.

21. 设 $\boldsymbol{A} = (a_{ij})_{n\times n}$ 是正定矩阵,试证明矩阵

$$B = (b_i b_j a_{ij})_{n\times n}$$

是正定矩阵,其中 $b_i (i = 1, 2, \cdots, n)$ 是非零实常数.

证明: 令 $D = \begin{pmatrix} b_1 & & & \\ & b_2 & & \\ & & \ddots & \\ & & & b_n \end{pmatrix}$,那么 $B = D^TAD$, 从而 B 与 A 合同. 由已知,A 是正定矩阵,而合同变换不改变矩阵的正定性,所以 B 也是正定的.

22. 设 A 为实对称矩阵,t 为实数. 试证明: t 充分大之后,矩阵 $tE + A$ 为正定矩阵.

证明: 设 A 的 n 个实特征值为 $\lambda_1, \cdots, \lambda_n$,那么 $tE + A$ 的 n 个实特征值为 $t + \lambda_1, \cdots, t + \lambda_n$. 可见, $t > \max\{|\lambda_i|\,|\,i = 1, \cdots, n\}$ 时,$tE + A$ 的 n 个特征值全大于 0,从而, $tE + A$ 正定.

23. 试证明: 正交矩阵 A 是正定矩阵的充分必要条件为 A 是单位矩阵.

证明: 由于 A 是正交矩阵,所以 A 的特征值模均为 1. 又因为 A 是实对称矩阵,所以 A 的特征值全为实数. 从而,A 的 n 个特征值只能是 1 或者 -1;

若 A 是正定的,A 的 n 个特征值全大于 0,得到 A 的 n 个特征值全是 1,从而 A 正交相似于单位矩阵 E,即存在正交矩阵 Q,使得 $A = Q^TEQ = Q^{-1}EQ = E$.

反之,若 A 是单位矩阵,显然 A 是正定的.

24. 试证明: 实对称矩阵 A 是正定矩阵的充分必要条件为 A 的特征值都大于零.

证明: A 是实对称矩阵, 从而存在正交矩阵 Q, 使得 $Q^TAQ = \begin{pmatrix} \lambda_1 & & & \\ & \lambda_2 & & \\ & & \ddots & \\ & & & \lambda_n \end{pmatrix}$, λ_i 为特征值, $i = 1, \cdots, n$.

即二次型$f(x_1,\cdots,x_n)=\boldsymbol{x}^{\mathrm{T}}\boldsymbol{A}\boldsymbol{x}$经正交变换$\boldsymbol{x}=\boldsymbol{Q}\boldsymbol{y}$,使得$f(\boldsymbol{x})=\boldsymbol{x}^{\mathrm{T}}\boldsymbol{A}\boldsymbol{x}=\boldsymbol{y}^{\mathrm{T}}\boldsymbol{Q}^{\mathrm{T}}\boldsymbol{A}\boldsymbol{Q}\boldsymbol{y}=\lambda_1y_1^2+\cdots+\lambda_ny_n^2$而标准二次型$f(\boldsymbol{x})=\lambda_1y_1^2+\cdots+\lambda_ny_n^2$正定$\Leftrightarrow$ $\lambda_i>0,i=1,\cdots,n$.

25. 设$\boldsymbol{A}$为实对称矩阵,且满足$\boldsymbol{A}^2-3\boldsymbol{A}+2\boldsymbol{E}=\boldsymbol{O}$. 试证明:$\boldsymbol{A}$为正定矩阵.

证明: 由已知$\boldsymbol{A}$满足$\boldsymbol{A}^2-3\boldsymbol{A}+2\boldsymbol{E}=\boldsymbol{O}$,可以得到$\boldsymbol{A}$的特征值只能是1或者2. 这说明$\boldsymbol{A}$的$n$个特征值一定全大于0,从而$\boldsymbol{A}$是正定的.

26. 若$\boldsymbol{A}$是正定矩阵,试证明:存在正定矩阵$\boldsymbol{B}$,使$\boldsymbol{A}=\boldsymbol{B}^2$.

证明: $\boldsymbol{A}$是实对称阵,所以存在正交矩阵$\boldsymbol{Q}$,使得$\boldsymbol{A}=\boldsymbol{Q}^{\mathrm{T}}\boldsymbol{D}\boldsymbol{Q}$,其中$\boldsymbol{D}=\begin{pmatrix}\lambda_1 & & & \\ & \lambda_2 & & \\ & & \ddots & \\ & & & \lambda_n\end{pmatrix}$.

又因为$\boldsymbol{A}$正定,所以$\lambda_i>0$, $i=1,2,\cdots,n$. 令$\tilde{\boldsymbol{D}}=\begin{pmatrix}\sqrt{\lambda_1} & & & \\ & \sqrt{\lambda_2} & & \\ & & \ddots & \\ & & & \sqrt{\lambda_n}\end{pmatrix}$,可以得到$\boldsymbol{A}=\boldsymbol{Q}^{\mathrm{T}}\tilde{\boldsymbol{D}}\boldsymbol{Q}\boldsymbol{Q}^{\mathrm{T}}\tilde{\boldsymbol{D}}\boldsymbol{Q}$. 令$\boldsymbol{B}=\boldsymbol{Q}^{\mathrm{T}}\tilde{\boldsymbol{D}}\boldsymbol{Q}$,那么$\boldsymbol{A}=\boldsymbol{B}^2$. 注意到,$\boldsymbol{B}$是实对称矩阵,且$\boldsymbol{B}$与$\tilde{\boldsymbol{D}}$是合同的,所以$\boldsymbol{B}$是正定矩阵.

27. 试证明:设$\boldsymbol{A}$为n阶实对称矩阵,且$\boldsymbol{A}^2=\boldsymbol{A}$,则

$$\boldsymbol{B}=\boldsymbol{E}+\boldsymbol{A}+\boldsymbol{A}^2+\cdots+\boldsymbol{A}^m\ (m\text{ 为正整数})$$

是正定矩阵.

证明: 由$\boldsymbol{A}=\boldsymbol{A}^2$知,$\boldsymbol{A}$的特征值只能为0或1. 这样,$\boldsymbol{B}$的特征值只能为1或$m+1$. 当$m\geqslant 1$时,$\boldsymbol{B}$的$n$个特征值全大于0,从而$\boldsymbol{B}$是正定矩阵.

28. 设 $\boldsymbol{A}=(a_{ij})$ 是 n 阶实矩阵,如果$\mathbb{R}^n$对于内积

$$(\boldsymbol{\alpha},\boldsymbol{\beta})=\boldsymbol{\alpha}^{\mathrm{T}}\boldsymbol{A}\boldsymbol{\beta},\ \boldsymbol{\alpha},\boldsymbol{\beta}\in\mathbb{R}^n$$

作为一个欧氏空间,试证明 $\boldsymbol{A}$ 必是正定矩阵.

证明: 已知$(\boldsymbol{\alpha},\boldsymbol{\beta})$构成$\mathbb{R}^n$上内积,由内积的正定性,对任何 $\boldsymbol{x}\in\mathbb{R}^n$, $\boldsymbol{x}\neq\boldsymbol{0}$,都有 $\boldsymbol{x}^{\mathrm{T}}\boldsymbol{A}\boldsymbol{x}=(\boldsymbol{x},\boldsymbol{x})>0$, 从而 $\boldsymbol{A}$ 是正定矩阵.

(二)

29. 已知二次型

$$f(x_1,x_2,x_3)=5x_1^2+5x_2^2+ax_3^2-2x_1x_2+6x_1x_3-6x_2x_3$$

的秩为2,试求:

(1) 参数 a 的值;

(2) $f(x_1,x_2,x_3)$在正交替换下的标准型.

解: (1) 二次型的矩阵 $\boldsymbol{A}=\begin{pmatrix}5&-1&3\\-1&5&-3\\3&-3&a\end{pmatrix}$. 已知 $r(\boldsymbol{A})=2$, 所以 $|\boldsymbol{A}|=0$, 计算得 $|\boldsymbol{A}|=24a-72=0$,故 $a=3$.

(2) 计算得到 $\boldsymbol{A}$ 的特征多项式为 $|\lambda\boldsymbol{E}-\boldsymbol{A}|=\lambda(\lambda-4)(\lambda-9)$, $\boldsymbol{A}$ 的三个特征值为 $\lambda_1=4$, $\lambda_2=9$, $\lambda_3=0$. 因此,二次型在正交替换下的标准型为 $4y_1^2+9y_2^2$.

30. 试证明:对任何实数 $a_1,a_2,\cdots,a_n$ 和 $b_1,b_2,\cdots,b_n$,有

$$\left(\sum_{i=1}^n a_ib_i\right)^2\leqslant\sum_{i=1}^n a_i^2\sum_{i=1}^n b_i^2.$$

证明: 考虑$\mathbb{R}^n$上的内积 $(\boldsymbol{\alpha},\boldsymbol{\beta})=\boldsymbol{\alpha}^{\mathrm{T}}\boldsymbol{\beta}$. 设 $\boldsymbol{\alpha}=(a_1,\cdots,a_n)^{\mathrm{T}}$, $\boldsymbol{\beta}=(b_1,\cdots,b_n)^{\mathrm{T}}$, 由内积的柯西不等式: $|(\boldsymbol{\alpha},\boldsymbol{\beta})|\leqslant|\boldsymbol{\alpha}|\cdot|\boldsymbol{\beta}|$,有$\left(\sum_{i=1}^n a_ib_i\right)^2\leqslant\sum_{i=1}^n a_i^2\sum_{i=1}^n b_i^2$, 故结论得证.

31. 设矩阵

$$A=\begin{pmatrix}1 & -10 & 10\\0 & -2 & 8\\0 & 0 & 3\end{pmatrix},$$

试判断二次型 $f(\boldsymbol{x})=\boldsymbol{x}^{\mathrm{T}}(\boldsymbol{A}^{\mathrm{T}}\boldsymbol{A})\boldsymbol{x}$ 是否正定.

解: 由于 $|\boldsymbol{A}|=-6\neq 0$,所以 $r(\boldsymbol{A})=3$, 这样,根据本章第 20 题结论: $\boldsymbol{A}^{\mathrm{T}}\boldsymbol{A}$ 正定$\Leftrightarrow$$\boldsymbol{A}$ 列满秩. 故 $\boldsymbol{A}^{\mathrm{T}}\boldsymbol{A}$ 是正定矩阵.

32. 设 $\boldsymbol{A}$ 和 $\boldsymbol{B}$ 为 n 阶正定矩阵,试证明: 矩阵 $\boldsymbol{AB}$ 为正定矩阵的充分必要条件为 $\boldsymbol{AB}=\boldsymbol{BA}$.

证明: 若 $\boldsymbol{AB}$ 是正定矩阵,而 $\boldsymbol{AB}$ 是实对称阵,那么 $\boldsymbol{AB}=(\boldsymbol{AB})^{\mathrm{T}}=\boldsymbol{B}^{\mathrm{T}}\boldsymbol{A}^{\mathrm{T}}=\boldsymbol{BA}$.

反之,若 $\boldsymbol{AB}=\boldsymbol{BA}$,首先 $(\boldsymbol{AB})^{\mathrm{T}}=\boldsymbol{B}^{\mathrm{T}}\boldsymbol{A}^{\mathrm{T}}=\boldsymbol{BA}=\boldsymbol{AB}$, 所以 $\boldsymbol{AB}$ 是实对称矩阵,其次,由 $\boldsymbol{A}$, $\boldsymbol{B}$ 正定,存在可逆矩阵 $\boldsymbol{Q}$, $\boldsymbol{P}$,使得 $\boldsymbol{AB}=\boldsymbol{Q}^{\mathrm{T}}\boldsymbol{QP}^{\mathrm{T}}\boldsymbol{P}=\boldsymbol{Q}^{\mathrm{T}}\boldsymbol{QP}^{\mathrm{T}}\boldsymbol{PQ}^{\mathrm{T}}(\boldsymbol{Q}^{\mathrm{T}})^{-1}$, 从而 $\boldsymbol{AB}$ 与矩阵 $\boldsymbol{QP}^{\mathrm{T}}\boldsymbol{PQ}^{\mathrm{T}}$ 相似. 令 $\boldsymbol{C}=\boldsymbol{PQ}^{\mathrm{T}}$, 则 $\boldsymbol{C}$ 是可逆矩阵,而 $\boldsymbol{QP}^{\mathrm{T}}\boldsymbol{PQ}^{\mathrm{T}}=\boldsymbol{C}^{\mathrm{T}}\boldsymbol{C}$, 从而 $\boldsymbol{QP}^{\mathrm{T}}\boldsymbol{PQ}^{\mathrm{T}}$ 是正定的,它的 n 个特征值全大于 0. 从而 $\boldsymbol{AB}$ 的 n 个特征值全大于 0,故 $\boldsymbol{AB}$ 正定.

33. 设 $\boldsymbol{A}$ 和 $\boldsymbol{B}$ 为 n 阶实对称矩阵,并且 $\boldsymbol{A}$ 是正定矩阵,试证明: 试存在 n 阶实可逆矩阵 $\boldsymbol{P}$,使得 $\boldsymbol{P}^{\mathrm{T}}\boldsymbol{AP}$ 与 $\boldsymbol{P}^{\mathrm{T}}\boldsymbol{BP}$ 都是对角矩阵.

证明: 由于 $\boldsymbol{A}$ 是正定的,所以存在可逆矩阵 $\boldsymbol{M}$,使得 $\boldsymbol{M}^{\mathrm{T}}\boldsymbol{AM}=\boldsymbol{E}$. 记 $\boldsymbol{C}=\boldsymbol{M}^{\mathrm{T}}\boldsymbol{BM}$. 那么 $\boldsymbol{C}$ 与 $\boldsymbol{B}$ 是合同的,因为 $\boldsymbol{B}$ 为实对称矩阵,所以 $\boldsymbol{C}$ 为实对称矩阵,从而存在正交矩阵 $\boldsymbol{Q}$,使得 $\boldsymbol{Q}^{\mathrm{T}}\boldsymbol{CQ}=\boldsymbol{Q}^{-1}\boldsymbol{CQ}$ 为对角矩阵. 这样,令 $\boldsymbol{P}=\boldsymbol{MQ}$, 则

$$\boldsymbol{P}^{\mathrm{T}}\boldsymbol{AP}=\boldsymbol{Q}^{\mathrm{T}}\boldsymbol{M}^{\mathrm{T}}\boldsymbol{AMQ}=\boldsymbol{Q}^{\mathrm{T}}\boldsymbol{EQ}=\boldsymbol{E},$$

$$\boldsymbol{P}^{\mathrm{T}}\boldsymbol{BP}=\boldsymbol{Q}^{\mathrm{T}}\boldsymbol{M}^{\mathrm{T}}\boldsymbol{BMQ}=\boldsymbol{Q}^{\mathrm{T}}\boldsymbol{CQ}\text{ 为对角矩阵.}$$

故结论得证.

34. 设 $\boldsymbol{A}$ 和 $\boldsymbol{B}$ 为 n 阶正定矩阵,且方程 $|x\boldsymbol{A}-\boldsymbol{B}|=0$ 的根是 1. 试证明: $\boldsymbol{A}=\boldsymbol{B}$.

证明: 因为 $\boldsymbol{A}$ 为正定矩阵,存在可逆矩阵 $\boldsymbol{P}$,使得 $\boldsymbol{A}=\boldsymbol{P}^{\mathrm{T}}\boldsymbol{P}$,从而 $|x\boldsymbol{A}-\boldsymbol{B}|=|x\boldsymbol{P}^{\mathrm{T}}\boldsymbol{P}-\boldsymbol{B}|=|\boldsymbol{P}^{\mathrm{T}}(x\boldsymbol{E}-(\boldsymbol{P}^{\mathrm{T}})^{-1}\boldsymbol{B}\boldsymbol{P}^{-1})\boldsymbol{P}|=|\boldsymbol{P}^{\mathrm{T}}|\cdot|x\boldsymbol{E}-(\boldsymbol{P}^{\mathrm{T}})^{-1}\boldsymbol{B}\boldsymbol{P}^{-1}|\cdot|\boldsymbol{P}|=0$, 即 $|x\boldsymbol{E}-(\boldsymbol{P}^{\mathrm{T}})^{-1}\boldsymbol{B}\boldsymbol{P}^{-1}|=0$. 由已知可得,方程 $|x\boldsymbol{E}-(\boldsymbol{P}^{\mathrm{T}})^{-1}\boldsymbol{B}\boldsymbol{P}^{-1}|=0$ 的 n 个根全为 1,从而矩阵 $(\boldsymbol{P}^{\mathrm{T}})^{-1}\boldsymbol{B}\boldsymbol{P}^{-1}$ 的特征值全是 1,从而存在正交矩阵 $\boldsymbol{Q}$,使得 $\boldsymbol{Q}^{\mathrm{T}}(\boldsymbol{P}^{\mathrm{T}})^{-1}\boldsymbol{B}\boldsymbol{P}^{-1}\boldsymbol{Q}=\boldsymbol{E}\Rightarrow\boldsymbol{B}=\boldsymbol{P}^{\mathrm{T}}\boldsymbol{Q}\boldsymbol{Q}^{-1}\boldsymbol{P}=\boldsymbol{P}^{\mathrm{T}}\boldsymbol{P}=\boldsymbol{A}$, 故结论得证.

35. 设二次型

$$f(x_1,x_2,x_3)=(1-\lambda)x_1^2+(1-\lambda)x_2^2+2(1-\lambda)x_1x_2+2x_3^2.$$

已知 $r(f)=2$, 试求:

(1) 参数 λ 的值;

(2) 正交替换 $\boldsymbol{x}=\boldsymbol{Q}\boldsymbol{y}$, 将 f 化为标准型;

(3) $f=0$ 的解.

解: (1) 二次型的矩阵 $\boldsymbol{A}=\begin{pmatrix}1-\lambda & 1-\lambda & 0\\ 1-\lambda & 1-\lambda & 0\\ 0 & 0 & 2\end{pmatrix}$. 由已知 $r(\boldsymbol{A})=2$,所以 $\lambda\neq1$.

(2) 计算得到 $\boldsymbol{A}$ 的特征多项式为 $|x\boldsymbol{E}-\boldsymbol{A}|=x(x+2\lambda-2)(x-2)$,$\boldsymbol{A}$ 的三个特征值为 $x_1=2$, $x_2=2-2\lambda$, $x_3=0$. 这样,二次型在正交替换下的标准型为 $2y_1^2+2(1-\lambda)y_2^2$.

$\boldsymbol{A}$ 的属于特征值 2 的线性无关的特征向量为 $\boldsymbol{\eta}_1=\begin{pmatrix}0\\0\\1\end{pmatrix}$;

$\boldsymbol{A}$ 的属于特征值 $2(1-\lambda)$ 的线性无关的特征向量为 $\begin{pmatrix}1\\1\\0\end{pmatrix}$,单位化得 $\boldsymbol{\eta}_2=\frac{1}{\sqrt{2}}\begin{pmatrix}1\\1\\0\end{pmatrix}$;

$\boldsymbol{A}$ 的属于特征值 0 的线性无关的特征向量为 $\begin{pmatrix} -1 \\ 1 \\ 0 \end{pmatrix}$，单位化得 $\boldsymbol{\eta}_3 = \frac{1}{\sqrt{2}}\begin{pmatrix} -1 \\ 1 \\ 0 \end{pmatrix}$.

令 $\boldsymbol{Q} = (\boldsymbol{\eta}_1, \boldsymbol{\eta}_2, \boldsymbol{\eta}_3) = \begin{pmatrix} 0 & \frac{\sqrt{2}}{2} & -\frac{\sqrt{2}}{2} \\ 0 & \frac{\sqrt{2}}{2} & \frac{\sqrt{2}}{2} \\ 1 & 0 & 0 \end{pmatrix}$，那么所求的正交替换为 $\boldsymbol{x} = \boldsymbol{Q}\boldsymbol{y}$.

(3) 注意到，$f(\boldsymbol{x}) = (1-\lambda)(x_1+x_2)^2 + 2x_3^2$. 当 $\lambda < 1$ 时，由 $f(\boldsymbol{x}) = 0$ 得到 $\begin{cases} x_1 + x_2 = 0 \\ x_3 = 0 \end{cases}$. 这样，$f(\boldsymbol{x}) = 0$ 的解为

$$\left\{ x \mid x = a\begin{pmatrix} -1 \\ 1 \\ 0 \end{pmatrix},\ a \text{ 为任意实数} \right\};$$

当 $\lambda > 1$ 时，由 $(1-\lambda)(x_1+x_2)^2 + 2x_3^2 = 0$，得到 $x_3 = \pm\frac{\sqrt{2(\lambda-1)}}{2}(x_1+x_2)$. 这样，$f(\boldsymbol{x}) = 0$ 的解为

$$\left\{ x \mid x = a\begin{pmatrix} 1 \\ 0 \\ \pm\frac{\sqrt{2(\lambda-1)}}{2} \end{pmatrix} + b\begin{pmatrix} 0 \\ 1 \\ \pm\frac{\sqrt{2(\lambda-1)}}{2} \end{pmatrix},\ a, b \text{ 为任意实数} \right\}.$$

36. 用正交替换化二次型

$$f = \sum_{i=1}^{n} x_i^2 + \sum_{1 \leqslant i < j \leqslant n} x_i x_j$$

为标准型.

解： 二次型的矩阵 $\boldsymbol{A}$ 为

$$A=\begin{pmatrix}1&\frac{1}{2}&\cdots&\frac{1}{2}\\\frac{1}{2}&1&\cdots&\frac{1}{2}\\\cdots&\cdots&\cdots&\cdots\\\frac{1}{2}&\frac{1}{2}&\cdots&1\end{pmatrix}.\text{且}\ |\lambda E-A|=\left[1+\frac{1}{2}(n-1)\right]\left(\frac{1}{2}\right)^{n-1},$$

所以 A 的 n 个特征值为 $\frac{1}{2}(n-1)+1$ 和 $(n-1)$ 个 $\frac{1}{2}$；

A 的属于特征值 $\frac{1}{2}(n-1)+1$ 的线性无关的特征向量为 $\begin{pmatrix}1\\1\\\vdots\\1\end{pmatrix}$，单位化得

$$\eta_1=\frac{1}{\sqrt{n}}\begin{pmatrix}1\\1\\\vdots\\1\end{pmatrix};$$

A 的属于特征值 $\frac{1}{2}$ 的线性无关的正交的特征向量为 $\beta_{i+1}=(\underbrace{-1,\cdots,-1}_{i个},i,0,\cdots,0)^{\mathrm{T}}$，单位化得到 $\eta_{i+1}=\frac{1}{\sqrt{i+i^2}}(\underbrace{-1,\cdots,-1}_{i个},i,0,\cdots,0)^{\mathrm{T}}$；

令 $Q=(\eta_1,\eta_2,\eta_n)$，则经过正交替换 $x=Qy$，二次型 $f(x)$ 化为标准型 $\left[\frac{1}{2}(n-1)+1\right]y_1^2+\frac{1}{2}\sum_{i=2}^{n}y_i^2$.

37. 设矩阵

$$A=\begin{pmatrix}a_{11}&a_{12}&\cdots&a_{1n}\\a_{21}&a_{22}&\cdots&a_{2n}\\\vdots&\vdots&&\vdots\\a_{n1}&a_{n2}&\cdots&a_{nn}\end{pmatrix}$$

是正定矩阵,试证明:二次型

$$f(x_1, x_2, \cdots, x_n) = \begin{vmatrix} 0 & x_1 & x_2 & \cdots & x_n \\ x_1 & a_{11} & a_{12} & \cdots & a_{1n} \\ x_2 & a_{21} & a_{22} & \cdots & a_{2n} \\ \vdots & \vdots & \vdots & & \vdots \\ x_n & a_{n1} & a_{n2} & \cdots & a_{nn} \end{vmatrix}$$

是负定二次型.

证明: 考虑矩阵$\begin{pmatrix} 0 & \boldsymbol{x}^{\mathrm{T}} \\ \boldsymbol{x} & \boldsymbol{A} \end{pmatrix}$,利用分块矩阵初等变换可得

$$\begin{pmatrix} 1 & -\boldsymbol{x}^{\mathrm{T}}\boldsymbol{A}^{-1} \\ 0 & \boldsymbol{E} \end{pmatrix}\begin{pmatrix} 0 & \boldsymbol{x}^{\mathrm{T}} \\ \boldsymbol{x} & \boldsymbol{A} \end{pmatrix}\begin{pmatrix} 1 & -\boldsymbol{x}^{\mathrm{T}}\boldsymbol{A}^{-1} \\ 0 & \boldsymbol{E} \end{pmatrix}^{\mathrm{T}} = \begin{pmatrix} -\boldsymbol{x}^{\mathrm{T}}\boldsymbol{A}^{-1}\boldsymbol{x} & 0 \\ 0 & \boldsymbol{A} \end{pmatrix}$$

上述等式两边计算行列式,可以得到$f(x) = \begin{vmatrix} 0 & \boldsymbol{x}^{\mathrm{T}} \\ \boldsymbol{x} & \boldsymbol{A} \end{vmatrix} = -\boldsymbol{x}^{\mathrm{T}}\boldsymbol{A}^{-1}\boldsymbol{x} \cdot |\boldsymbol{A}|$. 已知$\boldsymbol{A}$是正定矩阵,所以$\boldsymbol{A}^{-1}$是正定矩阵,且$|\boldsymbol{A}| > 0$. 从而,$f(\boldsymbol{x})$是负定二次型.

38. 试证明:二次型$f(x_1, x_2, \cdots, x_n)$能分解为两个实一次齐次式乘积的充分必要条件是f的秩为2,且符号差$s = 0$,或者f的秩为1.

证明: 若$f(\boldsymbol{x})$可以分解为两个实一次齐次式的乘积,不妨设

$$f(\boldsymbol{x}) = \left(\sum_{k=1}^{n} a_k x_k\right)\left(\sum_{k=1}^{n} b_k x_k\right)$$

设$\boldsymbol{B} = \boldsymbol{\alpha}\boldsymbol{\beta}^{\mathrm{T}}$,其中$\boldsymbol{\alpha} = (a_1, \cdots, a_n)^{\mathrm{T}}$, $\boldsymbol{\beta} = (b_1, \cdots, b_n)^{\mathrm{T}}$,则$f(\boldsymbol{x}) = \boldsymbol{x}^{\mathrm{T}}\boldsymbol{B}\boldsymbol{x}$. 但是,注意$\boldsymbol{B}$不一定是对称矩阵,并不是二次型$f(\boldsymbol{x})$的矩阵. 而二次型$f(\boldsymbol{x}) = \boldsymbol{x}^{\mathrm{T}}\left(\frac{\boldsymbol{B}+\boldsymbol{B}^{\mathrm{T}}}{2}\right)\boldsymbol{x}$, $\frac{\boldsymbol{B}+\boldsymbol{B}^{\mathrm{T}}}{2}$是二次型$f(\boldsymbol{x})$的矩阵. 令$\boldsymbol{A} = \frac{\boldsymbol{B}+\boldsymbol{B}^{\mathrm{T}}}{2}$,那么$1 \leqslant r(\boldsymbol{A}) \leqslant 2$. 当$r(\boldsymbol{A}) = 2$时,存在可逆矩阵$\boldsymbol{P}$,使得经过非奇异线性替换$\boldsymbol{x} = \boldsymbol{P}\boldsymbol{y}$,化$f(\boldsymbol{x})$为规范型. 那么$f(\boldsymbol{x})$的规范型$g(\boldsymbol{y})$只有三种情况:① $g(\boldsymbol{y}) = y_1^2 + y_2^2$; ② $g(\boldsymbol{y}) = -y_1^2 - y_2^2$; ③ $g(\boldsymbol{y}) = y_1^2 - y_2^2$. 注意到,情况①和情况②都不可能分

解为两个实一次齐次式的乘积，这样 $f(\boldsymbol{x})$ 的规范型只能为 $g(\boldsymbol{y}) = y_1^2 - y_2^2$，它的符号差为 0.

反之，若 $f(\boldsymbol{x})$ 的秩为 2，且符号差为 0，或者秩为 1，设二次型 $f(\boldsymbol{x})$ 的矩阵为 $\boldsymbol{A}$. 当 $r(\boldsymbol{A}) = 1$ 时，存在两个列向量 $\boldsymbol{\alpha}$ 和 $\boldsymbol{\beta}$，使得 $\boldsymbol{A} = \boldsymbol{\alpha}\boldsymbol{\beta}^{\mathrm{T}}$. 这样，$f(\boldsymbol{x}) = \boldsymbol{x}^{\mathrm{T}}\boldsymbol{A}\boldsymbol{x} = (\boldsymbol{x}^{\mathrm{T}}\boldsymbol{\alpha})(\boldsymbol{\beta}^{\mathrm{T}}\boldsymbol{x})$，从而 $f(\boldsymbol{x})$ 可以分解为两个实一次齐次式的乘积. 当 $f(\boldsymbol{x})$ 的秩为 2，且符号差为 0 时，存在可逆矩阵 $\boldsymbol{P}$，使得经过非奇异线性替换 $\boldsymbol{x} = \boldsymbol{P}\boldsymbol{y}$，化 $f(\boldsymbol{x})$ 为规范型 $g(\boldsymbol{y}) = y_1^2 - y_2^2 = (y_1 + y_2)(y_1 - y_2)$. 令 $\boldsymbol{\alpha} = (1, 1, 0, \cdots, 0)^{\mathrm{T}}$，$\boldsymbol{\beta} = (1, -1, 0, \cdots, 0)^{\mathrm{T}}$，则 $g(\boldsymbol{y}) = \boldsymbol{y}^{\mathrm{T}}\boldsymbol{\alpha}\boldsymbol{\beta}^{\mathrm{T}}\boldsymbol{y}$. 这样，$f(\boldsymbol{x}) = \boldsymbol{x}^{\mathrm{T}}(\boldsymbol{P}^{-1})^{\mathrm{T}}\boldsymbol{\alpha}\boldsymbol{\beta}^{\mathrm{T}}\boldsymbol{P}^{-1}\boldsymbol{x} = (\boldsymbol{x}^{\mathrm{T}}(\boldsymbol{P}^{-1})^{\mathrm{T}}\boldsymbol{\alpha})(\boldsymbol{\beta}^{\mathrm{T}}\boldsymbol{P}^{-1}\boldsymbol{x})$，从而 $f(\boldsymbol{x})$ 可以分解为两个实一次齐次式的乘积.

39. 设 $\boldsymbol{\alpha}_1, \boldsymbol{\alpha}_2, \cdots, \boldsymbol{\alpha}_n$ 是标准正交列向量组，k 为实数，矩阵 $\boldsymbol{H} = \boldsymbol{E} - k\boldsymbol{\alpha}_1\boldsymbol{\alpha}_1^{\mathrm{T}}$，试证明：

(1) $\boldsymbol{H}$ 是实对称矩阵；

(2) $\boldsymbol{\alpha}_1$ 是 $\boldsymbol{H}$ 的特征向量，并求出其对应的特征值；

(3) $\boldsymbol{\alpha}_2, \boldsymbol{\alpha}_3, \cdots, \boldsymbol{\alpha}_n$ 也是 $\boldsymbol{H}$ 的特征向量，并求出它们对应的特征值；

(4) $k = 0$ 或 $k = 2$ 时，$\boldsymbol{H}$ 为正交矩阵；

(5) $k \neq 1$ 时，$\boldsymbol{H}$ 为可逆矩阵；

(6) $k < 1$ 时，$\boldsymbol{H}$ 为正定矩阵.

解：(1) $\boldsymbol{H}^{\mathrm{T}} = (\boldsymbol{E} - k\boldsymbol{\alpha}_1\boldsymbol{\alpha}_1^{\mathrm{T}})^{\mathrm{T}} = \boldsymbol{E} - k\boldsymbol{\alpha}_1\boldsymbol{\alpha}_1^{\mathrm{T}} = \boldsymbol{H}$，所以 $\boldsymbol{H}$ 是实对称阵.

(2) $\boldsymbol{H}\boldsymbol{\alpha}_1 = (\boldsymbol{E} - k\boldsymbol{\alpha}_1\boldsymbol{\alpha}_1^{\mathrm{T}})\boldsymbol{\alpha}_1 = \boldsymbol{\alpha}_1 - k\boldsymbol{\alpha}_1\boldsymbol{\alpha}_1^{\mathrm{T}}\boldsymbol{\alpha}_1 = (1 - k\boldsymbol{\alpha}_1^{\mathrm{T}}\boldsymbol{\alpha}_1)\boldsymbol{\alpha}_1 = (1 - k)\boldsymbol{\alpha}_1$，所以 $\boldsymbol{\alpha}_1$ 是矩阵 $\boldsymbol{H}$ 的属于特征值 $1 - k$ 的特征向量.

(3) 对 $i = 2, \cdots, n$，计算 $\boldsymbol{H}\boldsymbol{\alpha}_i = (\boldsymbol{E} - k\boldsymbol{\alpha}_1\boldsymbol{\alpha}_1^{\mathrm{T}})\boldsymbol{\alpha}_i = \boldsymbol{\alpha}_i - k\boldsymbol{\alpha}_1\boldsymbol{\alpha}_1^{\mathrm{T}}\boldsymbol{\alpha}_i = \boldsymbol{\alpha}_i$，所以 $\boldsymbol{\alpha}_i$ 是矩阵 $\boldsymbol{H}$ 的属于特征值 1 的特征向量.

(4) 显然，$k = 0$ 时，$\boldsymbol{H} = \boldsymbol{E}$ 为正交矩阵. 当 $k = 2$ 时，用如下两种方法可证明 $\boldsymbol{H}$ 为正交矩阵.

方法一：可以计算 $\boldsymbol{H}^{\mathrm{T}}\boldsymbol{H} = \boldsymbol{H}^2 = (\boldsymbol{E} - 2\boldsymbol{\alpha}_1\boldsymbol{\alpha}_1^{\mathrm{T}})^2 = \boldsymbol{E}$，所以 $\boldsymbol{H}$ 是正交矩阵；

方法二：根据上述(2)和(3)的结论，令 $\boldsymbol{Q} = (\boldsymbol{\alpha}_1, \cdots, \boldsymbol{\alpha}_n)$，$\boldsymbol{D} = \mathrm{diag}(-1, 1, \cdots, 1)$，那么 $\boldsymbol{Q}$ 为正交矩阵，且 $\boldsymbol{H} = \boldsymbol{Q}\boldsymbol{D}\boldsymbol{Q}^{\mathrm{T}}$，从而 $\boldsymbol{H}^2 = \boldsymbol{Q}\boldsymbol{D}\boldsymbol{Q}^{\mathrm{T}}\boldsymbol{Q}\boldsymbol{D}\boldsymbol{Q}^{\mathrm{T}} = \boldsymbol{Q}\boldsymbol{D}^2\boldsymbol{Q}^{\mathrm{T}} = \boldsymbol{Q}\boldsymbol{Q}^{\mathrm{T}} = \boldsymbol{E}$，故 $\boldsymbol{H}$ 是正交矩阵.

(5) 当 $k \neq 1$ 时,由上述(2)和(3)的结论,$\boldsymbol{H}$ 没有 0 特征值,所以 $|\boldsymbol{H}| \neq 0$, $\boldsymbol{H}$ 为可逆矩阵.

(6) 当 $k < 1$ 时,$\boldsymbol{H}$ 的全部特征值为 $1-k>0$, $\underbrace{1, \cdots, 1}_{n-1个}>0$ 且 $\boldsymbol{H}$ 为对称矩阵,故 $\boldsymbol{H}$ 为正定矩阵.